Niko Tinbergen
Das Tier in seiner Welt

Band 1
Freilandstudien

Band 2
Laborversuche
und Schriften zur Ethologie

Niko Tinbergen

Das Tier in seiner Welt

Band 2

Laborversuche und Schriften zur Ethologie

R. Piper & Co. Verlag
München Zürich

Aus dem Englischen von Amélie Koehler

ISBN 3-492-02356-8

Die Originalausgabe erschien unter dem Titel
›The Animal in its World‹ Vol. 2: Laboratory Experiments and General Papers

Gesamtherstellung Clausen & Bosse, Leck/Schleswig
Umschlag Christoph Albrecht
Printed in Germany

Inhalt

E. A. T. gewidmet
zum Dank für ihre Anteilnahme,
ihren Zuspruch und ihre Geduld

Vorwort

von Sir Peter Medawar, FRS

Niko TINBERGEN ist einer der großen Meister der Ethologie, und die hier wiedergegebenen Arbeiten gehören zu den bedeutendsten Veröffentlichungen seines Fachgebietes; den angehenden Verhaltensforscher führen sie an die Quellen des heutigen Wissens, und dem Historiker geben sie Einblick in die Forschungsgeschichte einer der einflußreichsten Bewegungen der modernen Naturwissenschaft.

Wer etwa glaubt, der Ethologe sei nur ein Zuschauer, der auf sich wirken läßt, was die Natur ihm bietet, ist schlecht beraten. Gewiß muß jede Untersuchung des Verhaltens damit beginnen, daß man den normalen Ablauf beobachtet und beschreibt. Das erfordert Geduld und höchste Aufmerksamkeit, bis scheinbar unzusammenhängende Ereignisse sich nach und nach in wohlgeordnete, folgerichtig ineinandergreifende Geschehensketten gliedern. Solche Verhaltenskomplexe sind keineswegs immer ohne weiteres erkennbar. Der Beobachter muß vielmehr, zugleich einfühlsam und kritisch, ständig alles, was er sieht, zueinander in Beziehung setzen und abwägen, welche Begebnisse aussagekräftig sind und welche nicht. Wie in anderen Wissenschaftszweigen ist dies ein schöpferischer Prozeß, bei dem zunächst die Einbildungskraft die Führung übernimmt. Ein zweites aufschlußreiches Verfahren ist der Vergleich ähnlicher Verhaltensmuster bei verschiedenen, jedoch miteinander verwandten Arten, der den Nachweis von Homologien ermöglicht. Der Begriff der Homologie ist auch in anderen Bereichen nicht leicht zu erklären. In der Ethologie kann man ihn wohl durch folgenden Hinweis anschaulich machen: Säugen und mütterliche Betreuung sind bei Menschen und Affen augenscheinlich homolog. Das ganze Bündel der hierzu gehörigen Handlungen war bei der Entstehung des *Homo sapiens* zweifellos nicht auf einmal da, sondern in seinen Grundformen haben es beide von den gemeinsamen Vorfahren ererbt.

Als TINBERGENS Forscherlaufbahn begann, war »experimentell« ein Zauberwort wie heute »molekular«. Alles mußte experimentell sein: Embryologie, Pathologie, Physiologie und möglichst auch Verhaltenskunde. Heutzutage trägt jeder, der auf molekularer Ebene forscht, statt sich mit irgendwelchen abgestandenen und ganz alltäglichen Problemen abzugeben, stolz seinen Kopf ein wenig höher als andere, und manchem schien es, daß Ethologie, die vorwiegend auf Beobachtung aufbaut, von vorneherein unfähig sei, sich in der starken Strömung moderner Biologie zu behaupten. Die Vorstellung, daß dem Experiment eine ganz hervorragende Bedeutung zukomme, wurde von BACON[1] übernommen, der entschieden dafür eintrat. Es fügt sich jedoch, daß einige von TINBERGENs frühesten Veröffentlichungen experimentelle Untersuchungen sind[2]. Die Fähigkeit, uneingeschränkte Beobachtung und planmäßige Versuche wohlabgewogen miteinander zu verbinden, ist eine wesentliche Grundlage für den Erfolg seiner Arbeit.

Schon bald war die Verhaltensforschung als ein kräftiger Sproß der modernen Biologie anerkannt, und in den Zoologischen Instituten wurde sie zum Gegenstand lebhafter Diskussionen. Viele hoffnungsvolle junge Naturwissenschaftler setzten es sich zum Ziel, bei TINBERGEN in Oxford zu studieren. Ich sage in Oxford, obwohl er vorher schon als Professor der Zoologie in Leiden lehrte; denn es war einer der vielen vortrefflichen Einfälle A. C. HARDYS, TINBERGEN zum Übersiedeln nach Oxford zu bewegen, wo er günstige Arbeitsbedingungen und eine aufgeschlossene akademische Gesinnung finden sollte. Mit einigen Zauberkünsten (wie wir bald wieder werden zaubern müssen) wurde eine Stelle geschaffen, und TINBERGEN nahm sie an. Auch die Universität Harvard versuchte, ihn für sich zu gewinnen, doch hat er die Wahl nicht bereut. Nur eines fehlte in Oxford, ein Strand. Mit Hilfe eines Geländewagens wurde jedoch auch dieses Problem gelöst, und bald war Oxford der Mittelpunkt zahlreicher Silbermöwen-Beobachtungsstationen, die, in allen Richtungen etwa gleichweit entfernt, rundum am Meeresstrande tätig wurden.

Es erfüllt mich mit Stolz, daß es mir, als einmal die Mittel für Verhaltensforschung nur spärlich flossen, gelang, die Nuffield Foundation auf TINBERGENs Arbeitskreis aufmerksam zu machen, die ihn daraufhin zehn Jahre lang mit beträchtlichen Summen unterstützte, gefolgt vom Natural Environment Research Council. Ich war erlöst, als die Foundation meinen Rat annahm und nicht den eines hochbedeutenden Neurophysiologen, der, ebenfalls befragt, geurteilt hatte: »Ethologie? Na, das ist doch bloß Vögel beobachten, oder?«

1 MEDAWAR, P. B.: The art of the soluble. Methuen und Co., London 1967, sowie Induction and intuition in scientific thought, Philadelphia und London 1969.

2 TINBERGEN, N.: Tierbeobachtungen zwischen Arktis und Afrika. 3. Aufl., Verlag Paul Parey, Berlin 1967, sowie Instinktlehre, 5. Aufl., Verlag Paul Parey, Berlin 1972.

Das Kapitel über Autismus im zweiten Band zeigt, wie sich ethologische Methoden auch auf menschliches Verhalten anwenden lassen. Man überdenke z. B. den Nachweis autistischer Züge im normalen Verhaltensrepertoire gesunder Kinder und die hieraus abgeleitete Folgerung, daß Autismus durch Überreizung hervorgerufen werden kann, vielleicht durch übertriebene Fürsorglichkeit, und nicht, wie manche unreife Psychologen anzunehmen beliebten, durch zu wenig Beachtung. Das Bild von TINBERGENs Persönlichkeit, wie sie sich in dieser Arbeit zu erkennen gibt, mit seiner Begeisterung und Liebenswürdigkeit, Bescheidenheit und Schärfe der Beobachtung ist völlig authentisch.

Seine Kindheit verlebte er im glücklich-fröhlichen Familienkreise, und seine Neigung zum Naturforscher zeigte sich früh. Dennoch hieß es in einem seiner Schulzeugnisse – ein geradezu bedrohliches Zeichen mangelnder Vorraussicht –, sein Fleiß lasse zu wünschen übrig und befähige ihn nicht für das Studium der Naturgeschichte. Während des Krieges verbrachte er lange Zeit im Gefangenenlager, wo er leider, nicht zum erstenmal, die Erfahrung machte, daß wilde Tiere weniger zu fürchten sind als böswillige Menschen.

TINBERGEN selber hat kaum versucht, Verhaltenshomologien zwischen Menschen und Tieren aufzuweisen, wie etwa sein Schüler Desmond MORRIS in dem Buch »Der nackte Affe« (Droemer Knaur 1968). »Was soll das ganze Gerede um diesen nackten Affen?«, so hört man wohl fragen. Es könnte manch einem die Augen öffnen, der noch nicht einsehen will, daß auch das menschliche Verhalten seine Stammesgeschichte hat. Es trat nicht plötzlich in seiner heutigen Form zutage, sondern es muß sich ebenso wie der Körper aus einfacheren Vorstufen entwickelt haben. Über die körperliche Herkunft sagte DARWIN (obwohl er uns gehobene Fähigkeiten freundlich zugestand): »Des Menschen Körpergestalt trägt den unauslöschlichen Stempel seines niederen Ursprungs.« Zweifellos gilt dasselbe für das Verhalten. Wie bei vielen sogenannten Verhaltenswissenschaften wird es schwierig, wenn es um handgreifliche Beweise geht. Es braucht nur irgendein übellauniger Kritiker zu solchen Ausführungen zu sagen: »Ich glaube das einfach nicht«, so bleibt dem Angegriffenen nichts übrig, als darauf hinzuweisen, daß eine stammesgeschichtliche Ableitung die sinnvollste und überzeugendste Erklärung ist. Es gibt kein unanfechtbares Gegenmittel für Zweifler, wie in anderen bewährten, hieb- und stichfesten Wissenschaften.

TINBERGEN hat eine große Anzahl hervorragender Schüler ausgebildet, auf die er sehr stolz ist und denen er weiterhin freundschaftlich verbunden blieb, obwohl in der Ethologie mancherlei gegensätzliche Meinungen leidenschaftlich verfochten werden. Mit ihnen und mit seiner eigenen Arbeit verwirklichte er seinen zuerst während des Krieges im Lager ausgesprochenen Vorsatz: der englisch sprechenden Welt die Ethologie nahezubringen. In Wirklichkeit betraf das England; denn in Amerika befaßte man sich schon lange mit dem Verhalten von Tieren, wenn auch auf völlig andere Weise – »wissenschaftlicher«, in einem Sinne, der mir verkehrt herum aufgezäumt scheint; mehr Apparate und mehr Messungen, jedoch viel weniger Beziehung zu dem natürlichen Verhalten oder überhaupt zur Natur.

Tinbergen sagt von sich selbst zuweilen, er sei eher ein mißglückter Künstler als ein Wissenschaftler (obwohl sich die beiden Bezeichnungen nicht unbedingt widersprechen). Tatsächlich ist er aber ein Wissenschaftler ersten Ranges, dessen strenge Forschungsmaßstäbe dazu beigetragen haben, die Ethologie zwischen den Klippen des einfallsreichen Geschichtenerzählens und der gedankenlosen Anhäufung unzusammenhängender Daten sicher hindurchzusteuern.

Teil III Laborversuche

Einführung

Die Aufgaben, die wir uns gerade in diesen beiden Arbeiten stellten, eignen sich zur Wiederholung und vor allem zu eingehenderer Prüfung im Unterricht. Darüber hinaus behandeln beide einige grundlegende Fragen. Die begriffliche Trennung zwischen auslösenden und richtenden Reizen, die wir LORENZ verdanken, führte, in der ersten Untersuchung angewandt, zu recht beachtlichen Ergebnissen. So unvollkommen diese Trennung in mancher Hinsicht sein mag, läßt sie doch recht gut erkennen, wie man von spielerisch-tastendem Verändern der Außenbedingungen zu planmäßigem Herausschälen einiger entscheidender Merkmale gelangen kann. Sie enthält außerdem einige methodisch hieb- und stichfeste Versuche zu der Frage: angeboren oder erworben? Wenn man Jungtiere unter künstlichen Bedingungen aufzieht, findet man, entgegen den Erwartungen eingeschworener Lernpsychologen, sehr häufig, daß deren selektive Antwortbereitschaften in frühen Stadien ganz außerordentlich umweltstabil sind. Amselnestlinge z. B., denen wir aus diesem Grunde weiße Gegenstände boten, behielten trotzdem ihre Vorliebe für Schwarz, ein Ergebnis, das zeitgenössische Kritiker nicht bloß übersahen, sondern das sogar einer von ihnen uns als fehlend ankreiden wollte. Ich verweise hierauf ausdrücklich, weil in wissenschaftlichen Auseinandersetzungen nur allzuoft die Vertreter entgegengesetzter Meinungen ihre Standpunkte stark übertrieben als unvereinbares Entweder–Oder darstellen und damit sich selbst und dem anderen den Anschein geben, als hätte sich jeder auf seinem Posten noch viel stärker verschanzt, als das in Wirklichkeit zutrifft. So sind auch heute noch die Gegensätze zwischen den Forschern nicht überbrückt, die das Angeborene oder das Erworbene im Verhalten stärker betonen. Gewiß haben z. B. LORENZ und LEHRMAN ihre Ansichten einander angenähert, doch einig geworden sind sie sich nicht. Nach wie vor weichen ihre theoretischen Vorstellungen viel stärker voneinander ab als ihre Arbeitsweisen; denn beiden und ihren beiderseitigen Schülern kommt es ja auf *Entwicklungsvorgänge* an und nicht so sehr auf die Einteilung in angeborene und erworbene *Verhaltensweisen.* Und beide Schulen untersuchen das *Zusammenwirken* innerer und äußerer Faktoren, die den Verhaltensapparat programmieren.

Das Hauptthema der zweiten Arbeit ist die Frage nach dem arterhaltenden Wert bestimmter Strukturen und der dazugehörigen Bewegungsweisen. Hier ist ein erster Schritt zum Verständnis der ökologischen Aufsplitterung bei Stichlingen getan, und wie in so vielen späteren Untersuchungen ökologischer Anpassung wird eine besondere Eigenart, nämlich der Gebrauch der Stacheln zur Feindabwehr, als Teil eines viel umfassenderen Systems betrachtet. Es mag richtig gewesen sein oder nicht, gerade in der Schutzwehr den Schrittmacher dieser Entwicklung zu vermuten; doch es besteht kaum ein Zweifel an unserer Deutung, daß das Geschütztsein durch die Stacheln, die Wahl des Lebensraumes, Unerschrockenheit, die Färbung während der Fortpflanzungszeit und sogar manche Einzelheiten des Ablaichverhaltens sämtlich als Teile eines übergeordneten Anpassungssystems zusammengehören.

(Aus dem Zoologischen Laboratorium der Reichsuniversität Leiden)

11 Über auslösende und richtende Reizsituationen für die Sperrbewegung junger Drosseln (*Turdus m. merula* L. und *T. e. ericetorum* Turton)

(1939)[1]

I. Einleitung und Fragestellung

Die allen jungen Sperlingsvögeln eigene Sperrbewegung besteht bei den jungen Drosseln aus einem plötzlichen Emporschnellen des Kopfes und einem gleichzeitigen Öffnen des Schnabels, so daß die orangegelbe Mundinnenseite sichtbar wird. Der »Sperrachen« wird dann sekundenlang in dieser Stellung gehalten und erst geschlossen, nachdem der Altvogel gefüttert hat. Bleibt dieses aus, so läßt das Sperren nach höchstens ungefähr 15 Sekunden wieder nach. Der Hals wird während des Sperrens ganz extrem gestreckt. In den ersten Lebenstagen steht der Kopf nicht ganz still, sondern wackelt hin und her, gleich als wäre er für die Halsmuskeln zu schwer; später verschwinden diese schwankenden Bewegungen. Die Tiere geben während des Sperrens einen hohen wimmernden Laut von sich, der täglich stärker wird.

Die Richtung des gestreckten Halses ist nicht während der ganzen Nesthockerphase dieselbe; *anfangs sperren die Tiere senkrecht empor; später richten sie sich auf den Kopf des Altvogels.*

Schon wenn die Tiere ungefähr eine Woche alt sind, wird das Sperren von anderen Bewegungen begleitet: sie stehen auf und machen zuckende, später (nachdem sie ausgeflogen sind) auch mehr oder weniger flatternde Bewegungen mit einem oder beiden Flügeln.

Das Sperren der jungen Drosseln, wie das von anderen Sperlingsvögeln, wird in zwei verschiedenen Weisen von Sinnesreizen beeinflußt. Erstens muß es normalerweise *ausgelöst* werden; abgesehen von seltenen, nur unter abnormen Bedingungen (längeres Hungern) auftretenden »Leerlauf-

1 Die vollständigen Quellennachweise der Aufsätze sind auf S. 242 nachzulesen.

reaktionen« sperren junge Drosseln nur, wenn der Altvogel zum Nest kommt. Fortwährendes Betteln, wie wir es z. B. von Reihern kennen, kommt bei den Drosseln nicht vor.

Zweitens wird die Sperrbewegung *gesteuert*; die Tiere halten den Sperrrachen immer in eine ganz bestimmte Richtung. Wie gesagt, ändert sich bei den von uns untersuchten Arten diese Richtung während der Entwicklung: in ungefähr den ersten zehn Tagen sperren sie senkrecht empor, danach zielen sie auf den Kopf des Altvogels.

Wir haben uns zur Aufgabe gestellt, durch Attrappenversuche die auslösenden und die steuernden Reizsituationen zu analysieren. Eine ähnliche Analyse liegt unseres Wissens noch nicht vor. Während unserer Untersuchungen erschien die inhaltsreiche Arbeit von K. Lorenz (2) über den Kumpan in der Umwelt des Vogels, in der bei der Behandlung des Elternkumpans Verschiedenes über unser Problem gesagt wird. Wir werden auf diese Arbeit noch zurückkommen müssen.

Unsere Versuche wurden, nach vorbereitenden Versuchen im Jahre 1935, im Frühling 1936 und 1937 ausgeführt. Ein Teil der Versuche über die optische Steuerung wurde von Tinbergen während eines Aufenthalts bei Dr. K. Lorenz in Altenberg an der Amsel erhärtet und erweitert.

Dr. Lorenz sei hier für seine Gastfreundschaft und für seine rege Anteilnahme herzlichst gedankt.

II. Material und Methode

Für die 1936er und die 1937er Versuche nahmen wir insgesamt 8 Amselbruten (*merula*, 31 Vögel) und 3 Singdrosselbruten (*ericetorum*, 11 Vögel) aus, meistens in einem Alter von 5 Tagen. Diese wurden mit einem Mischfutter aus gekochtem Ei, Würmern, Mehlwürmern und »Sluis' Lijstervoer« aufgezogen. Im ersten Jahr (1935) war die Fütterung anscheinend nicht vollwertig, und es traten in der fünften Lebenswoche Erkrankungserscheinungen auf. Als wir mehr frische Regenwürmer verfütterten, wuchsen die Jungen normal auf. Wir haben die mit den unvollwertigen Jungen erzielten Ergebnisse im folgenden nicht mit verwertet.

Für die Beschaffung vieler Bruten von beiden Drosselarten sind wir den Herren J. Zwartendijk und J. W. Ebbinge zu Boskoop sehr zu Dank verpflichtet.

Jede Brut wurde im ursprünglichen Nest in einer mit Glas oder Pappe zugedeckten Holzkiste gehalten und zehn- bis fünfmal am Tag gefüttert. Jeder Fütterung gingen in folgender Weise angestellte Versuche voraus.

Um die auslösenden Reize kennenzulernen, war es wesentlich, daß das Sperren eindeutig als Folge des gebotenen Reizes anzusprechen war. Wenn, vor dem Versuch, der Beobachter zum Nest hinkam, sperrten die Tiere meistens einen Augenblick, weil wir den Deckel abnahmen oder andere Vorbereitungen trafen. Sie legten sich dann aber bald wieder. Nach etwa einer halben Minute wurde dann der Reiz geboten (Abb. 112) und die Reaktion beobachtet. Nachdem die Tiere sich wiederum gelegt hatten, konnte derselbe Reiz noch einmal oder noch mehrmals geboten werden. Wir wiederholten das jedoch nicht zu oft, ohne bald nachher zu füttern, um den Tieren das Sperren auf ursprünglich wirksame Reize nicht abzudressieren. Auch wurde der Bildung etwaiger positiver Assoziationen durch stetigen Wechsel der Reize vorgebeugt.

Bei negativem Ausfall boten wir immer zur Kontrolle auf Reaktionsbereitschaft andere, erfahrungsgemäß sehr wirksame Reize. Da wir nur eine qualitative Analyse beabsichtigten, erübrigte sich eine genaue Dosierung des Kontrollreizes.

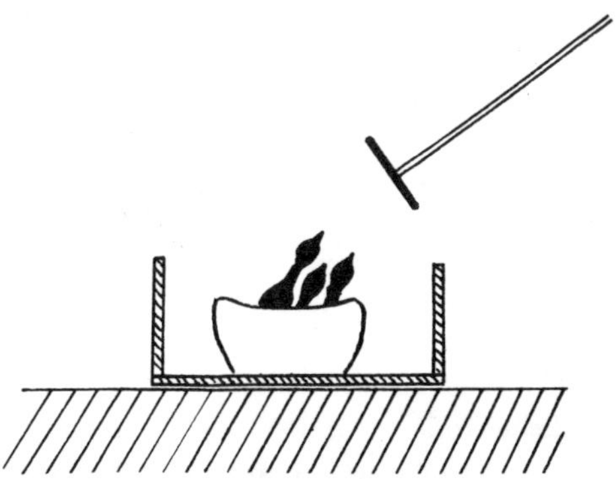

Abb. 112. Die Nestlinge sperren gerichtet gegen eine Papp-Attrappe.

Bei den Versuchen über die steuernden Reize wurde, nachdem die Tiere zum Sperren gebracht waren, das zu untersuchende Merkmal isoliert bewegt, um den Einfluß dieser Bewegung auf die Sperrichtung zu beobachten. Da das Sperren schon vom 10.–11. Tag auf den Kopf des Alttieres gerichtet wird, kam es bei diesen Versuchen oft darauf an, einen künstlichen Kopf in Beziehung zu einem »Rumpf« in Bewegung zu setzen. Am besten konnte das durch Drehen eines kreisrunden »Rumpfes« gemacht werden, an dem der »Kopf« befestigt war; der Kopf drehte sich dann um den sich gleichbleibenden Rumpf herum. Wenn es erwünscht war, das Tier zwischen zwei verschiedenartigen Köpfen wählen zu lassen, wurden diese in vollkommen gleichwertiger Lage an demselben Rumpf oder auch ohne Rumpf geboten.

Um verschiedene, mit der Gefangenhaltung der Tiere zusammenhängende Einwände zu entkräften, wiederholten wir viele Versuche im Freien an ungestörten, von den eigenen Eltern betreuten Bruten. Hierzu wurden insgesamt 5 Bruten (16 Vögel) der Amsel und 3 Bruten (10 Vögel) der Singdrossel herangezogen.

Herr Ir. C. J. van Dusseldorp (†) gestattete uns freundlichst, die Freilandversuche auf seinem Landgut »Zuydwijck« bei Wassenaar durchzuführen.

III. Die Auslösung

Stoßen am Nestrand. Geringe Erschütterungen des Nestes lösen immer Sperren aus. Nur unmittelbar nach einer Fütterung, wenn die Tiere vollkommen gesättigt sind, versagt dieser Reiz. Wir konnten uns so gut auf ihn verlassen, daß wir ihn bei unseren anderen Versuchen stets als Kontrolle auf hinreichende Reaktionsbereitschaft benutzten. Reagierten die Tiere auf leichtes Anstoßen der Unterlage nicht, so wurde ein vorher mit einem anderen Reiz erzieltes negatives Ergebnis nicht verwertet.

Nur *leichtes* Stoßen, ungefähr wie es der auf das Nest kommende Altvogel bewirkt, ruft Sperren hervor; verursacht man eine stärkere Erschütterung, so ducken sich die Tiere oft.

Es folgen einige Protokollbelege:

8. 5. 1936. Singdrosseln, 8 Tage alt. Deckel gehoben, Hand über dem Nest hin und her bewegt, keine Reaktion. Leise auf den Nestrand gestoßen; gleich darauf sperren alle drei, und zwar senkrecht empor. Nachdem sie sich wieder gelegt haben, folgt auf Bewegen der Hand keine Reaktion.

9. 5. 1936. Dieselben Tiere. Der Versuch wird mit gleichem Ergebnis wiederholt, dann: Klopfen oder Stoßen gegen die Holzkiste, in der sich das Nest befindet, verursacht Sperren. Einer ähnlich starken, für unsere Ohren lautlosen Erschütterung folgt ebenfalls gleich Sperren. Stoßen wir an, ohne den Deckel vorher zu heben, so daß die Tiere ganz im Dunkeln sind, hört

man die Schnäbel gegen den Deckel stoßen. Licht ist also keine unerläßliche Bedingung.

28. 6. 1936. Amseln, 8 Tage alt. Aufheben des Deckels, Wegnehmen der Kotballen mit der Pinzette löst kein Sperren aus. Dann ganz leise gegen das Nest gestoßen: sofort kräftige Reaktion.

22. 5. 1937. Amseln, 5 Tage. Auf sehr leichtes Stoßen gegen das Nest wird sofort stark reagiert. Starke Erschütterung des Nestes unterdrückt das Sperren.

23. 5. 1937. Dieselben Tiere. Auf den Tisch, auf dem sich die Tiere befinden, wird ein schwerer Gegenstand gestellt. Der Stoß löst kein Sperren aus. Gleich darauf ruft leichtes Klopfen auf den Tisch eine kräftige Reaktion hervor.

Berühren des Schnabelrandes. Wie viele junge Passeres haben die Drosseln in den Mundwinkeln jederseits einen dicken gelben Schnabelwulst, der erst verschwindet, nachdem die Tiere selbständig zu fressen angefangen haben. Berühren wir diesen Wulst mit irgendeinem Gegenstand, so folgt oft die Sperreaktion. So wirksam wie der Erschütterungsreiz ist dieser Reiz jedoch nicht. Auf Berühren mit Holz-, Glas- oder Metallstäbchen, mit Regenwurmsaft oder Preßsaft aus dem verwendeten Futter bestrichen, folgt keine stärkere Reaktion als auf Berühren mir reinen Glasstäbchen; der Reiz ist also rein taktil, nicht chemisch. Protokollbelege:

10. 5. 1936. Singdrosseln, 10 Tage. Bei der ersten Fütterung, wenn die Tiere wie gewöhnlich nicht sehr reizbar sind, reagieren sie erst beim zweiten Stoß gegen das Nest. Bei Berühren der Mundwülste sperren sie dann sofort.

13. 5. 1936. Dieselben Tiere. Nach wiederholtem Sperren wird auf einen optischen Reiz nicht mehr reagiert. Auf Anstoßen des Mundwinkels folgt gleich eine Reaktion.

26. 6. 1936. Amseln, 5 Tage. Auf Stoßen gegen Schnabelrand wird gleich gesperrt. Auf ähnliches Anstoßen gegen andere Körperteile unterbleibt jede Reaktion.

9. 5. 1936. Singdrosseln, 9 Tage. Zweimal Sperren auf Stoßen gegen Nestrand. Nachdem die Tiere sich wieder beruhigt haben, gibt ein Stoß gegen den Schnabelrand eine gute Reaktion; beim kleinsten Tier folgt die Reaktion erst beim zweiten Stoß. Ähnliches Stoßen gegen Rücken, Kopf oder Flügel gibt bei keinem der drei Jungen eine Reaktion. Dann Stoßen gegen Mundwinkel, sofort Sperren. Stoß auf Flügel, kein Ergebnis.

Windstoß. Wenn der Altvogel sich auf das Nest setzt, werden die Jungen immer von einem, allerdings ziemlich schwachen, lokalen Windstoß getroffen. Seinen auslösenden Wert untersuchten wir mit Hilfe eines kleinen Blasebalgs, mit dem Luftbewegungen sehr verschiedener Art hervorzurufen sind. Es gelang sehr oft, obwohl nicht so oft wie mit den oben behandelten Reizen, ein Sperren hervorzurufen.

Am wirksamsten sind lokal sehr beschränkte, plötzlich einsetzende, nicht zu starke Windstöße, die auf den Kopf des Jungvogels gerichtet sein müssen. Die Dauer des Stoßes ist gleichgültig, was ja verständlich ist, da die Tiere gleich zu Anfang sperren.

Solange sie noch mit geschlossenen Augen im Nest liegen, kann man einen Windstoß leicht unter Ausschaltung anderer wirksamer Reize anbieten. Später aber, wenn die Augen fortwährend offen bleiben, achteten wir erstens immer darauf, die Bewegung des Blasebalgs möglichst unmerkbar zu gestalten, und bewegten zweitens den Blasebalg auf die gleiche Weise, jedoch ohne zu blasen. So gelang es recht gut, die Wirksamkeit des Windstoßes und die Wirkungslosigkeit des geringfügigen optischen Reizes zu beweisen.

Ungleich den schon besprochenen Reizen ist der Windstoß nicht in allen Phasen der Entwicklung gleich wirksam; ältere Tiere sprechen auf ihn nicht mehr an. Die ältesten noch ansprechenden Tiere waren 16 Tage alt.

Schwankungen der Beleuchtungsintensität. Nach LORENZ (3) sperren »sehr viele junge Höhlenbrüter« (S. 194) auf Verdunkelung der Umgebung. Für die ja meistens versteckt brütenden Drosseln könnte dasselbe gelten; auch hier wird die Ankunft des Altvogels die Beleuchtung herabsetzen. Umgekehrt könnte auch die Erhellung beim Aufstehen des betreuenden Vogels, der dem Gatten Platz macht, als Reiz wirksam sein. Das Verhalten beider Drosselarten am Nest macht letzteres allerdings von vornherein unwahrscheinlich.

Weil die Verdunkelung bei Ankunft des Altvogels unter natürlichen Bedingungen immer von Bewegungen begleitet sein dürfte, gilt es im Versuch jegliche Bewegung auszuschalten und eine gleichmäßige Änderung der Beleuchtung hervorzurufen.

Wir benutzten zwei verschiedene Anordnungen. Entweder (Abb. 113) wurde eine über den Tieren befindliche Mattglasscheibe durchleuchtet, oder (Abb. 114) es beleuchteten zwei den Tieren unsichtbare Glühbirnen ein über dem Nest aufgehängtes Holzbrett. Die Schalter konnten geräuschlos bedient werden.

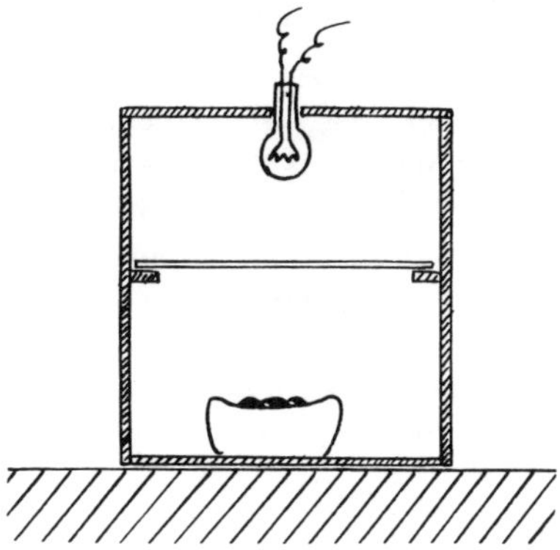

Abb. 113. Anordnung zum Erzeugen plötzlicher Helligkeitsschwankungen mit durchfallendem Licht.

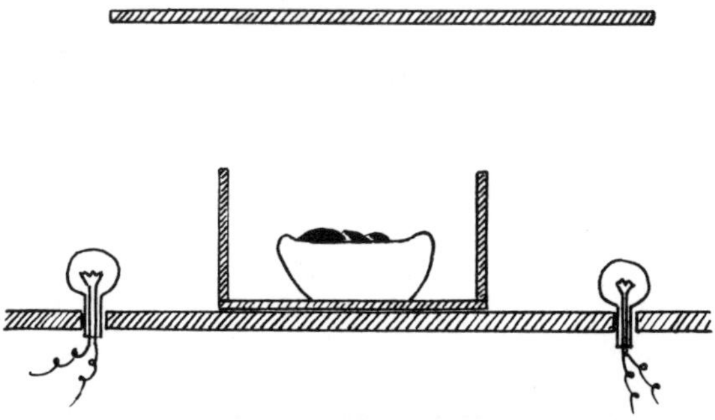

Abb. 114. Dasselbe mit reflektiertem Licht.

Alle Versuche waren ergebnislos; wir haben nie eine Sperreaktion auf Verdunkelung oder Erhellung beobachten können. Ungenügende Ausschaltung der Bewegung aber löste oft Sperren aus. In Anbetracht der obengenannten LORENZschen Angabe wäre es sicher lohnend, dieser Frage mit guter Methodik bei einem Höhlenbrüter nachzugehen.

Temperaturschwankungen. Das Aufstehen des Altvogels ruft nicht nur eine Erhöhung der Beleuchtungsintensität hervor, sondern auch eine Temperaturschwankung. LORENZ (3) vermutet, daß plötzlicher Temperaturabfall bei manchen jungen Passeres Sperren auslöst. Obwohl in Anbetracht des Verhaltens der Altvögel unserer Arten auch die Wirksamkeit dieses Reizes fraglich war, haben wir in einer Reihe von Versuchen den Einfluß verschiedener Temperaturschwankungen untersucht. Ein etwa 50 cm über dem Nest aufgehängter elektrischer Strahlofen richtete seine Strahlung auf das Nest (Abb. 115). Plötzliches Auflegen einer Glasscheibe über das Nest nahm die strahlende Wärme weg, plötzliches Entfernen der Scheibe gewährte der Strahlung Zutritt. Die Intensität ließ sich durch Emporschieben des Strahlofens bestimmen.

Das Ergebnis war deutlich negativ: weder Temperatursenkung noch

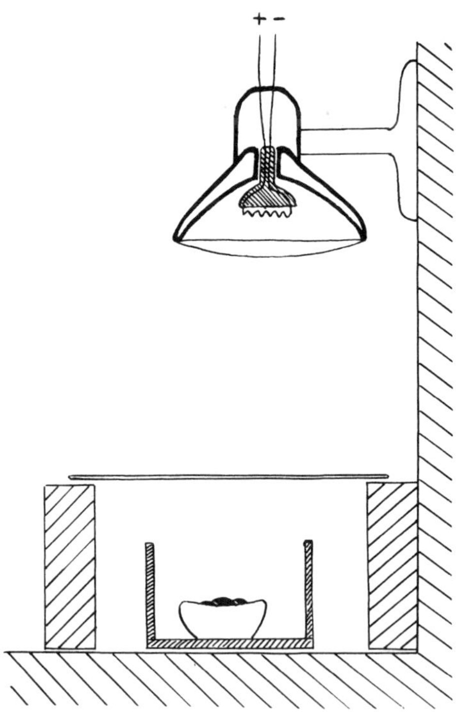

Abb. 115. Anordnung zum Erzeugen plötzlicher Temperaturschwankungen.

Temperaturerhöhung beantworteten die Vögel. Ein Beispiel aus den Protokollen mag genügen:

9. 5. 1936. Singdrosseln, 9 Tage. Ofen anglühen lassen, Glasscheibe entfernt, keine Reaktion; Stoß am Nestrand: sofort Sperren. Wenn sie beruhigt sind, schieben wir die Glasscheibe über das Nest, keine Reaktion. Auf leichtes Anstoßen gleich Sperren. Glasscheibe weggenommen, keine Reaktion; zurückgeschoben, keine Reaktion. Anstoßen, wieder Sperren usw.

Schall. Wie Beobachtungen im Freien ergeben, verfügen die alten Drosseln über keinen besonderen Futterlaut. Es gibt aber Amselpaare, von denen das Männchen mit einer kurzen Gesangsstrophe zum Nest geht. Bei einem solchen Paar konnten wie beobachten, daß dieser Laut bei etwa 10 Tage alten Jungen Sperren auslöste. Da durch die besondere räumliche Lage ausgeschlossen war, daß optische oder Erschütterungsreize hier eine Rolle spielten (das Nest befand sich an einem dicken Ulmenstamm, und der unten am Boden singende Altvogel war für die Jungen nicht sichtbar), so hatte der Gesang selber auslösende Wirkung. Diese Koppelung war aber sicher nicht angeboren, sondern persönlich erlernt, da die meisten von uns untersuchten Jungvögel durch keinen einzigen Laut zum Sperren gebracht werden konnten. Wir haben zahllose Male nicht nur allerhand willkürliche Laute, sondern auch als Auslöser in Betracht kommende Laute (Stimmlaute der Altvögel, auch Flug- und andere Geräusche) auf ihre Wirksamkeit untersucht, mit einer Ausnahme aber ohne Ergebnis. Sie betrifft eine Amselbrut, die lediglich den Amsel*warn*ruf (»tjuktjuk-tjuk-tjuk«) vorübergehend mit Sperren beantwortete.

Sonst jedoch bringt bei der Amsel wie bei der Singdrossel jeder Warnruf der Alten das Sperren sofort zum Erlöschen. Schon eine schwache Nachahmung des Warnrufes, auch schwache, durch Gegeneinanderschlagen harter Gegenstände verursachte Laute haben dieselbe Wirkung.

Dieser Umstand erschwerte unsere Versuche im Freien nicht wenig. Sobald die Alten warnten, drückten sich die Jungen, und selbst mit optimalen Reizen ließ sich das Sperren nur sehr schwer auslösen.

Die abnorm auf den Warnruf sperrende Amselbrut wurde im Alter von 5 Tagen am 22. 5. 1937 ins Institut gebracht. Nach einigen experimentlosen Fütterungen folgten um 18 Uhr einige Versuche mit taktilen Reizen. Dann: auf »tjuk-tjuk« sperren sie sehr kräftig, ebenfalls auf verschiedene unserer Stimmlaute. Abends ereignete sich dasselbe.

24. 5. 1937. Dieselben Tiere, 7 Tage. Auf unsere Nachahmung des Warnrufes folgt Sperren, nicht dagegen auf Schreien oder andere Laute.

29. 5. 1937. Dieselben Tiere, 12 Tage. Auf unsere Nachahmung des Alarmrufes sperren jetzt die Tiere nicht, sondern ducken sich. Später am selben Tag bekommen wir in gleicher Weise manchmal Sperreaktion, manchmal Sichducken.

In den folgenden Tagen reagieren sie immer mit Sichducken. Merkwürdigerweise besteht also bei diesen Tieren die selektive Empfindlichkeit für den Alarmruf, nur wird er mit der falschen Reaktion beantwortet. Die später sich durchsetzende »Korrektur« hat unseres Erachtens nichts mit Erfahrung zu tun, denn aus unseren Protokollen geht in keiner Weise hervor, daß wir, wenn auch ungewollt, eine Dressur in dem Sinne zustande gebracht hätten. Wir möchten diese Beobachtung denn auch als Folge einer abnorm späten Reifung der normalen nervösen Koppelung zwischen Alarmruf als adäquatem Sinnesreiz und Sichducken als Reaktion deuten. Die eigenartige Tatsache, daß der Alarmruf dann anfänglich eine andere Reaktion auslöst, ergibt natürlich eine neue Frage, welche durch diese Einzelbeobachtung nicht gelöst werden kann.

Optische Reize. Wie schon gesagt, öffnen die Jungen erst am 9. oder am 10. Lebenstag zum erstenmal ihre Augen. Vorher ist es unmöglich, ein Sperren auf optische Reize hervorzurufen. Aber auch wenn optisch ausgelöste Reaktionen schon aufgetreten sind, ist die Bedeutung der Sehreize noch gering, weil die Tiere auch dann zumeist mit geschlossenen Augen daliegen. Erst nach taktilem Alarm öffnen sie die Augen und sprechen dann auf Sehreize an. Aus den Protokollen:

26. 5. 1936. Amseln, 9–10 Tage. Abheben und Hin- und Herbewegen des Holzdeckels ruft keine Reaktion hervor. Auf Stoß gegen Nestrand sperren sie gleich. Wenn das Sperren etwas nachläßt, bewegen wir die Hand über dem Nest hin und her, und sofort wird wieder kräftig gebettelt.

Später am selben Tag: Stoß gegen geschlossene Schachtel löst Sperren aus, nachheriges Abheben des Deckels nicht, die Augen sind geschlossen. Stoß verursacht Sperren. Nach Aufhören der Reaktion bleiben die Tiere mit geöffneten Augen liegen. Wir halten nacheinander eine weiße kreisförmige Pappscheibe von 20 cm Durchmesser, eine ebensolche schwarze Scheibe, ein weißes Holzstäbchen 25×0,75 cm und ein gleich großes schwarzes Stäbchen über das Nest. Auf sämtliche Gegenstände wird mit starkem Sperren reagiert.

10. 5. 1936. Singdrosseln, 10 Tage. Vorsichtiges Abheben des Deckels gibt keine Reaktion, leichtes Anstoßen wohl. Nach eingetretener Beruhigung löst ein über dem Nest gezeigter Finger sofort Sperren aus. Am Abend desselben Tages reagiert schon ein Junges auf den schwarzen Stock ohne vorhergehenden taktilen Alarm. Zeigen wir nachher denselben Stock noch einmal, so antwortet kein Junges; Kontrolle auf Stoßen jedoch positiv.

Nach dem 10. (Amsel) bzw. 11. Tag (Singdrossel) bleiben die Augen dann bei gesättigten und ruhenden Tieren immer länger geöffnet, und dementsprechend gelingt es öfter, das Sperren optisch auszulösen. Wie die obigen Protokolle zeigen, muß das optische Schema sehr weit und merkmalarm sein; die Reaktion ist ja sehr unspezifisch. Daß aber doch gewisse Bedingungen erfüllt werden müssen, zeigte sich bei fortgesetzter Analyse. Es wurden die folgenden Faktoren untersucht: Höhe, Größe, Farbe, Form, Bewegung.

Relative Höhe. Wollen wir mit optischen Reizen eine Sperreaktion hervorrufen, so muß sich der Gegenstand unbedingt *oberhalb der durch die Augen verlaufenden Horizontalen* befinden. Sind Gegenstände, die sonst eine Reaktion auslösen, nicht hoch genug, so folgen die Tiere ihnen zwar mit den Augen, sperren jedoch nicht auf sie.

19. 6. 1936. Amseln, 10 Tage. Eine schwarze Scheibe wird knapp unter dem Nestrand hin- und herbewegt. Die mit den Köpfen weit aus dem Nest ragenden Jungen sehen sie, sperren aber nicht.

Eine schwarze Pappscheibe von 8 cm Durchmesser wird ungefähr in Augenhöhe auf das Nest zu bewegt. Der Oberrand der Scheibe ist um etwa 4 cm höher als die Augen. Ein Junges öffnet einmal den Schnabel, sperrt aber nicht. Beim nächsten Mal sperrt ein Junges.

27. 5. 1937. Singdrosseln, 12 Tage. Auf einen unter Augenhöhe hingehaltenen Stock wird nicht gesperrt. Die Jungen fixieren ihn aber dauernd. Auf einen Stoß gegen den Nestrand sperren sie sogleich.

8. 6. 1937. Singdrosseln, 8 Tage. Als wir ein schwarzes Stäbchen in Augenhöhe heranbringen, fixieren sie es, ohne zu sperren. Sobald wir es um ein paar Zentimeter höher bringen, sperren sie sogleich ausgiebig.

Wie aus dem 1. Protokoll hervorgeht, können *größere Gegenstände die Augenhöhe ziemlich weit überragen, bevor gesperrt wird. Bei kleineren Gegenständen* liegt die Grenze zwischen unwirksam und wirksam *oft erstaunlich genau in Augenhöhe der Nestlinge.*

PORTIELJE (5) beschreibt, wie junge Pirole (*Oriolus o. oriolus* L.) im Alter von ungefähr 30 Tagen vorgehaltenes Futter nur dann annahmen, wenn er es ihnen oberhalb des Schnabels vorhielt. Niedriger befindliche Nahrung wurde zwar fixiert, aber nicht gefressen. Auch als sie selbständig zu fressen anfingen, kümmerten sie sich nur um über ihnen hängende Früchte. Da auch ein erwachsenes Männchen sich so verhielt, ist es möglich, daß PORTIELJSs Beobachtungen nicht die Sperreaktion betreffen. Die Gebundenheit an »über Augenhöhe Befindliches« ist aber ebenso stark wie bei den sperrenden Drosseln.

Größe. Die Jungen sperren auf Gegenstände sehr verschiedener Größe. Eine obere Grenze gibt es dabei wenigstens im Anfang nicht. Auf ein in 20 cm Entfernung vorgehaltenes, 20 × 40 cm messendes glattes Brett wird stark reagiert. Später reagieren die Tiere merkwürdigerweise auf sehr große Gegenstände nicht mehr; die *obere Grenze wird also während der Entwicklung verlegt.* Wir glauben behaupten zu können, daß hier ein Lernvorgang ausgeschlossen ist, denn, da wir ja selbst den Tieren vor jeder Fütterung erscheinen, sollte ein etwaiges Bedingtwerden der Reaktion sich doch nur dahin auswirken können, daß Gegenstände unserer Größe als auslösende Reize wirksam würden, mit anderen Worten, die obere Grenze sollte vielmehr nach oben verlegt werden. Es scheint also, daß wir es hier mit einer Art *Reifung* zu tun haben, und zwar nicht mit einer Reifung der *Bewegungsform,* in welchem Sinne der Ausdruck »Reifung« ja meistens gebraucht wird, *sondern mit einer Reifung der Reiz-Reaktionskoppelung, des Auslöseschemas.*

17. 5. 1936. Singdrosseln, 17 Tage. Auf weiße und auf schwarze kreisförmige Pappscheiben von 20 cm Durchmesser wird lebhaft gesperrt.

19. 5. 1936. Dieselben Tiere, 19 Tage. Auf schwarze Scheiben von 18 cm Durchmesser und solche von 16 cm Durchmesser keine Sperreaktion; die Tiere drücken sich sogar ein wenig.

Wie das letzte Protokoll vermuten läßt, könnte die obere Grenze sich dadurch verschieben, daß erst jetzt die Koppelung zwischen bestimmten optischen Reizen und der Reaktion des Sichduckens zustande kommt.

Eine *untere Grenze der Größe* läßt sich ziemlich gut bestimmen. Sie liegt *ungefähr bei 3 mm.* Die Reaktionen waren bei so kleinen Objekten aber ziemlich schwankend, und es ließen sich keine genauen Schlüsse ziehen.

27. 5. 1937. Singdrosseln, 12 Tage. An einem Faden aufgehängtes grünes

Plastilinklümpchen von 3,5 mm Durchmesser bewirkt Sperren. Draht von 0,7 mm Durchmesser löst kein Sperren aus, ebensowenig weißes Nähgarn, das aber wohl fixiert wird.

29. 5. 1937. Dieselben Tiere, 14 Tage. Keine Reaktion auf den weißen Faden, schwaches Sperren auf den 3,5 mm großen Plastilinballen. Auf einen ähnlichen Plastilinklumpen von 8 mm Durchmesser wird kräftig gesperrt. Später am selben Tag: 3,5 mm: schwache Reaktion, 12 mm: kräftige Reaktion.

Farbe[1]. Im allgemeinen scheint die Farbe für den auslösenden Wert eines Gegenstandes gleichgültig zu sein. Inwieweit die noch sperrenden Tiere überhaupt Farben unterscheiden können, wissen wir nicht. Wir kennen keine Reaktion dieser Drosseln, die angeborenermaßen an eine bestimmte Farbe gebunden wäre; auch dürfte es sehr schwer, wenn nicht unmöglich sein, während der Nesthockerphase irgendeine Farbdressur zustande zu bringen. Unsere Versuche zielten trotzdem darauf hin zu untersuchen, inwieweit die von uns aufgezogenen Tiere sich auf unsere Farbmerkmale dressieren würden. Wir arbeiteten nämlich immer im weißen Laboratoriumsmantel, und weil daher seine weiße Farbe eines der wenigen hier untersuchten Merkmale war, in denen wir uns von den adäquaten Eltern unterschieden, bot sich eine gute Gelegenheit festzustellen, ob die Nestlinge ihre Sperreaktion überhaupt mit naturgemäß unwirksamen Reizen verknüpften oder nicht. Wir beschränkten uns daher auf die Frage, ob die nur von weißgekleideten Menschen aufgezogenen Vögel vielleicht Weiß bevorzugen würden.

Wir boten nun im Versuch entweder simultan oder sukzessiv einen schwarzen und einen in allen anderen Hinsichten gleichwertigen weißen Gegenstand. Bei diesen Versuchen wurde nun *immer Schwarz deutlich bevorzugt*, und zwar nicht nur von den Amseln, sondern auch, wenn auch weniger stark, von den Singdrosseln. Letzteres wird verständlich, wenn man bedenkt, daß auch hier der fütternde Altvogel sich in den meisten Fällen als Schattenriß gegen die helle Umgebung abhebt[2].

27. 5. 1936. Singdrosseln, 11–12 Tage. Nebeneinander werden geboten: kreisförmige weiße bzw. schwarze Pappscheibe von 8 cm Durchmesser. Jede Attrappe wird dreimal rechts und dreimal links geboten, um jeden

1 Die Darstellung beruht auf Vorversuchen, deren weitere Ausführung uns nicht lohnend schien. »Farbe« bedeutet in diesem Abschnitt letzten Endes nichts anderes als Helligkeit.

2 Schwarz war so eindeutig überlegen, daß wir hier auf genaue Zahlenangaben verzichten können.

Links-Rechts-Vorzug auszuschalten. Die Tiere sperren fünfmal nach Schwarz und einmal nach Weiß[1].

Wir boten verschiedenen Amselbruten die in der Abb. 116 wiedergegebene Attrappe sowie ihr Spiegelbild. Wenn wir genau darauf achteten, beide »Köpfe« in gleicher Höhe zu halten, *so bevorzugten* die Tiere immer die *schwarze Hälfte.*

Abb. 116. Attrappe zur Untersuchung einer Schwarz-Weiß-Bevorzugung.

Form. Wie schon aus dem Vorhergehenden ersichtlich, hat die *Form keinen nachweisbaren Einfluß auf die Intensität der Reaktion.* Wir fanden keine Form, die, wenn über Augenhöhe bewegt, das Sperren *nicht* auslösen konnte. Es ist überflüssig, dies mit Protokollen zu belegen; die Richtigkeit der Annahme geht ohne weiteres aus den schon gegebenen Protokollen hervor.

Diese Tatsache bringt uns zu der Annahme, daß bei freilebenden Drosseln die auslösende Reizsituation durch eine Dressur eingeengt wird. Bliebe die angeborene merkmalarme Reizsituation vollkommen wirksam, so müßte bei diesen Waldvögeln schon schwacher Wind fortwährend Reaktionen auslösen, weil ja meistens bewegte Blätter, Äste usw. in der Nähe vorhanden sind. Wir haben diese Frage aber nicht weiter untersucht; feststeht jedoch, daß freilebende Drosseljunge nicht von den bewegten Blättern der Umgebung zum Sperren gereizt werden. *Wie* aber diese Dressur sich vollzieht, wissen wir nicht.

1 Genaugenommen wird in diesem Versuch nur der richtunggebende, nicht der auslösende Wert der Farben untersucht. Wir glauben aber aus verschiedenen Gründen, daß auch dieser Wahlversuch am besten schon jetzt erwähnt wird.

Bewegung. Es hat sich herausgestellt, daß Bewegung in zweierlei Hinsicht auslösenden Wert besitzt. Erstens *muß der Altvogel unbedingt eine Bewegung zeigen; unbewegliche Gegenstände sind nie imstande, Sperren auszulösen.* Zweitens kann, wenn eine *Bewegung quer zur Augenachse keinen Erfolg hat, Bewegung auf die Jungen zu die Reaktion hervorrufen.*

Um den Einfluß der *Querbewegung* zu studieren, bedienten wir uns anfänglich der folgenden Versuchsanordnung: wir stellten eine unserer Attrappen, von einem Stativ gehalten, über der zu untersuchenden Brut auf. Dann nahmen wir vorsichtig den Kastendeckel ab und beobachteten, ob die unbewegliche Scheibe eine Reaktion auslöste. War das nicht der Fall, so bewegten wir die Scheibe und werteten die Reaktionen auf diese Bewegung als positiv. Bei unbewegter Scheibe nahmen wir nur in seltenen Fällen Reaktionen wahr, die überdies, wie wir dann entdeckten, nicht von der Scheibe, sondern vom bewegten Deckel ausgelöst wurden, denn manchmal rief das Abheben des Deckels auch ohne Anwesenheit einer Attrappe Sperren hervor.

Wir arbeiteten dann mit Schattenbildern (Abb. 117), die durch lautloses Bedienen eines elektrischen federlosen Drehschalters ohne irgendeine den Tieren sichtbare Bewegung in jedem beliebigen Augenblick anzubieten waren.

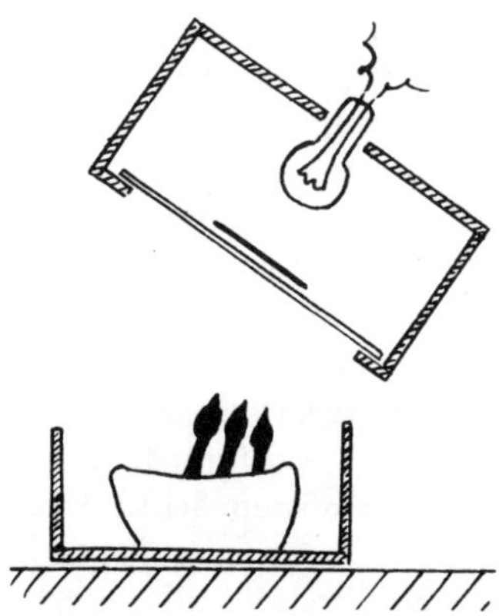

Abb. 117. Anordnung für die Projektion von Schattenbildern.

Bei solcher Darbietung folgte auf bewegungslose Schatten nie eine Reaktion; schon eine geringfügige Bewegung löste jedoch Sperren aus.

26. 5. 1936. Singdrosseln, 10–11 Tage. Licht im Kasten aus. Deckelbrett entfernt und gewartet, bis die Tiere sich wieder gelegt haben. Licht im Kasten dann viermal auf- und wieder ausgedreht. Die Tiere schauen bei jeder Änderung etwas aufwärts, sperren aber nicht. Dann wird mit einem Faden die Scheibe hinter dem Mattglas leicht hin- und herbewegt: gleich folgt Sperren.

Die noch wesentlich stärker reaktionsauslösende Bewegung *in Richtung der Augenachse* kann man am besten zeigen, wenn man die Tiere so weit füttert oder die Sperreaktion so weit ermüdet, bis auf Bewegung quer zur Augenachse keine Reaktion mehr auftritt. Bewegt man dann die Attrappe auf die Tiere zu, so sperren sie oft wieder. Dabei handelt es sich nicht um das Größerwerden der Attrappe, also nicht um bloße Projektion der Bewegung des Attrappenrandes, denn der Unterschied bleibt bestehen, wenn man im Kontrollversuch die Querbewegung viel größer als die projizierte Bewegung gestaltet. Die Reaktion auf Annäherung der Attrappe ist am intensivsten, wenn sie schräg von oben erfolgt.

IV. Die Steuerung

Das Sperren ist immer in bezug auf die Umgebung *gerichtet.* Diese Steuerung bleibt nicht während des ganzen Nesthockerstadiums dieselbe, sondern es sind zwei aufeinanderfolgende Perioden zu unterscheiden. In der ersten wird der Hals senkrecht emporgestreckt; in der zweiten Phase richten Hals und Rachen sich auf den Kopf des Altvogels. *Bemerkenswerterweise fällt nun der Übergang der ersten zur zweiten Phase zeitlich nicht mit dem Anfang der optischen Auslösbarkeit zusammen.* Erst ein bis drei Tage, nachdem das Sperren zum erstenmal optisch *ausgelöst* werden kann, tritt auch die optisch bedingte *Steuerung* auf. Das heißt also, daß wir, wenn beide, Auslösung und Steuerung, zur Einteilung dienen, drei aufeinanderfolgende Phasen unterscheiden müssen: Schwerkraftsteuerung bei mechanischer Auslösung, Schwerkraftsteuerung bei (schon) optischer Auslösung, optische Steuerung bei optischer Auslösung. Bevor wir auf diese, uns theoretisch wichtig erscheinende Tatsache zurückkommen, sei zuerst diese Dreiteilung näher begründet.

Schwerkraftsteuerung bei mechanischer Auslösung. Diese Phase währt, wie schon oben (S. 18) bemerkt, 9–10 Tage. Daß die Steuerung in bezug auf die Schwerkraft erfolgt, schließen wir aus folgenden Tatsachen: Die Beleuchtungsverhältnisse sind nicht imstande, die Richtung des Halsstreckens zu beeinflussen. Richtung des Lichteinfalls, Bewegung heller oder dunkler Gegenstände, sogar totale Verdunkelung sind gänzlich erfolglos. Auch wiederholt gebotene mechanische Reize, wie Schiefhalten des Nestes, sogar Vorhalten eines die normale Bewegung verhindernden Gegenstandes blieben gleichfalls ohne Erfolg. Die Tiere stoßen z. B. immer wieder mit den Schnäbeln gegen den Deckel, wenn man an den geschlossenen Behälter pocht.

Eine weitere Untersuchung dieser Schwerkraftsteuerung wurde deshalb nicht vorgenommen.

Schwerkraftsteuerung bei optischer Auslösung. Diese Phase währt bei den verschiedenen Individuen sehr verschieden lang, meistens nicht mehr als einen Tag; manchmal aber kann sie bis zu 3 Tagen dauern. Im Durchschnitt fängt diese Phase bei der Amsel am 9. Tag, bei der Singdrossel am 10. Tag an.

Die Tiere liegen jetzt noch oft mit geschlossenen Augen im Nest und sind, wie gesagt, dann nur noch durch Erschütterung oder Berührung zum Sperren zu bringen. Nachdem sie aber bei taktilem Alarm die Augen geöffnet haben, können optische Reize das Sperren zwar auslösen, *haben aber nicht den geringsten Einfluß auf die Richtung*; die Tiere sperren senkrecht empor, oft an dem auslösenden Gegenstand vorüber. Als Beispiel sei ein extremer Fall angeführt:

24. 5. 1937. Singdrosseln, 9 Tage. Die Augen sind geschlossen, optische Reize sind unwirksam, Stoß gegen Nestrand gibt senkrechte Reaktion. Später am selben Tage: Ich bewege meine Finger etwas über Augenhöhe. Ein Tier liegt mit offenen Augen, fährt gleich mit dem Kopf empor und sperrt über den Finger hinaus. Die anderen werden von seinen Bewegungen gereizt und sperren ebenfalls senkrecht empor.

Am nächsten und übernächsten Tag werden die Tiere für optische Reize immer empfindlicher; die erste Andeutung optischer Steuerung konnten wir aber erst am 12. Tag beobachten.

Optische Steuerung bei optischer Auslösung. Wie gesagt, beginnen die Jungvögel 1 bis 3 Tage, nachdem die Augen sich geöffnet haben, ihre Sperrbewegungen auf den Kopf des Alten zu richten. Diese Steuerung beruht ganz auf optischen Reizen, wie es die folgenden Versuche lehren.

Das Sichumstellen auf den Kopf des Elterntieres vollzieht sich allmählich. Anfänglich sperren die Tiere noch beinahe vertikal, weichen kaum merkbar nach der Seite des Altvogels ab. Diese Abweichung wird dann erst im Laufe von 12 bis 24 Stunden, also allmählich, so vollkommen, daß der Hals des Jungtieres wirklich auf den Kopf des Altvogels gerichtet ist. Das optische Schema der steuernden Komponente der Sperrbewegung reift also und überlagert während dieser Reifung die mechanische Steuerung, so daß die Sperrbewegung als Ganzes eine sich allmählich ändernde Resultierende der mechanisch und der optisch gesteuerten Reaktion ist.

Einfache Vorversuche lenkten schon 1935 unsere Aufmerksamkeit auf einige der Kopfmerkmale, und hieraus ergaben sich die unten mitzuteilenden Versuche ganz zwanglos. Zur Beurteilung der Wirksamkeit eines Merkmals ließen wir die Nestlinge erstens zwischen zwei Attrappen wählen, die sich in dem einen zu untersuchenden Merkmal unterschieden, zweitens ließen wir einen Teil der Altvogelattrappe sich bewegen, um zu sehen, ob der bewegte Teil als Kopf wirksam war, d. h. von den Tieren angebettelt wurde.

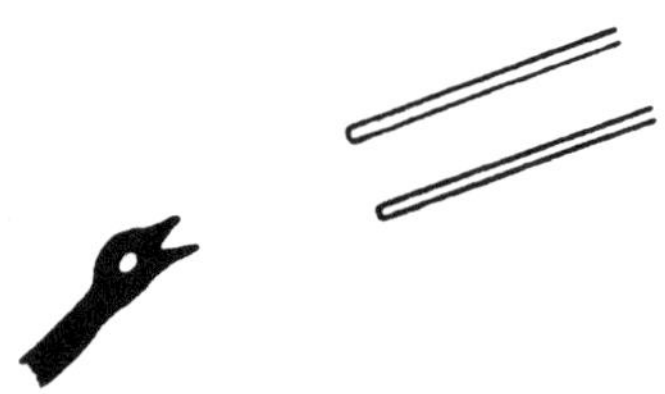

Abb. 118. Anbieten zweier verschieden hoher gleich weit entfernter Stöckchen.

Relative Höhe. Bietet man eine kreisrunde Pappscheibe von nicht zu kleinem Durchmesser (z. B. 8 cm), so sperren die Tiere nicht nach dem Zentrum, sondern nach dem obersten Rand. Bei diesem wie den folgenden Versuchen achteten wir stets darauf, daß sich die ganze Scheibe über Augenhöhe befand, so daß jeder einzelne Teil auslösenden Wert besaß. Von zwei optisch gleichen Gegenständen wurde immer der höherstehende gewählt. Wir machten den Versuch mit zwei Stöckchen, zwei Pappscheiben oder mit den Fingern. Um etwaige Form- oder Farbunterschiede auszuschalten, boten wir abwechselnd den einen oder den anderen Gegenstand als höchsten; die Steuerung erwies sich dabei als ausschließlich von der Höhe abhängig. Dabei braucht der höhere Gegenstand nicht als Ganzes über dem anderen zu liegen; es genügt schon, wenn nur ein Stück von ihm über dem höchsten Teil des anderen steht. Ein Unterschied von nur wenigen Millimetern genügt. In diesem subjektiven Sinn nennen wir fortan die Attrappe die höhere, deren oberste Teile die andere Attrappe so weit überragen, daß sie das Sperren auf sich lenken.

16. 5. 1936. Singdrosseln, 16 Tage. Zwei schwarze Stöckchen in gleicher Entfernung; das eine über dem anderen. Sperren auf das höchste gerichtet (Abb. 118).

19. 5. 1936. Singdrosseln, 19 Tage. Schwarze Doppelscheibe (Abb. 119). Sobald die eine Scheibe etwa 3 mm höher als die andere geboten wird, lenkt sie das Sperren auf sich.

19. 6. 1936. Amseln, 16 Tage. Von zwei in gleicher Entfernung vorgehaltenen Stöckchen bieten wir das eine um 3 mm höher als das andere. Die Tiere sperren nach dem höheren Stöckchen.

Abb. 119. Schwarze Doppelscheibe.

Relative Entfernung. Werden zwei optisch gleiche Gegenstände in gleicher Höhe angeboten, so sperren die Tiere nach dem nächst benachbarten (Abb. 120). Auch dieser Versuch kann mit den verschiedensten Attrappen angestellt werden. Weil aber dieses Merkmal der Entfernung nicht so stark wirkt wie das der Höhe, ist bei diesen Versuchen darauf zu achten, daß sich die beiden Attrappen genau gleich hoch befinden.

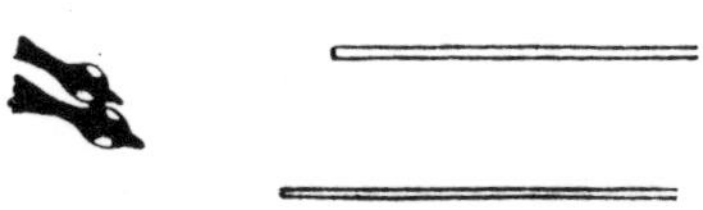

Abb. 120. Anbetteln des näheren von zwei Stöckchen in gleicher Höhe.

16. 5. 1936. Singdrosseln, 16 Tage. Zwei optisch gleiche Stöckchen werden in gleicher Höhe und gleicher Entfernung geboten. Bei wiederholtem Darbieten sperren die Tiere manchmal zum linken, manchmal zum rechten Stöckchen. Halten wir das eine in 3 cm, das andere in 2,5 cm Entfernung, wird sofort zum letzteren gesperrt.

Sehr oft machten wir auch Beobachtungen wie die folgenden:

30. 5. 1936. Amseln, 10 Tage. Die Tiere sperren gegenseitig ihre Köpfe an, sobald unsere Attrappe weiter weg ist als der Kopf eines der Geschwister. Oft wird die Sperreaktion von unserer Attrappe ausgelöst und gesteuert, richtet sich aber dann im Laufe des Versuches auf die Geschwister. Wir schreiben das dem Umstand zu, daß wir die Attrappe ziemlich ruhig halten, während die Köpfe der Geschwister sich lebhaft bewegen. Oft sperrte der mittlere Vogel zur Attrappe, während die beiden seitlichen Tiere zum Kopf des ersteren sperrten. Daß der mittlere Vogel nicht nach seinen Nachbarn sperrte, ist dem Umstand zuzuschreiben, daß bei unserer Weise des Darbietens die seitlichen Tiere immer schräg sperren mußten, so daß ihre Köpfe sich von selbst niedriger befanden als der Kopf des mittleren Tieres (Abb. 121).

Abb. 121. Das mittlere Junge sperrt zur Attrappe, die seitlichen sperren den Kopf des mittleren an.

Spielt man Entfernung und Höhe gegeneinander aus, *so richtet das Merkmal der Höhe genauer als das Entfernungsmerkmal.*

14. 5. 1936. Singdrosseln, 14 Tage. Beim Darbieten zweier schwarzer Stöckchen in gleicher Höhe wird immer das nächste gewählt. Jetzt bieten wir das eine Stöckchen in 3 cm Entfernung, das 3 cm höher gehaltene zweite Stöckchen ist um 2,5 cm weiter entfernt als das untere. Trotzdem wird es noch bevorzugt. Dann wird das untere Stöckchen in 4 cm Entfernung geboten, das obere 4 cm weiter weg und um 4 cm höher gehalten. Die Tiere sperren zum höheren (Abb. 122).

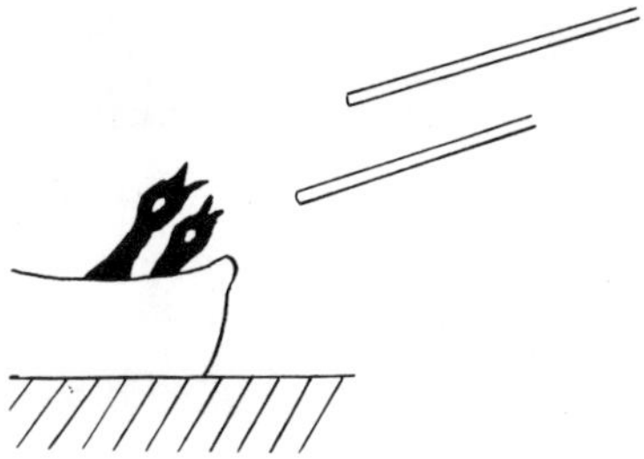

Abb. 122. Zwei Stöckchen; das höhere wirkt besser trotz größerer Entfernung.

Relative Größe. Werden zwei verschieden große Pappscheiben in »gleicher Höhe« (S. 27) geboten, so richten sich die Vögel nach der *kleineren.* Ist die eine Scheibe erheblich kleiner als die andere, so wird sogar noch nach der kleineren gesperrt, wenn sie unter der größeren steht. Es scheint also ein bestimmtes Größenverhältnis von Kopf und Rumpf maßgebend zu sein. Um nun Köpfe verschiedener Größe miteinander vergleichen zu können, boten wir immer einen kreisrunden Rumpf mit einem kreisrunden Kopf in Normalstellung, d. h. den Kopf oben. Wir drehten dann die Attrappe in ihrer eigenen Fläche, wobei die sperrenden Vögel sich mitdrehten, indem sie sich fortwährend auf den Kopf einstellten. Kam dabei der Kopf der Attrappe zu weit nach unten, so verlor er seine Bedeutung, und auf einmal richteten sich die Vögel auf den jeweils am höchsten befindlichen Teil des Rumpfumrisses. Das Ausmaß der geduldeten Drehung war für verschiedene Kopfgrößen verschieden. Bei einer einigermaßen genormten Darbietung der Attrappen konnte der Drehwinkel grob gemessen werden. Bei Versuchen mit einem Rumpf von 8 cm Durchmesser folgten die Vögel einem Kopf von 3 cm Durchmesser am weitesten, größere sowie kleinere Köpfe ließen sie schon bei einer geringeren Drehung im Stich (Abb. 123). Wir boten nun verschieden große Rümpfe mit verschieden großen Köpfen und erhielten die in den Abb. 124 und 125 wiedergegebenen Befunde. Man sieht daraus, daß die Größe des optimalen Kopfes mit der Rumpfgröße wechselt, mit anderen Worten, daß es keine absolute optimale Kopfgröße gibt, sondern nur eine relative. *Die optimale Kopfgröße ist linear ungefähr ein Drittel der Rumpfgröße.*

Dasselbe läßt sich auch in anderer Weise zeigen. Wir boten einen Rumpf mit zwei verschieden großen Köpfen, deren oberste Ränder in genau gleicher Höhe gehalten wurden. Die Tiere »wählten« dann einen der

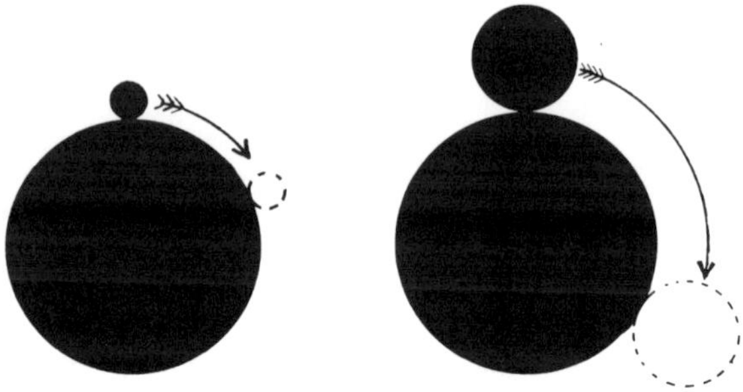

Abb. 123. Größte tragbare Drehung zweier verschieden großer Köpfe.

cm ⌀	1	2	3	4	5	6	7	8	Kopf
8	◐	●	●	●	●	?	○	○	
7		●	●	◐	○	○	○		
6	●	●	●	◐	○	○			
5		●	○	○	○				
4	●	●	○	○					
3	◐	●	○						
2	?	○							
1	○								
Rumpf									

Abb. 124. Das Größenverhältnis Kopf–Rumpf für junge Amseln. Weißer Kreis: Es wird stets das Höhere gewählt. Halb ausgefüllter Kreis: Das Kleinere wird bevorzugt, auch wenn es »niedriger« ist als das Größere. Schwarzer Kreis: Das Kleinere wird stark bevorzugt und bis weit seitwärts verfolgt. ? = fragliches Ergebnis.

beiden Köpfe. Von den zwei benutzten Kopfgrößen bevorzugten die Jungvögel den von 3 cm Durchmesser am Rumpf von 8 cm, am Rumpf von 4 cm Durchmesser dagegen den Kopf von 1 cm (Abb. 126).

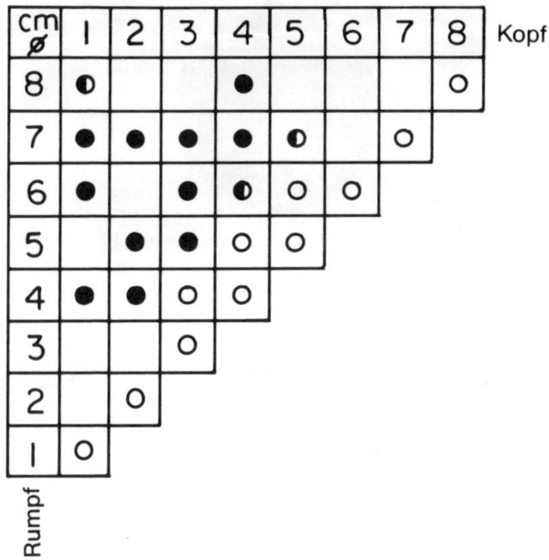

Abb. 125. Antworten junger Singdrosseln auf Köpfe und Körper verschiedener Größe.

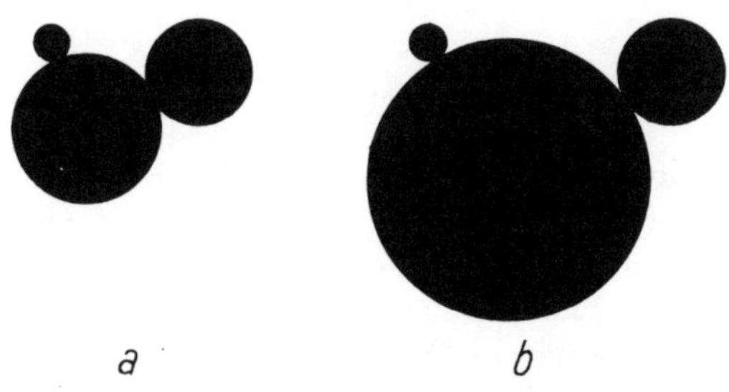

Abb. 126. Zwei Attrappen mit Doppelköpfen. Rumpf in a: 4 cm, in b: 8 cm. Köpfe beider Attrappen 1 bzw. 3 cm.

Weiter ist zu fragen, wie klein der Kopf sein kann, bevor er seinen steuernden Einfluß ganz verliert. Weil, wie unten gezeigt werden soll, die Form des Kopfes von ganz untergeordneter Bedeutung ist, kann die hierzu benutzte Attrappenreihe sehr verschieden gestaltet werden. Wir ließen erst einen Kopf von 1 cm Durchmesser allmählich hinter einem Rumpf von 8 cm verschwinden, um festzustellen, wie weit der Kopf hinausragen mußte, um noch einen eben merklichen steuernden Einfluß auszuüben. Der kriti-

Abb. 127. Ein nur 2 mm hervor ragender Kopf ist eben noch wirksam.

a b c

Abb. 128. Drei Kopfattrappen: ganz links der kleinste noch wirksame Winkel.

sche Punkt wurde erreicht, als der Kopf nur noch 2 mm hervor ragte (Abb. 127).

Eine zweite Attrappenreihe stellten wir her, indem wir die zwei Tangenten an den Rumpfkreis von einem Punkt aus zogen, der immer näher an den Rumpf heranrückte, so daß der von den Tangenten eingeschlossene Winkel immer größer wurde. Das Mindestmaß der hier noch beachteten Konturunterbrechung zeigt die Abb. 128 a.

Mit dieser Methode stellten wir eine allmähliche Änderung in der Wirksamkeit der Merkmale fest: je älter die Tiere waren, desto stumpfere Winkel beachteten sie. Wir haben hier nicht untersucht, ob es sich um einen Lernvorgang oder um Reifung handelte.

Form. Schon aus den Vorversuchen mit Fingern, Stöckchen usw. geht hervor, daß die Form des »Kopfes« sehr stark variieren kann, ohne daß er seinen steuernden Einfluß verliert. Zur weiteren Erhärtung dieser Folgerung boten wir eine Anzahl gleicher, mit verschieden geformten Köpfen versehener Rumpfkreise (Abb. 129). Alle Köpfe waren annähernd dem kreisrunden Kopf flächengleich, der über dem benutzten Rumpfkreis optimale Wirkung hatte[1].

Alle hier abgebildeten Köpfe wurden, soweit sich das mit unserer groben Methode feststellen ließ, mit gleicher Intensität angesperrt, und es ließen sich mit der Rumpfdrehmethode keine Unterschiede in dem Ausmaß der geduldeten Drehung feststellen. Wahlversuche haben wir nicht unternommen. Eine mit dem Älterwerden zunehmende Selektivität ließ sich hier nicht finden.

Abb. 129. Fünf verschiedene, gleich wirksame Köpfe.

Nach diesen Versuchen schienen die Nestlinge also alle Unterbrechungen der Kontur des Rumpfes als Köpfe zu betrachten. Um den Einfluß konkaver Konturunterbrechungen zu untersuchen, boten wir das in Abb.

1 Da wir nicht wußten, nach welchen Merkmalen die Vögel die Größe eines »Kopfes« beurteilten (Oberfläche, Umriß u. ä.), und weil sich bei den oben erwähnten Versuchen über die relative Kopfgröße herausgestellt hatte, daß die optimale Größe nicht sehr scharf begrenzt war, wäre es überflüssig und sogar unberechtigt gewesen, die verschieden geformten Köpfe nach einem bestimmten, willkürlich gewählten »objektiven« Maßstab »gleich groß« zu machen.

Abb. 130. Konkave Unterbrechung der Kontur.

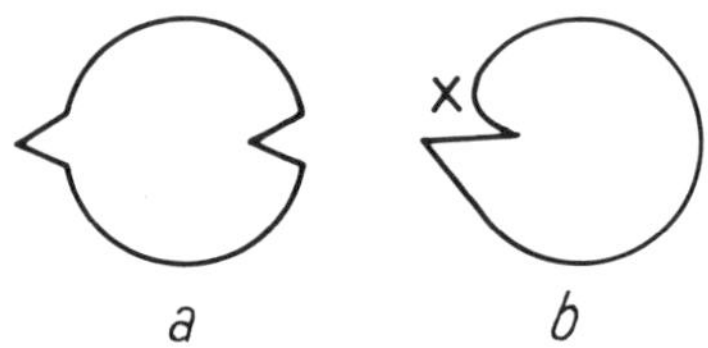

Abb. 131. Diese Attrappen bieten gleichzeitig eine konkave und eine konvexe Unterbrechung der Kontur.

130 wiedergegebene Modell. Zu unserer Überraschung folgten die Tiere diesem »Kopf« ganz intensiv. Wie sich dann noch herausstellte, wurden diese konkaven Unterbrechungen ungefähr einen Tag später richtend wirksam als die optimalen konvexen Köpfe. Auch sahen wir bei genauerer Betrachtung der Sperrbewegungen, daß nicht das Loch, sondern die Teile des Rumpfes links und rechts vom Loch als Richtziele wirkten. Ließen wir das Loch durch Drehen der Attrappe von rechts nach links oder umgekehrt über den Rumpfzenith wandern, so stellten die Tiere sich, sobald das Loch den Zenith passierte, mit einem merkbaren Ruck von der einen auf die andere, jetzt als die höhere erscheinende Spitze um. Für die Tiere war unser Modell also ein Rumpf mit zwei Köpfen. Daß der Rumpf dann nicht kreisrund, sondern abgeplattet war, verminderte seinen Wert als Rumpf anscheinend nicht. Diese Erklärung würde voll befriedigen, wenn sich noch etwas schärfer beweisen ließe, daß konvexe Unterbrechungen wirksamer wären als konkave. Das gelang tatsächlich mit den in Abb. 131 wiedergegebenen Modellen. Vor *a* sperren die Tiere immer zu dem herausragenden Kopf; wird er durch Drehung gesenkt, so stellen sich die Tiere auf die über der Einkerbung befindliche Spitze ein. Im Modell *b* hat die Einkerbung zwei Vorzüge vor der herausragenden Spitze: sie ist höher, und sie weicht etwas mehr von der Kontur ab. Trotzdem sperren die Tiere

Abb. 132. Zweiköpfige Attrappe. Rechts mit, links ohne Halseinkerbung.

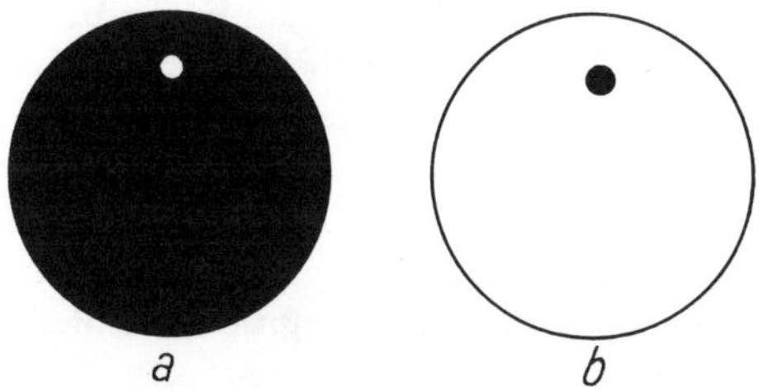

Abb. 133. Zwei Attrappen mit einem kontrastierenden Flecken.

nach der Spitze; drehen wir sie weiter abwärts, so wird die mit × bezeichnete Stelle angesperrt.

Die konvexe Konturunterbrechung ist also ein Merkmal des Kopfes.

Andererseits hat der Vogelumriß eine bedeutsame konkave Unterbrechung, nämlich als Abgrenzung des Kopfes vom Rumpf, als »Hals«-Einkerbung. Wenn die Tiere zwischen zwei Köpfen mit und ohne Halseinkerbung wählen müssen, dann sperren sie immer nach dem durch die Einkerbung abgegrenzten Kopf. Die kleinste am Rumpf von 8 cm noch wirksame Einkerbung beträgt 2 mm (Abb. 132).

Farbe. Boten wir eine schwarze Kreisscheibe mit einem kleinen weißen Fleck nahe dem Rand (Abb. 133a), so sperrten die Vögel den Fleck an. Geradesogut wirkte aber auch ein schwarzer Punkt im weißen Kreise (b), und zwar bei beiden Drosselarten. Wurden die Scheiben gedreht, so folgten die Jungen dem Fleck genau wie einer Konturunterbrechung.

14. 5. 1936. Singdrosseln, 14 Tage. Bei Drehung der Scheiben (Abb. 133a und b) folgen die Jungen beiden Flecken ungefähr um 90° abwärts, nicht weiter.

17. 5. 1936. Singdrosseln, 17 Tage. Ergebnis wie am 14., nur folgt ein Junges beim Darbieten der weißen Scheibe dem schwarzen Punkt wiederholt bis ganz nach unten (180°).

30. 5. 1936. Singdrosseln, 14–15 Tage. Bei Drehung von weißen und schwarzen Scheiben von 8 cm Durchmesser mit schwarzen bzw. weißen Flecken verschiedener Größe (1 und 2,5 cm) folgen die Vögel dem Fleck fast ausnahmslos bis ganz unten. Liegt aber der Fleck sogleich beim Darbieten schon unten, so sperren die Tiere zum Scheibenoberrand.

Da die Kopffarbe der Altvögel beider Arten sich von der Rumpffarbe kaum unterscheidet, so will es nicht einleuchten, wie die festgestellte Wirkung des Farbfleckes in das Schema des Futterspenders hineinpassen sollte. Höchstens könnte er dem Schnabel entsprechen, der ja, wenigstens bei der Amsel, abweichend gefärbt ist. Sollte das zutreffen, so könnte ebenso wie für das Kopfmerkmal auch für das Schnabelmerkmal eine optimale Größe bestehen, die dann aber bei derselben Rumpfgröße beträchtlich geringer als die optimale Kopfgröße sein sollte. Ließe sich das tatsächlich nachweisen, so hätte die Vermutung jedenfalls an Wahrscheinlichkeit gewonnen. Wir boten also in den nächsten Versuchen zwei Farbflecke verschiedener Größe in einem Rumpf (Abb. 134). Wir konnten keine richtige Optimumgröße entdecken; vielmehr wurde immer der größere Fleck angesperrt.

Abb. 134. Großer und kleiner Fleck in gleicher Entfernung vom Rumpfkreisrand.

23. 6. 1936. Amseln, 14 Tage. Auf einen schwarzen kreisrunden Rumpf von 8 cm Durchmesser sind zwei weiße Flecken von 0,8 bzw. 2 cm Durchmesser gemalt. Die Tiere wählen immer den großen Fleck, auch wenn er um ein wenig niedriger als der kleine geboten wird.

29. 7. 1937. Amseln, 12 Tage. Gleicher Versuch mit weißer Scheibe. Gleicher Befund.

Demnach wollte die bevorzugte Größe in keiner Weise zur wirklichen Größe des Schnabels passen, und die Annahme, daß wir es hier mit einem

Merkmal des Schnabels zu tun hätten, wurde unwahrscheinlich. Wir hatten aber einen leichten Verdacht, die Tiere möchten nicht nach dem Fleck, sondern nach seiner Oberseite sperren. Manchmal schien es uns, als ob das schwarze »Horn« zwischen Fleck und Scheibenrand angesperrt wurde, genauso wie bei den konkaven Konturunterbrechungen, wo die Spitze zwischen Loch und Scheibenkontur als Kopf wirkte. Bei einer Betrachtung der Abb. 134 schneidet zumindest für den menschlichen Beobachter der große Fleck weit auffallendere »Köpfe« aus als der kleine, wenigstens solange beide Flecke sich in gleicher Entfernung von der Kontur befinden. Sollte diese Überlegung zutreffen, so wäre zu erwarten, daß ein Fleck um so geringeren Einfluß hätte, je weiter er vom Außenrand entfernt wäre, denn die Wirkung als »Horn« (als konvexe Konturunterbrechung) ist am stärksten, wenn der Fleck dem Außenrand am nächsten ist.

Wir boten nun das in Abb. 135 gezeigte Modell, und tatsächlich war jetzt der kleinere Fleck überlegen.

Abb. 135. Der große Fleck ist weiter vom Rand entfernt als der kleine.

Wir erhielten dieses Ergebnis mit schwarzen und mit weißen Scheiben. Beim Versuch mit der weißen Scheibe reagierten die Amseln ein wenig anders als die Singdrosseln. Es kam bei jenen nämlich öfters vor, daß sie auch dann nach dem kleineren Fleck sperrten, wenn er ziemlich weit vom Außenrand entfernt war. Vielleicht müssen wir das aus der größeren Gebundenheit an Schwarz erklären, die wir schon im Anfang der Versuche bei der Amsel fanden. Der kleine schwarze Fleck wirkte vielleicht neben dem größeren schwarzen Fleck, unter Nichtbeachtung der weißen Scheibe, als »Kopf« des größeren Flecks. Zur Prüfung dieser Möglichkeit boten wir statt zweier schwarzer Flecken auf einer weißen Scheibe vielmehr zwei schwarze Kreisscheiben, die in Größen- und Entfernungsverhältnissen den Flecken genau entsprachen (Abb. 136). Wenn also die weiße Scheibe im ersten Versuch nur als Hintergrund betrachtet würde, sollte der Versuch mit den zwei schwarzen Scheiben genauso ausfallen wie der Versuch mit den schwarzen Flecken. Das Ergebnis war nicht eindeutig: manchmal wurde tatsächlich die kleine Scheibe, manchmal dagegen doch die größere angesperrt, so daß wir keine sichere Erklärung der abweichenden, den kleinen Fleck betreffenden Wahlen bei den Amseln geben können. Möglicherweise ist der Versuch zu kompliziert, d. h. es scheint uns nicht ausgeschlossen, daß die zwei Scheiben das eine Mal als zwei gesonderte Objekte (also zwei verschieden große Altvögel), das andere Mal als ein einziger Rumpf-mit-Kopf betrachtet wurden.

Außer bei den gelegentlich auftretenden abweichenden Wahlen der Amseln dürften nach diesen Ergebnissen die Farbflecke dadurch wirksam sein, daß sie mit dem nahen Außenrande des Rumpfes daneben zwei »Köpfe« bilden, die als konvexe Konturunterbrechungen richtenden Wert haben. So gibt es also, wie es uns vorkommt, keinen Anlaß mehr, in der Unterbrechung der Farbe ein anderes Merkmal zu erblicken als in der Konturunterbrechung.

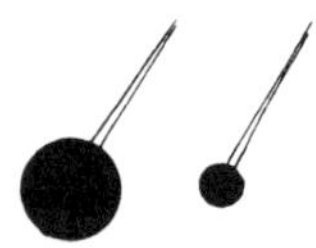

Abb. 136. Darbietung zweier »isolierter Farbflecken«. Die Scheiben waren in der gewünschten Entfernung voneinander an einem hier nicht mitgezeichneten Querbalken befestigt.

V. Kontrollversuche im Freiland

Unsere Versuche erforderten wegen vieler Einwände eine Ergänzung durch Freilandkontrollen. Erstens könnte die Unvollkommenheit unserer Fütterungen die Schwelle der Sperreaktion erniedrigt haben, woraus sich ihre Unspezifität erklären würde. Zweitens hätten sich die Nestlinge während unserer Versuche auf nur von den Untersuchern ausgehende Reize dressieren können. Das wäre sofort in Unterschieden der Reaktionsbereitschaft zwischen Laboratoriumstieren und Wildtieren zum Ausdruck gekommen. Endlich wäre daran zu denken, daß unvollwertige Nahrung Ausfallerscheinungen oder Verlust der Spezifität der Reaktion nach sich gezogen hätte, eine Möglichkeit, die von LORENZ (2) besonders betont worden ist.

Wir wiederholten daher die kritischen Versuche an einer größeren Anzahl wilder Vögel (16 Amseln und 10 Singdrosseln, die ganz von ihren eigenen Eltern aufgezogen und nur gelegentlich zwischen zwei Fütterungen zu Versuchen benutzt wurden). Dabei entfernten wir die Tiere nie aus dem Nest und achteten stets darauf, daß keine elterlichen Alarmrufe die Sperrbereitschaft während unserer Versuche störten.

Wir wiederholten die folgenden Versuche im Freiland:

A. Die Auslösung: Stoßen am Nestrand; Berühren des Schnabelrandes; Schall; optische Reize (Finger, Stöckchen, schwarze, weiße und braune Pappscheiben verschiedenster Formen und Größen, Wahl zwischen schwarzen und weißen Scheiben, relative Höhe).

B. Die Steuerung: Unterscheidung der drei Phasen; relative Höhe; relative Entfernung; relative Größe (Wahlversuche); Unspezifität der Kopfform; Kopf als konvexe Konturunterbrechung; Einkerbung am Hals; Wahlversuche mit Farbflecken verschiedener Größe und Lage.

Das Ergebnis dieser Freilandkontrollen ist rasch beschrieben: *Alle Versuche fielen beinahe genauso aus wie im Laboratorium.* Wir fanden nur die folgenden, unseres Erachtens unwesentlichen Unterschiede. Eine Brut reagierte, wie schon oben (S. 25) erwähnt, auf den Ruf des Vaters. Weiter schienen die natürlich aufgezogenen Jungen meistens etwas weniger hungrig zu sein als unsere Tiere: sie sperrten nicht so stark. Das hatte aber auf die Auslöseschwelle so wenig Einfluß, daß mit unserer Methode kein Unterschied in der Reaktionsbereitschaft festzustellen war.

Die Freilandversuche widerlegen also die Einwände der Abnormität, sei es durch Schwellenerniedrigung oder gar Schädigung infolge unvollwertiger Nahrung. Auch schließen sie die Möglichkeit aus, daß die Reizgebundenheit der Sperreaktion der Laboratoriumstiere infolge einer von uns – wenn auch unwissentlich – bewirkten Dressur von dem Schema der Wildtiere verschieden war. Die Frage, inwieweit, wenn überhaupt, die angeborenen Schemata der Sperreaktion durch Lernvorgänge abgeändert werden, soll der letzte Abschnitt beantworten.

VI. Auswertung und Zusammenfassung

Es war unsere ursprüngliche Absicht, einmal genau ein »angeborenes Schema« zu untersuchen. Wir wollten uns dabei nicht auf den Nachweis beschränken, daß es »einfache«, aus wenigen Merkmalen aufgebaute Schemata gebe, sondern zugleich deren Merkmale so vollkommen wie möglich analysieren. Es stellte sich aber bald heraus, daß es nicht so etwas wie »das Schema des Elternkumpans« gab, sogar nicht einmal ein Schema des Futterspenders, sondern daß es schon für diese eine Reaktion *zwei Schemata nebeneinander gibt, ein richtunggebendes und ein nur auslösendes.* In beiden unterliegt sowohl die motorische wie die rezeptorische Seite einer Reifung.

Die Reizsituation des auslösenden Schemas liegt anfänglich auf mechanischem Gebiet; später kommt der optische Faktor hinzu. Für die *optische Auslösung* sind *drei Merkmale unbedingt notwendig*: es muß sich ein Gegenstand, der *größer als 3 mm* ist, *über Augenhöhe bewegen.* Die Form der ausgelösten Bewegungen ändert sich gleichfalls: das Strecken des Halses wird kräftiger, und es kommen, wie beschrieben, Flügel- und Beinbewegungen dazu.

Die Reizsituation des *steuernden Schemas* ist *anfangs* gleichfalls *mechanisch*: der Nestling orientiert sich nach der Schwerkraft. *Später* tritt dieser Steuerung eine *optische* zur Seite, wobei der *Kopf des Altvogels* angesperrt wird. Der Kopf trägt die folgenden *Merkmale*, die also zum *richtunggebenden Schema* gehören: er ist *höher* als alle anderen Teile des Altvogels, er ist *näher*, er ist eine *konvexe Konturunterbrechung*, und er ist durch eine *Einkerbung vom Rumpf getrennt.* Motorisch ist die optische Steuerung verwickelter als die Schwerkraftsteuerung, weil bei der optischen die Schwerkraft nicht in der Richtung des Sperrens wirkt, sondern schief am Hals angreift; während bei der Schwerkraftsteuerung dieselben Muskeln den unmittelbaren mechanischen Einfluß der Schwerkraft kompensieren, die auch die Einstellung bewirken, wird bei der optischen Steuerung die Kompensierung der direkten Schwerkrafteinwirkung zweifellos von anderen Muskeln besorgt als die bloße Einstellung auf den Kopf.

Es bleibt also während der ganzen Nestlingsperiode der komplexe Charakter der Sperreaktion bestehen; immer wirken zwei Mechanismen zusammen. Wir sind daher gezwungen, dieselbe Unterscheidung zu machen, die LORENZ (3) zwischen »Instinkthandlung« (»Erbkoordination«) und »Orientierungsreaktion« (»Taxis«) getroffen hat. Wie in der von LORENZ und TINBERGEN (4) analysierten Eirollreaktion der Graugans sind die beiden Komponenten simultan verschränkt. Wir haben, was uns methodisch wichtig erscheint, in der vorliegenden Arbeit die Unterscheidung zwischen Instinkthandlung und Taxis in anderer Weise durchgeführt, als es bei der Eirollreaktion der Graugans geschah. Erstens fand nach unseren

Befunden der *Umschlag* vom *mechanischen* zum *optischen* Reizgebiet im *auslösenden Schema früher statt* als im *richtunggebenden Schema;* zweitens sind die *optimalen Reizsituationen* sowohl im mechanischen wie auch im optischen Reizgebiet für beide Schemata *verschieden.*

Es ist hieraus ersichtlich, daß ein Schema sowohl zu einer Taxis wie zu einer Erbkoordination gehören kann. Dies veranlaßt uns, auf einen gewissen nomenklatorischen Mißbrauch des Wortes »Schema« hinzuweisen, der seinen Grund in einer unscharfen Begriffsbildung findet. Man ist gewohnt von »dem Schema des Geschlechtspartners«, »dem Schema des Elternkumpans« usw. zu sprechen. Hiermit wird dann nicht immer dasselbe gemeint. Manchmal bedeutet es das Schema *einer bestimmten* auf den Geschlechtspartner, Elternkumpan usw. gerichteten *Reaktion*, manchmal auch die Gesamtheit der Merkmale, die man unter Benutzung *verschiedener* auf den Geschlechtspartner usw. gerichteter Reaktionen gefunden hat. Ein Schema gehört aber zu *einer* Reaktion, und da das Aktionssystem eines Tieres oft mehrere auf den Geschlechtspartner usw. gerichtete Reaktionen umfaßt, ist es von vornherein möglich, daß jede dieser Reaktionen ihr eigenes Schema hat und daß jedes dieser Schemata aus verschiedenen Merkmalen aufgebaut ist. Man findet dann *mehr als ein* »Schema des Geschlechtspartners«. Dies trifft tatsächlich sehr oft zu. Erstens sind die Handlungen oft sukzessiv verschränkt und bilden eine Kette von Gliedern, deren jedes sein eigenes Schema hat. Beispiele liefert das Paarungsverhalten vieler Tiere (Vögel, Fische, Insekten). Beweis für die Kettennatur ist die Tatsache, daß bei Ausbleiben bestimmter Antworthandlungen des Gegenspielers das Verhalten immer *an ganz bestimmten Stellen* stekken bleibt. Die Sperreaktion selbst ist das erste Glied einer aus mindestens zwei Gliedern bestehenden Kette: Das nächste Glied ist das Schlucken, das immer nur dann auftritt, wenn wirklich etwas in den Rachen gelangt. Die taktilen Reize, die hier eine Rolle spielen, gehören genauso zum »Schema des Elternkumpans« wie die oben analysierten, die Sperreaktion auslösenden Reize. Sie passen aber zu einer ganz anderen Komponente des Verhaltens und gehören deshalb in das dieser Komponente zugeordnete Schema.

Unsere Versuche zeigen weiter, daß es neben dieser Sukzessivverschränkung auch eine Simultanverschränkung eines auslösenden und eines richtunggebenden Schemas innerhalb »einer » Reaktion gibt. Das auslösende Schema gehört zur Erbkoordination, das richtunggebende zur Taxiskomponente.

Es muß betont werden, daß die Frage, inwieweit irgendwelche Lernprozesse die Schemata verändern mögen, für die *Unterscheidung der zwei Komponenten* des Sperrens gleichgültig ist. Trotzdem ist die Frage, ob wir hier *angeborene* Schemata untersucht haben, an sich wichtig genug, um sie nochmals zusammenfassend zu erörtern. Es gibt ja noch sehr wenige Analysen von Schemata, von denen wirklich feststeht, daß sie angeboren sind.

Da unsere Laboratoriums- und Freilandversuche gleiche Ergebnisse hatten, ist die Annahme von Dressuren auf Merkmale, in denen wir uns von den normalen Futterspendern unterschieden, hinfällig. In vielen anderen Merkmalen besteht jedoch eine grobe Übereinstimmung zwischen uns und den Altvögeln, so daß eine eventuelle Abänderung *dieser* Merkmale durch Dressur sich im Freien und im Laboratorium in gleicher Weise auswirken müßte und daher mittels unserer Kontrollversuche überhaupt nicht aufgedeckt werden könnte. Der Verlauf der Laboratoriumsversuche selber gab uns aber noch manche Hinweise, die uns im Zusammenhang mit den Freilandversuchen ein sicheres Urteil darüber gestatten, ob Lernvorgänge die optimale Reizsituation abänderten oder nicht.

Die mechanischen Reize der auslösenden Situation wirken sicher ohne irgendeine Erfahrung. Zudem ist es unmöglich, den Tieren ihr Sperren auf den Erschütterungsreiz hin abzugewöhnen. Auch in der optischen Auslösesituation sind gewisse Komponenten, wie die der Größe, sicher angeboren; die spezifische Empfindlichkeit für diese Merkmale war sofort da, als die Tiere ihre Augen öffneten; sie hätten also gar keine Zeit gehabt, etwas zu lernen. Wie beschrieben, verschiebt sich die obere Grenze des Merkmals »Größe« im Laufe der Entwicklung; es wurde schon gezeigt, daß wir es hier nicht mit einem Lernprozeß zu tun haben (S. 28).

Weil wir und auch der Altvogel das Futter immer von oben in die Schnäbel hineinsteckten, ist es natürlich fraglich, ob nicht das Merkmal »*über dem Horizont*« durch Lernen bedingt worden ist. Deshalb versuchten wir, Nestlinge *das Sperren auch auf unter Augenhöhe befindliche bewegte Gegenstände zu lehren,* indem wir sie regelmäßig durch Stoßen zum Sperren veranlaßten und ihnen dann von unten her das Futter in den Rachen steckten; jedoch die Tiere *lernten nicht,* auf *unter Augenhöhe Bewegtes* zu sperren. Weiter spricht auch die *Schwarzbevorzugung* unserer Versuchstiere *gegen eine Beeinflussung durch Lernen*: Wir fütterten immer im *weißen* Laboratoriumsmantel, und trotzdem entwickelten unsere Tiere keine Bevorzugung von Weiß.

Wie schon oben bemerkt, glauben wir, daß wohl Lernvorgänge auftreten, die gewisse Reizkombinationen unwirksam machen, also gewissermaßen einen kleinen Bezirk aus dem ursprünglich weiten angeborenen Schema herausschneiden. Bewegte Äste und Blätter z. B., die alle optischen Merkmale der optimalen Reizsituation besitzen, werden nicht angesperrt, und das kann nur durch Abgewöhnen zustande kommen. Wie sich dieses Abgewöhnen im Freien vollzieht, wäre bei Durchbeobachtung einiger Bruten herauszufinden; wir haben das leider versäumt.

Ob es auch ähnliche, aber positive »Ausschnitte« gibt, indem die Drosseln z. B. auf die Pinzette intensiver als auf die anderen Attrappen zu sperren lernen, bezweifeln wir aufgrund unserer Erfahrungen. Wie hier ausdrücklich betont sei, beziehen sich diese Schlüsse nur auf die beiden von uns untersuchten Arten und nur auf diese eine Reaktion; Unterschiede zwischen Arten wie auch zwischen verschiedenen Reaktionen einer und derselben Art sind natürlich zu erwarten.

Gewiß lernen die Jungen vieler anderer Singvögel auf besondere Reizzusammenstellungen stärker zu sperren, als es das angeborene Schema ihnen »vorschreibt«; verschiedene Arten lernen z. B. sicherlich die Eltern bzw. Pflegeeltern mehr oder weniger persönlich kennen (vgl. LORENZ 2), aber dieser Lernvorgang beeinflußt das Sperren wohl immer erst gegen das Ende oder gar nach Beendigung der Nestlingsperiode. Das angeborene Schema hat dann schon während längerer Zeit gewirkt. Wenn solche Lernprozesse bei den von uns untersuchten Drosselarten auftreten, dann geschieht das auch erst nach dem Ausfliegen.

Endlich kann in vielen Fällen ein wesentlich anderer Lernvorgang eine Änderung des auslösenden Schemas der Sperrhandlung *vortäuschen.* Es kommt nämlich bei eben gefangenen Jungtieren oft vor, daß sie sich in Anwesenheit des Menschen ducken. Diese Stimmung der Flucht oder des Sichdrückens verhindert die Sperreaktion. Wenn die Tiere sich an die neue Situation gewöhnen, wird dieser »Block« aufgehoben. In solchen Fällen wird gewöhnlich behauptet, die Tiere hätten »gelernt, nach der Pinzette zu sperren«. Es ist aber durchaus nicht unwahrscheinlich, daß die Pinzette bei vielen Passeres ausgezeichnet in das angeborene Schema der Sperreaktion paßt. Dann aber kann von einem das Schema dieser Reaktion beeinflussenden Lernvorgang nicht die Rede sein. Infolge der Gewöhnung hebt sich lediglich die Schwelle der Fluchtreaktion, die ihrerseits nach wie vor das Sperren hemmt.

Was die *Steuerung* anbetrifft, so ist die Bereitschaft, sich nach Schwerkraftreizen zu orientieren, natürlich angeboren, denn schon das frisch geschlüpfte Junge zeigt sie. Zwar sind die Bewegungen dann noch sehr ungereift. In der optischen Situation gehört das Merkmal der relativen Höhe zum angeborenen Schema, denn auch unsere Tiere, die wir nicht von dem höchsten Punkt unseres Körpers aus fütterten, entwickelten diese Bevorzugung des höchsten Punktes. Sie hätten es also nicht nur unmöglich von uns lernen können, sondern lernten auch durch unsere abweichende Fütterungsmethode nie, daß das Futter nicht vom höchsten Teil kam. Über die relative Entfernung können wir nichts aussagen, denn sowohl die Freilandkontrolltiere wie auch die Laboratoriumstiere erhielten das Futter immer von dem ihnen nächsten Teil des Futterspenders, könnten also in beiden Fällen auf dieses Merkmal dressiert sein. Das Merkmal der relativen Größe aber muß angeboren sein; unsere Versuchstiere hätten das nie von uns lernen können, da unsere Hand nicht im Verhältnis von 1 zu 3 zu unserem Körper steht. Die Form spielt im angeborenen Schema zweifellos keine oder eine ganz geringfügige Rolle; inwieweit eine Dressur auf besondere Formen möglich ist, haben wir nicht untersucht; jedenfalls geht solches Lernen nie so weit, daß die Empfindlichkeit für die übrigen, ins Schema passenden Formen darunter leidet.

Aus diesen Tatsachen scheint uns mit Gewißheit hervorzugehen, *daß die optimalen Reizsituationen, wie wir sie gefunden haben, den angeborenen Schematen entsprechen und normalerweise nicht durch Lernvorgänge wesentlich beeinflußt werden.*

In den allerdings meist unvollständigen Schrifttumsangaben über durch Lernen bedingte Änderungen des Schemas vermißt man immer den Nachweis, daß es sich nicht um eine Reifung handelt. Wie schon im beschreibenden Teil bemerkt wurde, gibt es nicht nur eine Reifung der Bewegungsform, sondern auch eine Reifung der Reizgebundenheit einer Reaktion, des auslösenden Schemas, wie es schon oben für die Änderungen in der oberen Grenze des Merkmals »Größe« im auslösenden Schema besprochen wurde. Inwieweit die Reifung eines Schemas durch Entwicklungsprozesse im Rezeptor oder im Nervensystem oder in beiden begründet ist, wird wohl von Fall zu Fall verschieden sein.

Wohl die ausführlichste Arbeit über die Auslösung des Sperrens ist die von KUHLMANN (1). Dieser Autor beschreibt bei verschiedenen Passeres (*Agelaius ph. phoeniceus* L. und *Hylocichla mustelina* GM.) Änderungen in der Reaktionsbereitschaft, die er das eine Mal einem Lernen, ein anderes Mal der Entwicklung zuschreibt, ohne jedoch die Deutung für den Einzelfall zu begründen.

Wir fassen zusammen: *1. Die von uns bei den beiden Drosselarten gefundenen auslösenden bzw. richtunggebenden Schemata des Sperrens sind wirklich angeboren. 2. Viele der wahrnehmbaren Änderungen in der Reaktionsbereitschaft sperrender Singvögel entsprechen nicht Lernvorgängen, welche die zum Sperren gehörigen Schemata betreffen, sondern sind entweder Reifungserscheinungen oder Lernvorgänge von anderer Art.*

Nur in einem einzigen weiteren uns bekannten Falle ist eine auf den Kopf des Gegenspielers gezielte Reaktion auf ihre auslösende sowie steuernde Reizsituation hin untersucht worden, und zwar handelt es sich hier ebenfalls um ein in »Kopf« und »Rumpf« gegliedertes Schema (PORTIELJE 6).

Wenn eine Rohrdommel durch Überraschung an der Flucht verhindert ist, nimmt sie eine Abwehrstellung ein und pickt blitzschnell nach dem Kopf des Feindes, sobald dieser sich zu nah an sie heranwagt. Das Zustoßen unterbleibt jedoch, wenn der Feind keinen »Kopf« hat. Zog nämlich PORTIELJE den Kopf tief zwischen die Schultern ein und deckte er sich ein Tuch über, so unterblieb das Stoßen. Sobald er sich dann eine ungefähr kopfförmige Pappscheibe auf den verdeckten Kopf setzte, stieß die Rohrdommel auf die Pappscheibe. Er schließt aus seinen Versuchen: »*Botaurus stellaris* in Schreckstellung, einem Gegner-in-toto gegenüber und abwehrbereit, reagiert auf einen Komplex von Merkmalen, der etwa *aus einer kleineren Kopfform bzw. -kontur über einer größeren Torsoform bzw. -kontur bestehen mag*« (S. 11). Daß der Kopf wirklich kleiner als der Rumpf sein und über dem Rumpf stehen muß, scheint allerdings durch PORTIELJES Versuche noch nicht bewiesen. Wohl aber geht aus seinen Versuchen hervor, daß die Kopfform selber nur wenige Merkmale zu bieten braucht, und weiter, daß nicht nur für die Steuerung, sondern auch für die Auslösung des Zustoßens ein Kopf notwendig ist. In dieser Hinsicht unterscheidet sich die Reaktion der Rohrdommel von der Sperreaktion der Drosseln. Eine noch genauere Untersuchung bei der Rohrdommel im Vergleich zu unseren Ergebnissen wäre erwünscht.

Literatur

1 Kuhlmann, F. (1909): Some preliminary observations on the development of instincts and habits in young birds. Psychol. Rev. Monogr. Ser. 11, 49–85.
2 Lorenz, K. (1935): Der Kumpan in der Umwelt des Vogels. J. Orn. Lpz. 83, 137–213 und 289–413. Neudruck ([17]1974) in: Über tierisches und menschliches Verhalten, Bd. I, 115-282. München (Piper).
3 – (1937): Über den Begriff der Instinkthandlung. Folia biotheoretica 2, 17–50
4 Lorenz, K., und N. Tinbergen (1938): Taxis und Instinkthandlung in der Eirollbewegung der Graugans I. Z. f. Tierpsychol. 2, 1–29. Neudruck ([17]1974) in: Über tierisches und menschliches Verhalten, Bd. I, 343–379. München (Piper).
5 Portielje, A. F. J. (1922): Eenige merkwaardige instincten en gewoontevormingen bij vogels. Ardea 11, 23–39.
6 – (1926): Zur Ethologie bzw. Psychologie von *Botaurus stellaris* L. Ardea 15, 1–15.

(Aus den Zoologischen Instituten der Universitäten Leiden und Oxford)

12 Stichlingsstacheln als Mittel der Feindabwehr

(1956)

I. Einleitung

Viele Fischarten sind mit Stacheln ausgerüstet, von denen man annimmt, daß sie als Schutzwaffen dienen. Fast immer sind es umgewandelte Flossenstrahlen, auch beim Stichling. Wir nahmen uns vor, ihre Wirkung an zwei Raubfischarten zu untersuchen: dem Flußbarsch (*Perca fluviatilis* L.) und dem Hecht (*Esox lucius* L.), und zwar mit Dreistachligen (*Gasterosteus aculeatus* L.) und Zehnstachligen Stichlingen (*Pygosteus pungitius* L.), den beiden einzigen Vertretern dieser Familie, die im Süßwasser leben. Zum Vergleich dienten stachellose Süßwasserfische wie Elritzen (*Phoxinus phoxinus* L.), Plötzen (*Rutilus rutilus* L.), Rotfedern (*Scardinius erythrophthalmus* L.) und Karauschen (*Carassius carassius* L.)[1].

Die beiden Räuber kommen auch im Freien mit diesen fünf Beutefischarten zusammen vor. Außerdem hat Hartley (6) in ihren Mägen Stichlinge, Plötzen und Elritzen gefunden.

Einige Vorversuche von Tinbergen (1939) ließen vermuten, daß es jungen, etwa 15 cm langen Hechten erhebliche Mühe macht, ausgewachsene Dreistachlige Stichlinge zu verschlucken, und daß sie diese bald zu meiden lernen, während sie ebenso große oder gar beträchtlich größere unbestachelte Fische gerne nehmen. Wenn ein Stichling von einem Hecht gepackt wird, richtet er sämtliche Stacheln steil auf, solange er festgehalten wird. Da also die unliebsamen Erfahrungen der Hechte wahrscheinlich

1 Neben Plötzen und Rotfedern haben wir wohl gelegentlich auch andere, ähnliche Arten erwischt; denn die Jungfische in Stichlingsgröße sind nicht leicht zu unterscheiden. Da aber die Räuber auf alle diese stachellosen Fische gleich reagieren, ersparten wir es uns, die Arten genau zu bestimmen. Weitaus die meisten Futterfische stammten aus Gewässern, in denen es viele große Plötzen und Rotfedern gab.

von den Stacheln herrührten, machte HOOGLAND 1948 mit Dreistachlern und Hechten Versuche, die MORRIS 1952 auch auf Barsche und Zehnstachler ausdehnte, deren Verhalten er untersuchte. Durch unsere Beobachtungen haben wir nicht nur die Bedeutung der Stacheln nachweisen können, sondern auch manches über das Jagdverhalten der Räuber erfahren. Außerdem ergaben sich bemerkenswerte Unterschiede zwischen den beiden Stichlingsarten, die mit Verschiedenheiten ihrer Lebensweise, besonders des Fortpflanzungsverhaltens, zusammenhängen.

Die Jagd von Hechten auf Stichlinge und stachellose Fische hat TINBERGEN auch in einem Film festgehalten, dessen Kopien das Zoologische Institut in Leiden und das Institut für Zoologie und vergleichende Anatomie in Oxford aufbewahren.

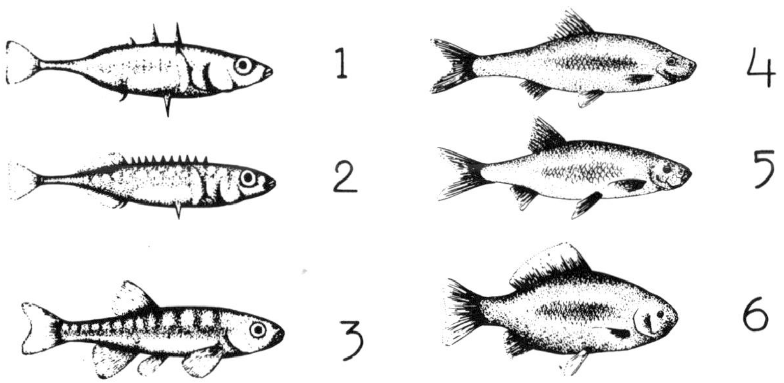

Abb. 137. Die verwendeten Beutefischarten. 1 Dreistachliger Stichling; 2 Zehnstachliger Stichling; 3 Elritze; 4 Plötze; 5 Rotfeder; 6 Karausche.

II. Material und Methode

In Holland, in der Umgebung von Leiden, fischten wir fünf Hechte sowie mehrere hundert Stichlinge, Plötzen, Rotfedern und Karauschen; drei Hechte, fünf Barsche sowie alle Stichlinge und Elritzen für die Versuche von MORRIS stammten aus Gewässern in Wiltshire und Oxfordshire in England. Wir verwendeten nur erwachsene Stichlinge beider Arten und stachellose Fische in der Größe eines ausgewachsenen Dreistachlers oder etwas darüber (Abb. 137). Die Raubfische waren anfangs 10–25 cm groß und wuchsen im Verlauf der Arbeit.

Wir beobachteten im Labor, wenn nicht anders vermerkt, in Aquarien von 60 × 35 × 35 cm oder 125 × 50 × 35 cm, die HOOGLAND ein wenig, MORRIS gewöhnlich überhaupt nicht bepflanzte. Manchmal wurden die Becken mit undurchsichtigen Wänden gegeneinander abgeschirmt und meistens die Raubfische einzeln gehalten. Die jeweilige Arbeitsweise ist in der Beschreibung der Versuche angegeben.

Immer achteten wir darauf, ob der Beutefisch verschluckt wurde oder nicht, was zur Beantwortung unserer hauptsächlich ökologischen Fragestellung genügte. Manche Versuche, besonders von HOOGLAND, galten aber auch dem Verhalten der Hechte und dessen Veränderung durch Erfahrung.

HOOGLAND hatte einen Hecht, der lernte, daß die Vorbereitungen des Versuchsleiters baldige Beute verhießen. MORRIS' Raubfische versuchten manchmal zu Beginn der Versuche zu flüchten. Weil aber in beiden Fällen Experiment und Kontrolle in gleicher Weise beeinflußt waren, ließen wir es dabei, und in einigen langfristigen Versuchen von MORRIS, in denen viele Beutefische verschiedener Arten wochenlang mit dem Räuber zusammenlebten, spielten solche Störungen überhaupt keine Rolle.

III. Die Reaktionen der Stichlinge auf Barsch und Hecht

Solange der Räuber stillhält oder sich nur ganz langsam bewegt, kümmert es den Stichling nicht. Doch eine rasche Bewegung, vor allem wenn sie auf ihn selbst gerichtet ist, scheucht ihn augenblicklich zur Flucht und ins nächste Versteck. Ist es ein Hecht, so hat der Stichling wenig Aussicht, ihm zu entkommen, da ihn der Feind an Geschwindigkeit weit übertrifft. Ein Barsch ist langsamer als der Hecht. Ihm können Drei- und Zehnstachler, selbst wenn er hungrig ist, entwischen, vorausgesetzt daß er allein jagt. Allerdings, in der Enge des Aquariums ist es sogar für einen einzelnen Barsch ganz leicht, die Beute in eine Ecke zu treiben und zu fangen. Ausnahmsweise gelingt es Stichlingen, durch eine rasche Wendung sogar dem Hecht zu entkommen und sich zu verbergen. Aber so ein verschreckter Stichling blieb auch in einem dicht bepflanzten Aquarium nie lange in seinem Versteck, und falls ein Hecht darauf aus war, bekam er ihn schließlich immer. Wenn ein Stichling den Versuch überlebt, liegt es fast stets an mangelnder Jagdbereitschaft des Räubers, und nur in seltenen Fällen (die in den Protokollen angegeben sind) hat sich ein Stichling gerettet, indem er vollkommen stillstand.

Die Flucht kann allein durch Sehreize ausgelöst werden; denn wir sahen Stichlinge vor einem Hecht im Nachbarbecken fliehen. Eine Reaktion auf chemische Reize, etwa einen Schreckstoff aus der Haut verletzter Fische, war dagegen in mehreren Versuchen nach v. FRISCHS Methode (4) niemals hervorzurufen.

Sobald ein Feind den Stichling packt, stellt dieser alle seine Stacheln auf und rührt sich nicht, außer zum Atmen. Wie HOOGLAND (8) nachwies, kann der Fisch die Stacheln in dieser Stellung so verankern, daß er sie ohne Muskelkraft notfalls stundenlang hochhält.

Gasterosteus aculeatus besitzt drei unpaarige Stacheln vor der Rückenflosse, eine kleinere vor der Afterflosse und ein Paar kräftiger Stacheln am Bauch. Oben sind es umgewandelte Strahlen der Rückenflosse. Die beiden vorderen sind recht groß, etwa 6 mm bei einem 65 mm langen Fisch; der dritte mißt ungefähr 1 mm.

Ebenso klein ist der Stachel vor der Afterflosse, während die paarigen Stacheln, die aus den Beckenflossen entstanden sind, fast 9 mm erreichen. Ganz aufgerichtet bilden sie einen durchgehenden, etwa 20 mm langen und beiderseits scharf zugespitzten Querstab im rechten Winkel zur Körperlängsachse. Die beiden vorderen Rückenstacheln und in geringerem Maße auch die am Bauch sind außerdem an der Kante mit einer Reihe von Zähnchen besetzt.

Das Stillhalten und Stachelnsträuben wird durch starke mechanische Reize ausgelöst. Wenn man das Wasser im Becken mit einem Gummischlauch abzieht und dabei zufällig einen Stichling fest mit ansaugt, zeigt er sogleich diese Reaktion. Ist der Sog aber nur schwach, so zappelt er sich meistens los.

Zehnstachlige Stichlinge verhalten sich ebenso wie die Dreistachligen, doch sind ihre Stacheln viel kleiner (Abb. 137).

IV. Das Jagdverhalten des Barsches

Wie der Flußbarsch seine Beute fängt, hat DEELDER (3) schon recht eingehend beschrieben. Er berichtet, daß die Barsche im Freien zu mehreren jagen müssen, um Erfolg zu haben. In unseren verhältnismäßig kleinen und zum Teil unbepflanzten Aquarien brauchten sie sich dagegen kaum anzustrengen. Die Beute hatte keine Möglichkeit zu entkommen, es sei denn, sie wurde verschmäht. Nach Deelder faßt der Räuber die Fischchen gewöhnlich beim Kopf, was wir bestätigen können.

Ein hungriger Barsch, der plötzlich eine Beute sieht, kann sie wohl auch am Schwanz packen und, wenn es eine Elritze ist, in dieser Stellung verschlucken. Ein Stichling wird jedoch fast immer ausgespuckt, gleich darauf am Kopf wieder ergriffen und dann auch manchmal heruntergeschluckt. Eine bessere Methode, die Beute umzudrehen, ohne sie loszulassen, hat der Barsch nicht, wohl aber der Hecht.

Gelingt es diesem, seinen Beutefisch in die Ecke zu drängen, so versucht er durch eine rasche Wendung den Kopf zu erreichen, worauf der andere meist ebenfalls umschwenkt, so daß er dem Hecht den Schwanz zuwendet, und das kann einige Sekunden lang so weitergehen. Der Stichling stellt dabei alle seine Stacheln auf, und manchmal dreht er dem Feind, wenn er zögert, die Bauchseite zu.

Eine Elritze, die am Kopf gepackt wird, verschwindet gewöhnlich bis auf den Schwanz, der dann ganz allmählich in den geschlossenen Mund nachrutscht. Aber wenn ein Stichling erst mehrmals geschnappt und wieder ausgelassen, dann schließlich verspeist oder endgültig abgelehnt wurde, hielt ihn der Barsch zuweilen mehrere Minuten lang im Maul oder ließ ihn frei, sowie er die Stacheln in seiner Mundhöhle spürte; oft schnappte er ihn dann gleich wieder, und so viele Male nacheinander. Anscheinend konnte er dem Anblick des Fischchens nicht widerstehen, obwohl es ihm jedesmal wehtat.

Gelegentlich wurde ein schon gänzlich verschlungener Fisch einige Minuten später lebend wieder ausgewürgt. Der Flußbarsch scheint demnach seine Beute beim Zubeißen wenig oder überhaupt nicht zu beschädigen, was Anpassungswert haben mag; denn manche Fische geben, wenn sie verletzt sind, einen Schreckstoff ins Wasser ab, der ihre Artgenossen auf die Gefahr aufmerksam macht (v. Frisch 4).

Nach dem Verschlingen schluckt der Barsch meistens heftig, stößt auf und reckt das Maul, besonders ehe er ihn wieder auswürgt; manchmal erschüttern rasche ruckartige Bewegungen den ganzen Körper. Ist der Stichling etwa auf halbem Wege steckengeblieben, so reißt der Barsch immer wieder das Maul auf und schlenkert kräftig mit dem Kopf, um den Bissen loszubekommen. Als einmal ein hungriger Flußbarsch in einem Zuge die Beute halb herunterbrachte, begann er aus den Kiemen zu bluten.

Langsam weiterschwimmend, hinterließ er eine rötliche Spur, bis das ganze Wasser im Becken wolkig verfärbt war. Trotzdem überlebte der Barsch und nicht der Stichling.

V. Das Jagdverhalten des Hechtes

Abgesehen von einigen Gelegenheiten im Freiland und ein paar Beobachtungen an großen Hechten in Gefangenschaft stammt unsere Kenntnis des Beutefanges von den kleinen Vertretern in unserem Labor.

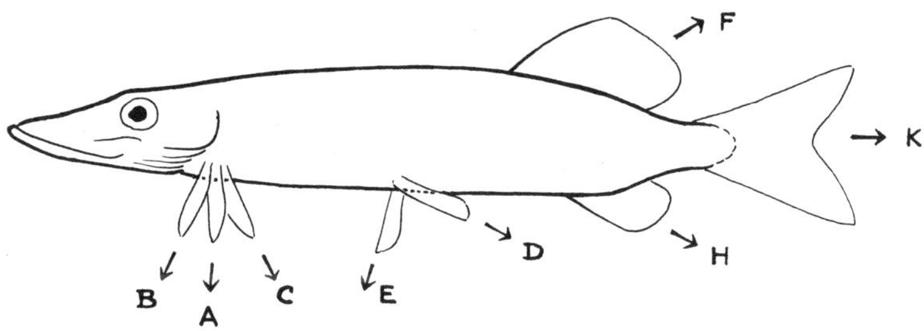

Abb. 138. Flossenbewegungen des Hechtes. Erklärung im Text.

Der Hecht schwimmt durch Bewegung der Flossen oder des Rumpfes und Schwanzes oder von Rumpf und Flossen. Wir besprechen zunächst die Flossenbewegung.

Die Brustflossen bewegen sich gewöhnlich wellenförmig, indem die Flossenstrahlen abwechselnd vor- und rückwärts geführt werden, mit einer geringen Phasenverschiebung von einer zu nächsten. Die Welle verläuft vom frontal-medianen Strahl zum kaudal-distalen Rand. Die Vorwärtsbewegung jedes Strahls kann ebensostark sein wie die entgegengesetzte. In diesem Falle liegen die Flossen in einer rechtwinklig zum Körper gedachten Ebene, und der von ihnen erzeugte Wasserstrom führt nach unten (Abb. 138 A). Oder die Flossen sind vorgestreckt, die einzelnen Strahlen greifen nach vorne stärker aus als nach hinten, wodurch das Wasser vorwärts strömt (Abb. 138 B). Steht die Flosse nach hinten, so ist die Rückwärtsbewegung der Strahlen kräftiger als die nach vorn, und das Wasser fließt rückwärts. Alle diese Strömungen bewegen den Fisch jeweils ungefähr in die entgegengesetzte Richtung. Die Beckenflossen zeigen gewöhnlich nach hinten und bewirken einen rückwärts und abwärts führenden Strom (Abb. 138 D). Sie können aber auch nach vorn gebracht werden und bewegen in dieser Stellung das Wasser abwärts und vorwärts (Abb. 138 E).

Die Dorsalflosse führt regelmäßig nach hinten durchwandernde Wellenbewegungen aus, besonders im rückwärtigen Teil; das Wasser strömt rückwärts-aufwärts (Abb. 138 F). Im Wenden schlagen alle Strahlen im hinteren Teil der Rückenflossen gleichzeitig nach einer Seite. Dieselben Bewegungen macht auch die Afterflosse (Abb. 138 H), doch meistens weniger stark.

Die Schwanzflosse schließlich kann ebenfalls undulieren, wobei sich der Ausschlag der Flossenstrahlen von oben nach unten verringert, oder es schlagen sämtliche Strahlen zugleich.

Die häufigsten Bewegungsmuster sind:

Stehen. Das Brustflossenpaar wedelt wie in A und B, die Rückenflosse wie in F. Die A-Form und die vertikalen Komponenten von B und F halten den Fischkörper waagerecht und in gleichbleibender Höhe; die horizontale Komponente von B widersteht dem Antrieb nach vorn, den die Atembewegungen erzeugen; auch die anderen Flossen oder andere Bewegungen derselben Flosse wirken manchmal dagegen.

Beim *langsamen Vorwärtsschwimmen,* z. B. beim Beschleichen der Beute, werden Brustflossen (C) und Rückenflosse (F) eingesetzt. Zum Beschleunigen kommen die Beckenflossen (D), Schwanz- (K) und Afterflosse (H) hinzu.

Das *Rückwärtsschwimmen* besorgen die Bauchflossen wie in E und die Brustflossen wie in B; Rücken-, Schwanz- und Afterflosse sind manchmal beteiligt. Um eine Vorwärtsbewegung abzubremsen, gehen die Beckenflossen nach vorn (E).

Bei *Wendungen* schlagen die Brustflossen in entgegengesetzte Richtungen, z. B. die linke wie in B, die rechte wie in C, meist unterstützt durch seitliche Bewegungen der Rücken-, Schwanz- und Afterflosse, und der Rumpf krümmt sich.

Bei *schnellem Schwimmen,* etwa beim »Sprung« auf die Beute, legt der Hecht Brust- und Bauchflossen dicht an, Rücken- und Schwanzflosse werden abgeflacht, während Rumpf und Schwanz sich schlängeln, am stärksten am Schwanzende (carangiforme Bewegung, Breder 2).

Den *plötzlichen Vorstoß,* wenn der Hecht seine Beute packt, werden wir später noch genauer besprechen.

Wenn ein Fisch geeigneter Größe (das ist etwa ein Drittel oder die Hälfte der Länge des Hechtes) vorüberschwimmt und der Räuber die Beute mit einem Auge erspäht, richtet er zuerst beide Augen dorthin. Darauf wendet er mit dem ganzen Körper, bis er das Fischchen genau vor sich hat und es mit beiden Augen fixiert. Nun pirscht er sich mit leisem Flossenschlag ganz vorsichtig näher, bis er etwa 5 cm vor ihm (ein größerer Hecht als unsere vielleicht schon eher) innehält. So weit wird er ausschließlich vom Gesichtssinn geleitet. Nach WUNDER (10) würde kein blinder Hecht auf größere Entfernung ein Beutetier finden und beschleichen können.

Bevor er zustößt, krümmt der Hecht seinen Körper S-förmig ein (Abb. 139) wie zu Beginn der carangiformen Bewegung. Hinten biegt er sich stärker als vorne, so daß der Schwanz fast im rechten Winkel zum Körper steht. Aus dieser Haltung schnellt er sich mit einem einzigen Schwanzschlag voran, normalerweise so rasch, daß man das Krümmen und Strekken des Schwanzes kaum sieht. Wenn er aber durch Wasserpflanzen behindert ist, behält er die S-Stellung manchmal ein paar Sekunden lang bei.

Abb. 139. Die S-Stellung, die der Hecht unmittelbar vor dem Zustoßen einnimmt.

Beim Vorstoßen bleibt der Mund bis zum letzten Augenblick geschlossen. Dann wird er plötzlich gewaltsam aufgerissen und dadurch die Beute eingesaugt, wie es schon HÖLLER (7) beschrieben hat. Das Wasser fließt durch die Kiemenspalten wieder aus. Dieser Durchfluß ist so stark, daß Wasserpflanzen, die der Fisch zufällig auch gepackt hat, ebenfalls mit durch die Spalten rutschen, und einmal guckte sogar der Beutefisch teilweise hinter dem Kiemendeckel hervor.

Die Fanghandlung wird sowohl durch sichtbare wie durch mechanische Reize ausgelöst. Es genügt, daß ein Beutetier oder eine Attrappe hinter Glas zu sehen ist. Die Wirkung mechanischer Einflüsse hat WUNDER (10) untersucht: Blinde Hechte stoßen zu und schnappen, wenn sich ein Beutetier in höchstens 10 cm Abstand vor ihnen bewegt, und ebenso reagieren sie, wenn man von vorn einen Wasserstrahl auf sie lenkt. Wahrscheinlich sind es die gut entwickelten Seitenlinienorgane am Kopf, die diese Wahrnehmungen vermitteln.

Ist die Beute erst einmal gefaßt, so gibt es kein Entrinnen; denn der Hecht hat lange scharfe, nach hinten gerichtete Zähne. Ein kleiner Fisch wird ohne Mühe verschluckt, ein großer durch kurzes ruckartiges Schütteln erst in die richtige Lage gebracht, bis er mit dem Kopf voraus den Schlund hinabgleiten kann. Hierbei hilft, nach WUNDER, die Zunge. Das Schlucken sieht ähnlich aus wie übertriebenes Atmen und hält mit längeren oder kürzeren Abständen noch eine ganze Weile an, nachdem die Beute verschwunden ist. Es scheint, als würde der Mund gespült; jedenfalls kommen dabei oft große Schuppen durch die Kiemenöffnung heraus.

Beim Auswürgen, z. B. weil es ein Stichling war, wird der Mund weit geöffnet und mit einem heftigen Ruck die Beute wieder hervorgebracht. Wie das im einzelnen geschieht, konnten wir nicht erkennen; doch dürfte auch hierbei die Zunge beteiligt sein.

Wir fassen die Bewegungsfolge des Hechtes beim Beutefang zusammen:

1. Hinblicken
2. Zuwendung
3. Beschleichen
4. Vorstoßen
5. Schnappen
6. (Zurechtrücken der Beute)
7. Verschlingen

Vorstoßen und Schnappen werden getrennt, weil es gelegentlich vorkommt, daß ein Hecht auf einen Stichling losfährt, ohne ihn zu fassen.

VI. Wie verhält sich der Barsch zu Stichlingen und Elritzen?

In zwei einfachen Versuchen prüften wir das Verhalten von Barschen zu einer gemischten Beutegruppe. In ein 210 × 36 × 36 cm großes unbepflanztes Aquarium brachten wir zwei der Räuber und eine bestimmte Anzahl Beutefische, die wir alle 24 Stunden nachzählten. Einmal waren es 20 Dreistachler und 20 Elritzen. Nur am ersten Tage und dann wieder, nachdem alle Elritzen aufgebraucht waren, wurde je ein Stichling erbeutet (Abb. 140). Das andere Mal waren 20 Drei-, 20 Zehnstachler und 20 Elritzen geboten (Abb. 141). *Gasterosteus* wurde in Ruhe gelassen, bis mehr als die Hälfte der beiden anderen Arten verschwunden war. Bis zum 7. Tage wurden Elritzen öfter genommen, danach überwiegend *Pygosteus.*

Der Unterschied zwischen Elritzen und Dreistachligen Stichlingen war in beiden Fällen sehr deutlich.

Meistens beobachteten wir jedoch einzelne Barsche mit einzelnen Beutefischen verschiedener Arten, deren Reihenfolge wechselte. Wir betrach-

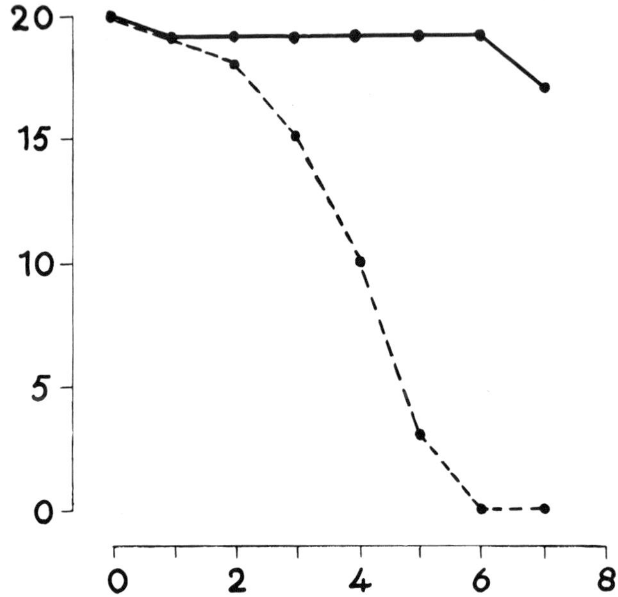

Abb. 140. Die Wirkung des Beutefangs von Barschen auf einen gemischten Schwarm aus 20 Dreistachligen Stichlingen (ausgezogene Linie) und 20 Elritzen (gestrichelte Linie). Ordinate: Anzahl der lebenden Beutefische, Abszisse: Dauer in Tagen.

ten zuerst das Gesamtergebnis all dieser Versuche in Abb. 142, wo 475 Darbietungen für 5 Barsche ausgewertet sind. Anfangs hatten wir gehofft, die Dauer der Darbietungen einheitlich zu bemessen, was sich aber als unzweckmäßig erwies, weil es bis zur ersten Reaktion ganz verschieden lange währte, unabhängig vom weiteren Verlauf. Da aber die Beute meistens sehr bald nach dem Einsetzen gefangen oder aber nach 10–20 Minuten überhaupt nicht mehr beachtet wurde, beendeten wir die Versuche, wenn der Fisch entweder gegessen oder uninteressant geworden war.

In Abb. 142 ist pro Versuch die Durchschnittszahl der Reaktionen auf die drei Arten von Beutefischen angegeben. Wir unterscheiden die Verhaltensweisen Schlucken, Ablehnen und Meiden, wobei zu bedenken ist, daß ein Fisch während einer Darbietung nur einmal verschluckt, jedoch öfters abgelehnt werden kann. Wenn der Barsch seine Beute mehrmals packt und wieder ausspuckt, zählt jedes Ausspucken als eine Ablehnung. Während also der Ordinatenwert für Schlucken niemals höher sein kann als 1, kann er das für Ablehnen und auch für Meiden, nämlich wenn der Räuber eine Intentionsbewegung zum Zuschnappen macht, jedoch einhält, bevor er den Fisch berührt.

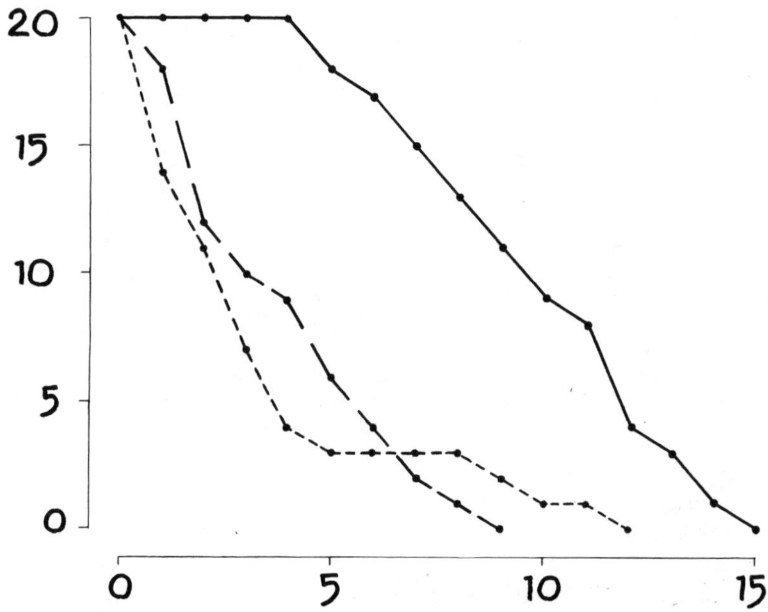

Abb. 141. Die Wirkung des Beutefangs von Barschen auf einen gemischten Schwarm aus 20 Dreistachlern (ausgezogene Linie), 20 Zehnstachlern (unterbrochene Linie) und 20 Elritzen (gestrichelte Linie). Ordinate: Anzahl lebender Beutefische, Abszisse: Dauer in Tagen.

Die Abbildung zeigt deutlich, daß Elritzen öfter gegessen, seltener abgelehnt oder gemieden werden als Zehnstachler, daß diese öfter gegessen und seltener abgelehnt oder gemieden werden als Dreistachler und auch, daß zwischen den beiden Stichlingsarten ein viel größerer Unterschied besteht als zwischen den Zehnstachligen und Elritzen.

Bei einem Teil dieser Versuche boten wir die Beutefische in der Reihen-

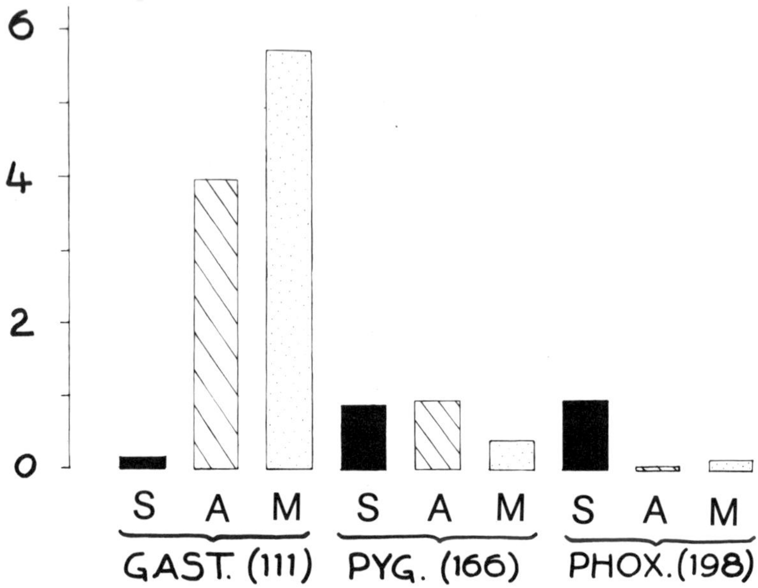

Abb. 142. Ergebnisse von 475 Versuchen, in denen 5 Barschen 111 Dreistachler, 166 Zehnstachler und 198 Elritzen einzeln geboten wurden. Ordinate: mittlere Anzahl der Reaktionen je Darbietung, Abszisse: die Reaktionen S = Schlucken, A = Ablehnen, M = Meiden, geordnet nach den Beutefischarten.

folge: *Gasterosteus, Pygosteus,* Elritze, indem jedesmal, wenn der Barsch den vorigen Fisch gegessen hatte oder ihn nicht mehr beachtete, dieser gegebenenfalls herausgefangen und der nächstfolgende eingesetzt wurde.

Im ganzen machten wir 64 solche Versuche. Teilt man die Antworten, mit oder ohne vorherige Ablehnungen, in »gegessen« und »nicht gegessen« ein, dann gibt es vier Möglichkeiten, die in folgender Häufigkeit verwirklicht waren:

Gasterosteus nicht gegessen *Pygosteus* gegessen	56	*Gasterosteus* gegessen *Pygosteus* nicht gegessen	1
Gasterosteus nicht gegessen *Pygosteus* nicht gegessen	7	*Gasterosteus* gegessen *Pygosteus* gegessen	0

Dabei wurde in allen 64 Fällen die Elritze, die danach kam, verspeist.

Alsdann nahmen wir drei unerfahrene Barsche aus einem abgelegenen

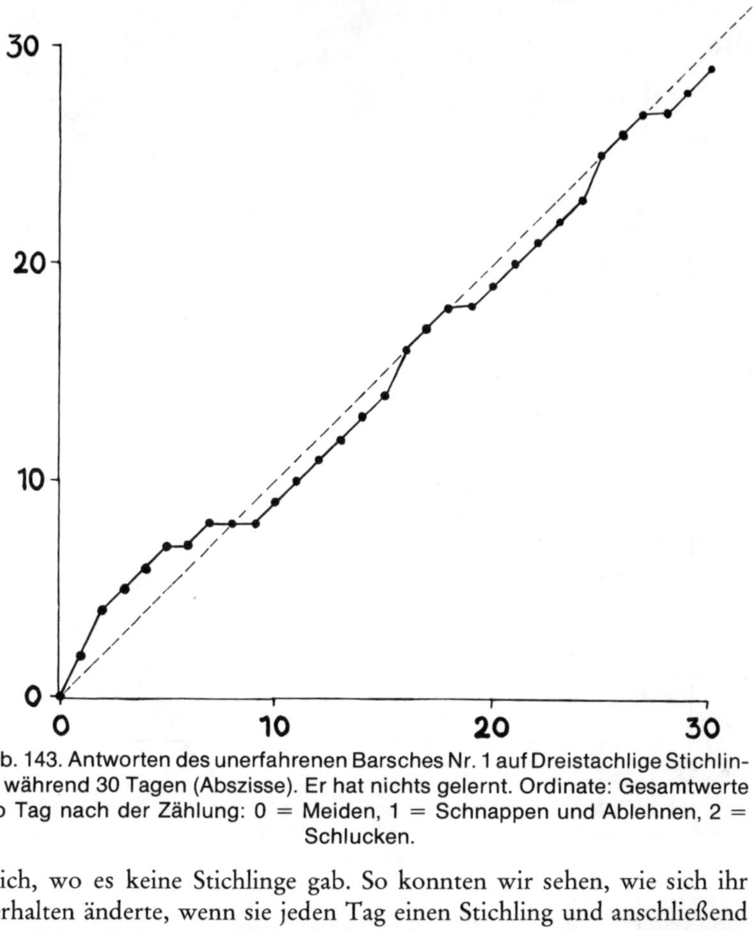

Abb. 143. Antworten des unerfahrenen Barsches Nr. 1 auf Dreistachlige Stichlinge während 30 Tagen (Abszisse). Er hat nichts gelernt. Ordinate: Gesamtwerte pro Tag nach der Zählung: 0 = Meiden, 1 = Schnappen und Ablehnen, 2 = Schlucken.

Teich, wo es keine Stichlinge gab. So konnten wir sehen, wie sich ihr Verhalten änderte, wenn sie jeden Tag einen Stichling und anschließend eine Elritze bekamen. Wir versuchten die tägliche Nahrungsmenge so gleichmäßig wie nur möglich zu halten, indem wir nur dann die Elritze anboten, wenn der Stichling verschmäht worden war.

Da wir mehr Drei- als Zehnstachler hatten, bekamen zwei der Barsche *Gasterosteus* und der dritte *Pygosteus.* Aus den Abb. 143, 144 und 145 geht hervor, wie sich diese drei Barsche im Verlauf eines Monats bei in 24stündigem Abstand wiederholten Versuchen verhielten. Die Abbildungen zeigen Summenkurven; wenn diese die punktierte Linie übersteigen, bedeutet das zunehmende Entscheidungen für den Stichling, wenn sie

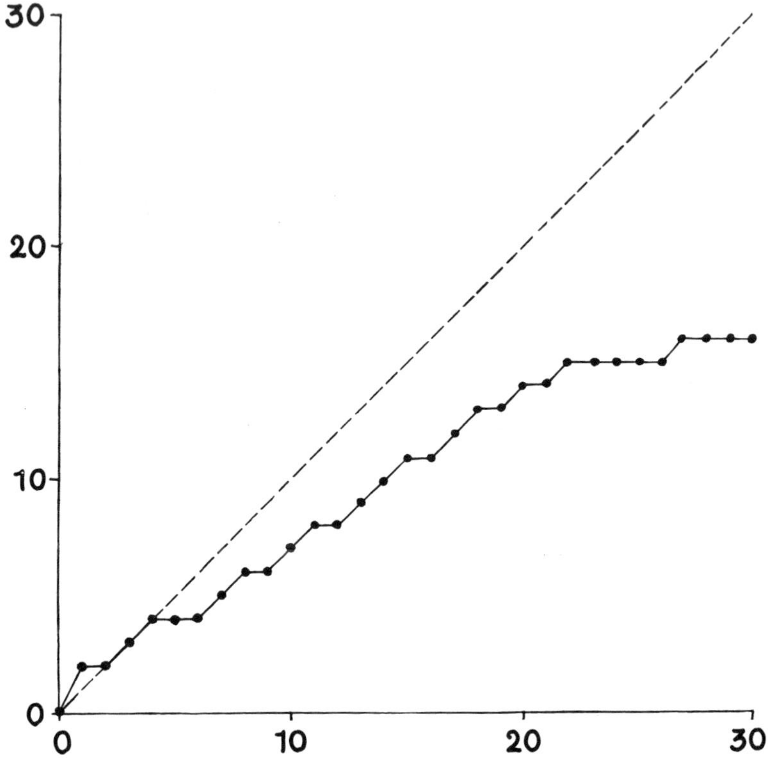

Abb. 144. Antworten des unerfahrenen Barsches Nr. 2 auf Dreistachlige Stichlinge während 30 Tagen (Abszisse). Er lernt immer besser, sie zu meiden. Erklärung wie für Abb. 143.

darunter sinken, stärkeres Meiden. Der Barsch von Abb. 143 blieb sich hinsichtlich des Dreistachligen Stichlings immer gleich; der von Abb. 144 dagegen mochte ihn immer weniger, während der dritte Zehnstachlige Stichlinge zu essen lernte. Wahrscheinlich ließen wir die Versuchstiere ziemlich stark hungern; denn Hechte gleicher Größe gediehen am besten, wenn wir ihnen drei- bis viermal soviel gaben wie diesen Barschen (vgl. unten). Der dritte, der *Pygosteus*-Esser, bekam danach 4 Wochen lang Dreistachler vorgesetzt und lernte, sie zu meiden, wie der andere von Abbildung 144.

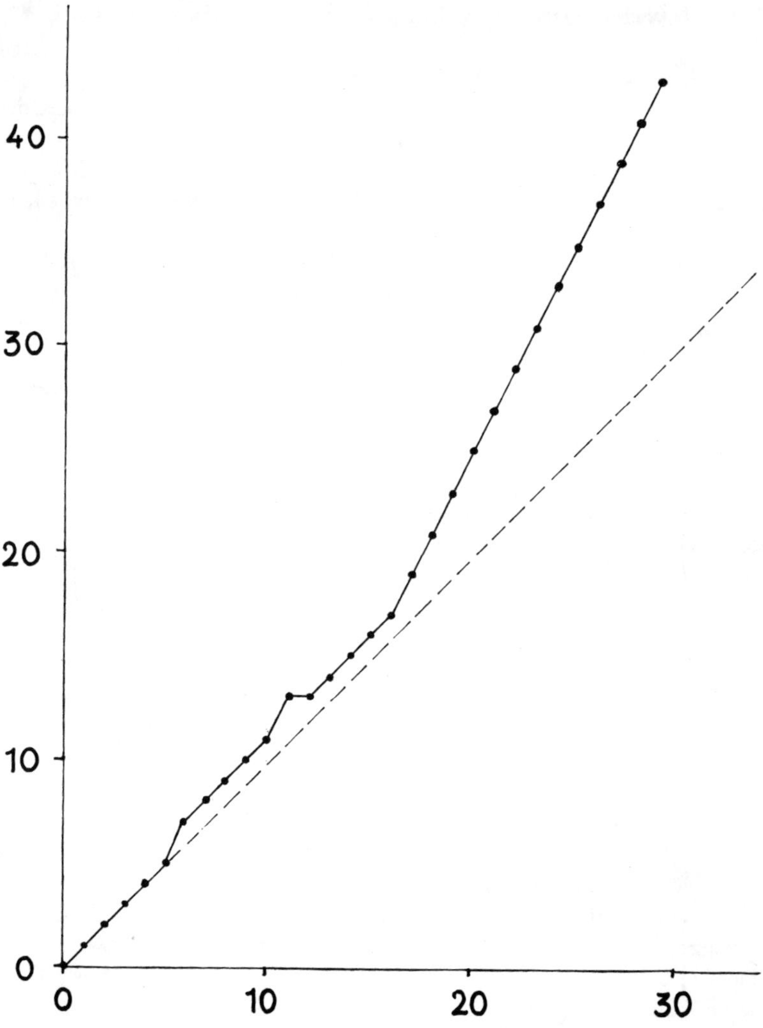

Abb. 145. Antworten des unerfahrenen Barsches Nr. 3 auf Zehnstachlige Stichlinge während 30 Tagen (Abszisse). Er lernt, sie zu essen. Erklärung wie für Abb. 143.

VII. Wie verhält sich der Hecht zu Stichlingen und anderen Fischen?

Diese Beobachtungen machten wir hauptsächlich an acht Hechten. Fünf besaß HOOGLAND, der sie einzeln in wenig bewachsenen Becken hielt, drei hatte MORRIS in gänzlich unbepflanzten Aquarien. HOOGLAND sah gewöhnlich zu, bis die Beute verzehrt war oder, wenn nicht, bis 30 Minuten, nachdem er sie eingesetzt hatte. MORRIS brach seine Versuche ab, sobald der Fisch aufgegessen oder gleichgültig geworden war.

Alle Hechte verfolgten und fingen Stichlinge während der ersten Versuche genauso wie jeden anderen Fisch. Doch kaum geschnappt, wurden sie wieder ausgespieen. Der Hecht wand sich verzweifelt und »hustete« mehrere Male aus Leibeskräften. Der Stichling verbarg sich, war aber bald beruhigt und kam wieder hervor, so daß der Hecht wohl abermals danach schnappte und ihn vielleicht auch zu schlucken versuchte. Das glückte allerdings nur selten und nach langem Bemühen. Mit heftigen Kopfbewegungen wurde der Stichling, der mit gespreizten Stacheln vollkommen stillhielt, zurechtgerückt. Manchmal verschwand er beinahe und kam dann doch wieder hervor, wie in Abb. 146 (nach TINBERGENS Film gezeichnet) mal in dieser, mal in jener Lage.

Das konnte mehr als eine Stunde lang so weitergehen, bis der Stichling zuletzt, manchmal tot, häufiger lebend, endgültig abgelehnt oder zuweilen doch verschlungen wurde.

Wie beim Barsch machten wir einige Versuche mit gemischten Beutegruppen. Einmal standen zwei Hechten 12 Dreistachler und 12 Elritzen zur Verfügung. Diese wurden zuerst verspeist und Stichlinge nur, nachdem sämtliche Elritzen aufgebraucht waren (Abb. 147). Da wir die Aufeinanderfolge auch hierbei nicht im einzelnen beobachtet hatten, bleibt offen, ob der erste Stichling nach der allerletzten Elritze oder, am gleichen Tage, schon vorher erbeutet wurde.

Ein andermal boten wir 12 Drei-, 12 Zehnstachler und 12 Elritzen gleichzeitig an (Abb. 148). Von beiden Stichlingsarten verschwand je ein Tier am ersten Tage. Weiterhin blieben sie unbehelligt, bis nach 5 Tagen keine Elritze mehr übrig war. Nun kamen die Stichlinge an die Reihe, die Zehnstachligen schwach bevorzugt.

Außerdem setzten wir allein gehaltenen Hechten Beutefische verschiedener Arten einzeln vor. Die Durchschnittswerte für die drei Verhaltensweisen Schlucken, Ablehnen und Meiden sind in den Abb. 149 und 150 wiedergegeben. Wie in den Versuchen mit Barschen können die beiden

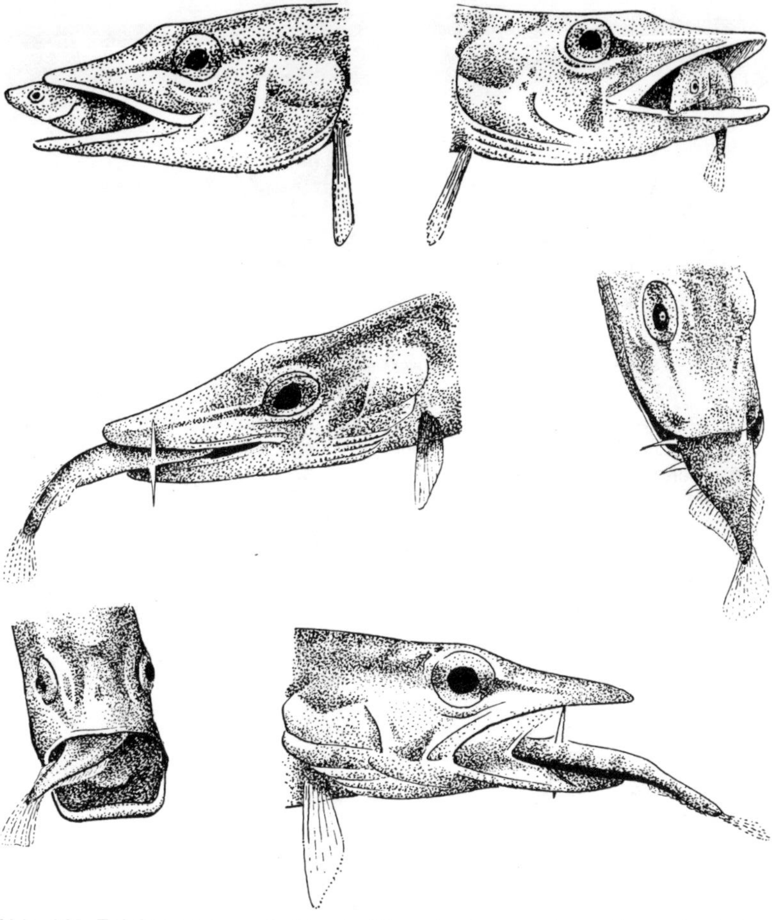

Abb. 146. Zeichnungen nach 16-mm-Filmaufnahmen zeigen die wechselnden Lagen des Stichlings im Mund des Hechtes.

letzteren mehrfach vorkommen, aber verschluckt wird die Beute nur einmal.

Bei den Barschen sind Ablehnungen im ganzen häufiger als bei den Hechten, weil ein Barsch, der seinen Fisch umwenden will, ihn ausspuckt, was jedesmal als Ablehnen zählt, während der Hecht die Beute dazu nicht

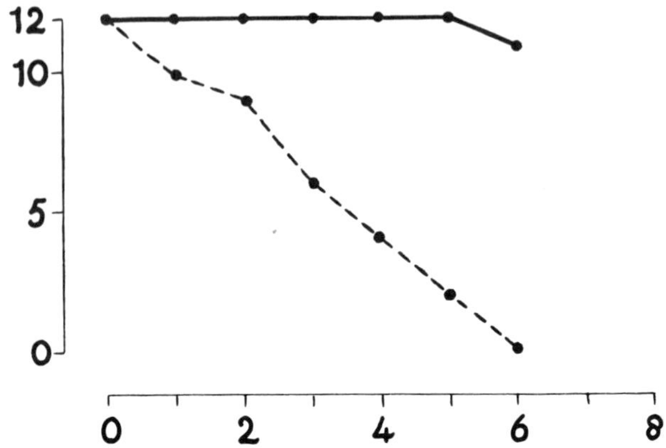

Abb. 147. Die Wirkung des Beutefangs von Hechten auf einen gemischten Schwarm aus 12 Dreistachligen Stichlingen (ausgezogene Linie) und 12 Elritzen (gestrichelte Linie). Ordinate: Anzahl der lebenden Beutefische, Abszisse: Dauer in Tagen.

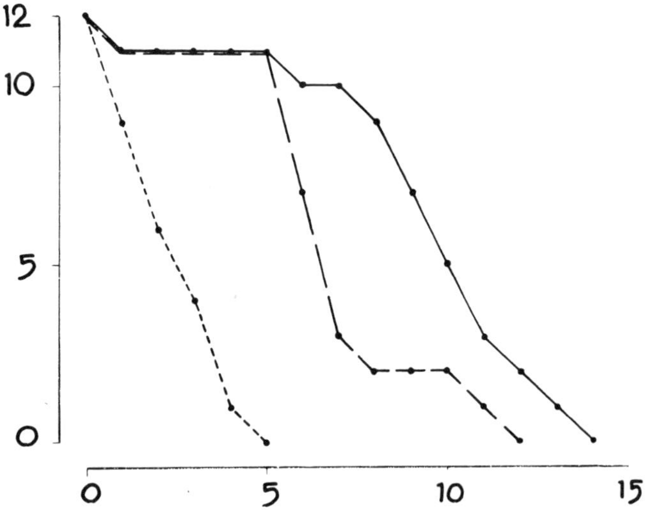

Abb. 148. Die Wirkung des Beutefangs von Hechten auf einen gemischten Schwarm aus 12 Dreistachlern (ausgezogene Linie), 12 Zehnstachlern (gebrochene Linie) und 12 Elritzen (gestrichelte Linie). Ordinate: Anzahl lebender Beutefische, Abszisse: Dauer in Tagen.

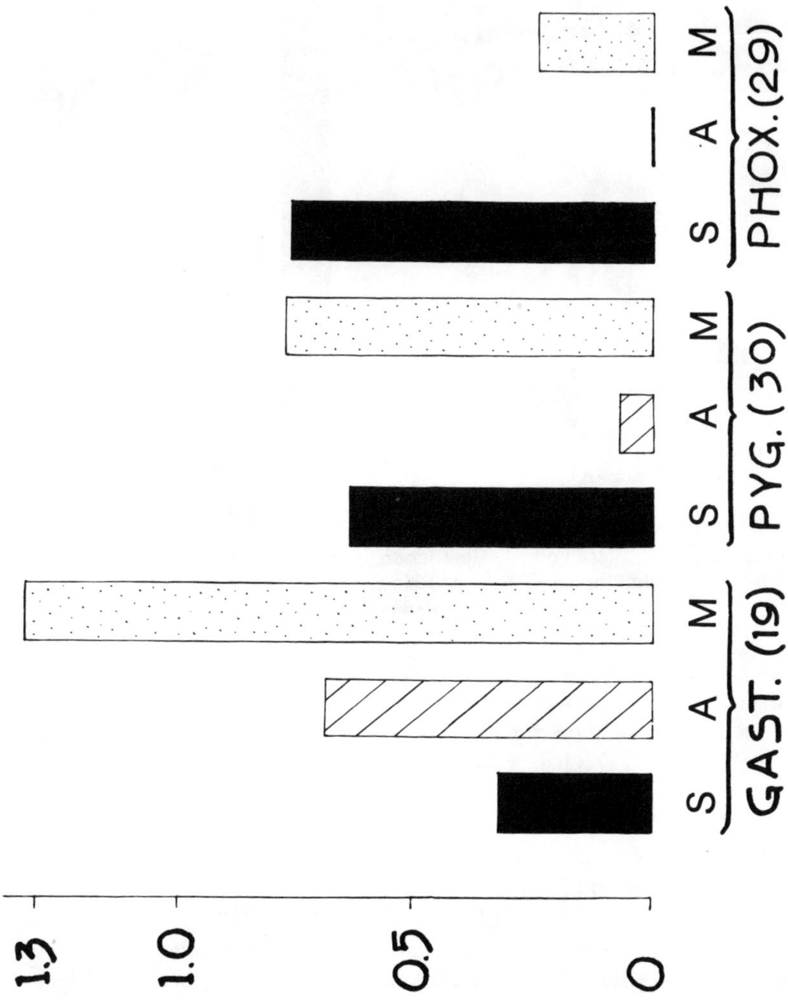

Abb. 149. Ergebnisse von 78 Versuchen, in denen 3 Hechten 19 Dreistachler, 30 Zehnstachler und 29 Elritzen einzeln geboten wurden. Darstellung wie in Abb. 142.

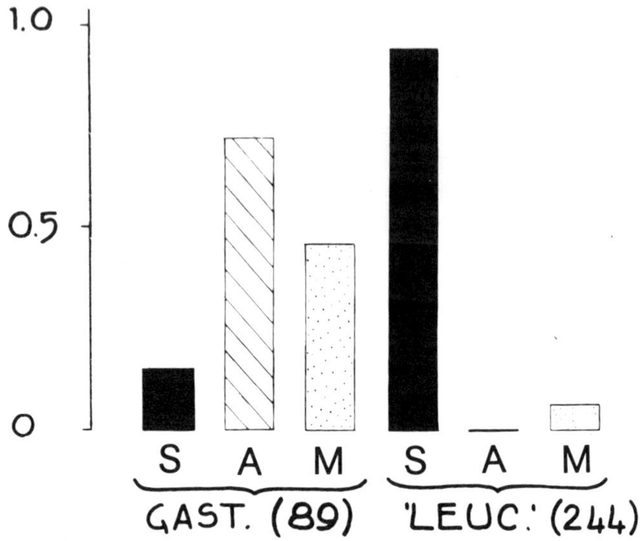

Abb. 150. Ergebnisse von 333 Versuchen, in denen 3 Hechten 89 Dreistachlige Stichlinge und 244 stachellose Fische geboten wurden. Darstellung wie in Abb. 142.

freigibt, sondern sie in seinem Mund umdreht. Dazu kommt, daß ein Barsch oft ein Stück weit auf die Beute zuschwimmt, auch wenn er sie dann verschmäht, während der Hecht, ohne sich zu rühren, nur seine Augen dorthin richtet. Das haben wir vielleicht manchmal übersehen und deshalb das Meiden beim Hecht nicht immer richtig erkannt. Aber obwohl die Zahlen von Art zu Art nicht streng vergleichbar sind, sprechen sie für sich allein und stützen zuverlässig unsere These.

In Abb. 149 sind MORRIS' Ergebnisse von drei einzelnen Hechten mit beiden Stichlingsarten und Elritzen bei insgesamt 78 Darbietungen zusammengefaßt, in Abb. 150 die Befunde von HOOGLAND, ebenfalls an drei einzelnen Hechten, denen er einen oder mehrere stachellose Fische der auf S. 55 genannten Arten, dann einen *Gasterosteus* und danach nochmals einen der wehrlosen Fische vorgesetzt hat (333 Darbietungen).

Im wesentlichen verhalten sich also die beiden Räuber gleich: Sie verschmähen *Pygosteus* häufiger als Elritzen und andere stachellose Fische, *Gasterosteus* häufiger als *Pygosteus* und viel öfter als alle unbewehrten Arten.

In diese beiden Abbildungen nicht einbezogen ist das Ergebnis von Vorversuchen, in denen ein Hecht nur zwei- oder dreimal in der Woche einen Dreistachligen Stichling und keinen anderen Fisch erhielt. Bei der zu dieser Zeit vorherrschenden Temperatur war das eine Hungerration. Unsere Aufzeichnungen sind unvollständig, lassen jedoch folgendes erkennen: Bei der ersten Gelegenheit brauchte der Hecht 30 Minuten, um den Stichling zu verschlingen, ebenso beim zweitenmal. Weiterhin wurde aber der Stachlige nicht etwa abgelehnt, sondern der Hecht verbesserte seine Technik; er lernte regelrecht, Stichlinge zu essen, und schaffte es bald schon in 5–10 Minuten. Nachdem uns das klargeworden war, erhöhten wir die Zuteilungen für den anderen Hecht so, wie es weiter unten bei 3 Versuchen genau angegeben ist.

Während der ersten beiden Versuchsreihen boten wir *Gasterosteus* und einen stachellosen Fisch (fortan L. = *Leuciscus* genannt) in unregelmäßiger Folge, mal diesen, mal jenen zuerst, manchmal auch beide zugleich. Es gab Unterbrechungen innerhalb einer Reihe; die Beobachtungs- und Protokollierungsmethoden waren noch wenig ausgefeilt. Erst in der letzten Versuchsreihe mit dem Hecht E wechselten die Darbietungen regelmäßig ab in der Folge L. – St. – L., und das Verhalten des Hechtes, das wir inzwischen besser kennengelernt hatten, wurde sorgfältig aufgezeichnet.

Die erste Reihe mit Hecht B begann am 5. Nov. 1947. Die täglichen Eintragungen sind von diesem Datum an durchnumeriert. St. bedeutet Stichling, H. steht für Hecht und L., wie schon erwähnt, für einen stachellosen Fisch.

1. 1 St. wird sofort geschnappt, verschwindet gänzlich, kommt aber gleich wieder zum Vorschein. Danach bekundet H. zeitweilig Interesse für St., der matt ist und nach 20 Minuten stirbt. Zweimal stößt H. vor, ohne zu schnappen.
2. 1 St. wird augenblicklich gefangen und wieder losgelassen, doch H. behält ihn im Auge. Nach 3 Minuten St. wieder gepackt, bleibt 2 Minuten verschwunden, kommt wieder frei. In den folgenden 25 Minuten schwimmt St. nur sehr langsam. H. sieht gelegentlich hin. Auf anschließend gebotenen L. reagiert H. nur schwach. Doch nach 13 Minuten schnappt und verzehrt er ihn.
3. 1 St. ziemlich träge, H. recht gleichgültig. Ein gleichzeitig mit St. eingesetzter L. wird dreimal angegriffen und nach zwei Fehlschlägen verschlungen.

4. Kein Versuch. H. nicht gefüttert.
5. Kein Versuch, H. nicht gefüttert.
6. 1 St. gleich gepackt. Erst nach 18 Minuten gelingt das Verschlucken. Danach ein L. sofort verzehrt.
7. 1 St., H. beachtet ihn nur wenig, fängt ihn nicht. Anschließend 1 L. sofort verzehrt.
8. 1 St., H. fast gleichgültig.
9. H. hat 2 L. ausgewürgt. Kein Versuch. (An den Tagen 7, 8 und 9 war das Becken ungenügend belüftet.)
10. 1 L. verzehrt. 1 St. sofort gefangen, bleibt 65 Minuten im Mund, wird schließlich freigelassen. Er lebt. Danach 1 L. sogleich verzehrt.
11. 1 St. gleich gefangen, nach 10 Minuten wieder frei. H. sieht manchmal hin, fängt ihn nach 10 Minuten wieder, läßt los, schnappt noch einmal, verschluckt ihn nach 25 Minuten. 1 L. wird eingesetzt und gleich verzehrt.
12. Kein Versuch.
13. 2 L. gegessen, 1 St. sofort gefangen, nach 10 Minuten verschluckt.
14. 2 L. gegessen. 1 St. gleich gepackt, nach 2 Minuten freigelassen, danach wenig beachtet.
15. 2 L. gegessen, 1 St. augenblicklich gepackt, nach 4 Minuten frei, wieder gepackt, nach 15 Minuten verschluckt.
16. 2 L. gegessen. 1 St. dreimal rasch nacheinander gefangen und wieder losgelassen, danach wenig beachtet.
17. 2 L. gegessen, 1 St. gleich geschnappt, nach 7 Minuten losgelassen, wieder gefangen, nach 3 Minuten verschluckt.
18. 2 L. gegessen, 1 St. (wenig lebhaft) nach 15 Minuten geschnappt, aber gleich wieder frei. H. bleibt schwach interessiert. Anschließend 1 L. sofort verzehrt.
19. Kein Versuch.
20. 1 L. gegessen. Dann gleichzeitig 1 St. und 1 L. eingesetzt. Obwohl St. lebhafter umherschwimmt, achtet H. mehr auf L., den er nach 30 Minuten verspeist.
21. Kein Versuch.
22. 2 L. gegessen. 1 St. gleich ergriffen, 14 Minuten später losgelassen.
23. 2 L. gegessen, gleichgültig gegen St., ein weiterer L. während 30 Minuten nicht gefangen.
24. 3 L. gegessen. 1 St. löst Zustoßen aus, jedoch ohne Schnappen. Nach 20 Minuten wird St. gepackt, aber gleich wieder freigelassen.

25. 2 L. gegessen.
26. Kein Versuch.
27. 2 L. gegessen, 1 St. zweimal gefangen und freigelassen. Nach 5 Minuten noch einmal geschnappt und nach weiteren 5 Minuten verschluckt.
28. 2 L. gegessen. 1 St. gleich gefangen und nach 15 Minuten verschluckt.
29. 2 L. gegessen. 1 St. zweimal gepackt und losgelassen, dann gepackt, verschluckt und ausgeworfen, schließlich doch verzehrt.
30. 2 L. gegessen, 1 St. geschnappt und nach 5 Minuten verschluckt.
31. 3 L. gegessen, 1 St. (ziemlich träge) bleibt fast unbeachtet. Ein vierter L. wird sogleich verzehrt.
32. 3 L. gegessen. 1 St. nach 20 Minuten gefangen und ausgelassen. 1 L. gegessen.
33. Kein Versuch.
34. 2 L. gegessen, desgleichen 1 St., fast augenblicklich.
35. 3 L. gegessen. 1 St. gleich gefangen, nach 15 Minuten geschluckt. 1 weiterer L. bleibt unbehelligt.
36. St. vom Vortage ausgewürgt; die Stacheln sind noch gespreizt. 2 L. gegessen. 1 St. geschnappt und freigelassen. H. beobachtet ihn noch manchmal. Ein neuer L. wird sofort verspeist.
37. 1 L. gegessen.
38. 2 L. gegessen.
39. 1 großer L. gegessen. 1 St. löst Vorstoßen aus, ohne Schnappen. H. danach nur wenig interessiert, doch 1 L. erbeutet er sogleich.
40. Kein Versuch.
41. 1 L. gegessen, 1 St. wird wenig beachtet, noch ein L. sofort verzehrt.
42. 2 L. gegessen, 1 St. fast übersehen, ein neuer L. wird gleich gefangen.
43. 2 L. gegessen, 1 St. gefangen, nach 3 Sekunden losgelassen und nicht mehr beachtet. 1 L. gleich verzehrt.
44. 2 L. gegessen. 1 St. angejagt, ohne zu schnappen. Später wird er gepackt, wieder losgelassen, danach neuer L. gegessen.
45. 2 L. gegessen. Ende der Versuche.

Das Gesamtergebnis lautet: Von 75 angebotenen L. wurden 73, von 32 St. 11 gegessen. Von 21 St., die nicht gegessen wurden, starb einer, und 20 überlebten. 9 von diesen wurden nie gefangen, dagegen von 75 L. nur 2.

Während in den Vorversuchen, die hier nicht eingehend beschrieben sind, zwei Hechte schon in kurzer Zeit lernten, keinen Dreistachligen Stichling zu fangen, ist in dieser Versuchsreihe des Hechtes B von Lernen kaum etwas zu bemerken; nur 9 von 32 Stichlingen rührte der Hecht überhaupt nicht an.

Daß er so viele Stichlinge aß oder wenigstens schnappte, lag wahrscheinlich an seiner schmalen Kost. Sein Verhalten war offenbar durch den Zwiespalt begründet, einerseits, weil er Hunger hatte, das Stichlinge-Essen zu lernen, andererseits sie wegen schlechter Erfahrungen zu meiden. Der neue Hecht D wurde deshalb reichlicher gefüttert. Wir gaben ihm zunächst einige Wochen lang 4 L. täglich. Dann durfte er einmal so viel essen, wie er wollte. Er nahm 10 L., hatte nun aber für den Rest des Tages und noch am folgenden Tage genug. Danach nahm er wieder 4 L. Eine Tagesmenge von 3–4 Fischen schien deshalb ausreichend zu sein, damit er bei der gegebenen Temperatur während der nun folgenden Versuche nicht hungern mußte.

1. (27. Jan. 1948) 3 L. gegessen, 1 St. fünfmal gefangen und jedesmal binnen 1–20 Sekunden wieder freigelassen. Hiernach wird H. gelegentlich wieder aufmerksam. Ein Vorstoß ohne Schnappen. 1 L. wird gleich verspeist.
2. 3 L. gegessen. 1 St. gepackt und gleich losgelassen. H. kümmert sich nicht mehr darum. Ein zweiter St. wird eingesetzt, sofort ergriffen und abgelehnt. 1 L. wird bald verschluckt.
3. 3 L. gegessen. 1 St. erweckt zuerst etwas Aufmerksamkeit, wird nach 5 Minuten gepackt, aber nicht fest, und rasch losgelassen. Danach nur hin und wieder schwache Reaktionen. Einmal ein Vorstoß ohne Schnappen. 1 L. gleich verzehrt.
4. Keine Antwort auf L. Kein St. geboten.
5. 3 L. gegessen. 1 St. bewirkt keine Reaktion, ein darauf folgender L. jedoch auch nicht.
6. 3 L. gegessen. Schwach interessiert an St., 1 L. sofort verzehrt.
7. 3 L. gegessen. St. bleibt unbeachtet. 1 L. nach einiger Zeit gegessen, 2 weitere unbeachtet.
8. 3 L. gegessen; bis auf ein Zustoßen ohne Schnappen bleibt St. unbeachtet. 2 L. rasch verzehrt.
9. 3 L. gegessen. Wenig Aufmerksamkeit für St., auch nicht für 2 L.
10. 2 L. gegessen. 1 St. sofort gefangen und wieder losgelassen. Das wiederholt sich. Später ein Vorstoß ohne Schnappen. 1 L. gleich verzehrt.
11. 1 St. einmal gepackt, losgelassen und nicht mehr beachtet. Kein L. geboten.

12. Kein Versuch.
13. Kein Versuch.
14. Kein Versuch.
15. Kein Versuch.
16. 2 L. gegessen. 1 St. sofort gepackt und gleich freigelassen. Ein weiterer Vorstoß, doch ohne Schnappen. H. wird gleichgültig. Danach fängt und tötet er 1 L., aber verschluckt ihn nicht.
17. 2 L. gegessen. 1 St. angepeilt, nicht angegriffen. 1 L. sofort verzehrt.
18. 2 L. gegessen. 1 St. erweckt geringes Interesse. 2 L. gegessen.
19. Kein Versuch.
20. Kein Versuch.
21. 2 L. gegessen. 1 St. sogleich ergriffen, aber freigelassen. H. wendet sich ab. 1 L. sofort verspeist.
22. 2 L. gegessen. 1 St. rasch ergriffen und freigelassen. Dasselbe noch zweimal binnen 30 Minuten, 1 L. rasch verzehrt.
23. 2 L. gegessen. 1 St. gepackt und losgelassen. Dasselbe nach 8, dasselbe nach 3 Minuten; danach 1 L. rasch verzehrt.
24. 2 L. gegessen. 1 St. erweckt schwache Aufmerksamkeit, 1 L. nicht genommen.
25. Wie 24.
26. 2 L. gegessen. 1 St. nur wenig beachtet. Auf 1 L. mehrere Vorstöße ohne Schnappen.
27. Kein Versuch.
28. 1 L. gegessen. 1 St. nur vorübergehend beachtet. Kein weiterer L. geboten.
29. H. erbricht 1 L. Kein Versuch.
30. 2 L. gegessen. 1 St. sofort ergriffen, doch freigelassen, noch 5 Minuten im Auge behalten. 1 L. gleich verzehrt.
31. 1 großer L. gegessen. Ein weiterer L. und 1 St. gleichzeitig eingesetzt. L. findet viel mehr Beachtung als St., doch wird keiner gefangen.
32. 2 L. gegessen. St. unbeachtet. Ein weiterer L. gleich geschnappt.
33. 1 L. gegessen. 1 St. gleich ergriffen, aber losgelassen. H. gleichgültig, schnappt noch einmal. 1 L. wird verspeist.
34. Kein Versuch.
35. 2 L. gegessen. 1 St. beobachtet, nicht angegriffen. 1 L. gegessen.
36. 2 L. gegessen. 1 St. (ziemlich träge) erweckt schwache Aufmerksamkeit. 1 (sehr lahmer) L. wird manchmal angepeilt, nicht gefangen.
37. 2 L. gegessen. 1 St. schwach beachtet. Ein dritter L. gleich verzehrt.

38. 1 L. gegessen. 1 St. schwach beachtet. 1 L. gefangen, doch losgelassen.
39. Ein großer L. gegessen. St. uninteressant. 2. L. wird angegriffen, verfehlt, 5 Minuten später erbeutet.
40. 1 L. gegessen. 1 St. nur einmal angeblickt. Danach L., der sich nicht rührt, unbeachtet.
41. 1 L. gegessen, 1 St. geschnappt, aber losgelassen. H. wendet sich ab, stößt dann doch noch einmal zu, aber daneben. 1 L. verspeist.
42. Kein Versuch.
43. 1 L. gegessen. 1 St. gepackt, wieder frei und in Frieden gelassen. 1 L. verspeist.
44. 1 L. gegessen. 1 St. unbeachtet. Neuer L. sofort erbeutet.
Ende der Versuche.

In dieser Versuchsreihe wurden von 100 angebotenen L. 88, von 34 St. keiner gegessen. 14, die geschnappt und freigelassen worden waren, überlebten alle. 20 St. blieben gänzlich unbehelligt, von 100 L. dagegen nur 12. 23mal, wenn H. den St. verschmähte, aß er den danach gebotenen L. sogleich. 9mal mied er auch diesen. Das Gegenteil, daß St. gegessen, doch L. verschmäht wurde, kam niemals vor.

Obwohl der Hecht D nicht allzu hungrig war, hatte auch diese Versuchsreihe ihre Mängel. Es zeigte sich, daß das Verhalten des Hechtes teilweise von der Lebhaftigkeit der Beutefische abhing. Wenn er einen Stichling nicht beachtete, lag dies zuweilen offensichtlich daran, daß dieser ganz stillstand, und nicht an geringer Antwortbereitschaft des Hechtes. Wir suchten deshalb nach einem Maß für die Aktivität des Stichlings. In der nächsten Versuchsreihe unterteilten wir das Aquarium durch gedachte Ebenen in 16 Abteile, und jedesmal wenn der Stichling von einem ins andere schwamm, zählte das als 1; durch die Summe dieser Ortswechsel während jedes einzelnen Versuchs ließ sich dann seine Aktivität in groben Zügen beschreiben. Auch das Verhalten des Hechtes sollte eingehender berücksichtigt werden, wozu wir die auf S. 63 dargestellte Einteilung verwendeten. Die ganze Folge beginnt mit 1, dem Hinblicken zur Beute, und endet mit 7, dem Verschlingen; doch kann sie nach jedem einzelnen Glied abgebrochen werden. Unvollständige Handlungen beginnen stets mit 1, und die Reihenfolge bleibt immer die gleiche. Höchstens wenn Außenreize, die eine der späteren Teilhandlungen auslösen, schon gleich zu Anfang gegeben sind, fallen die ersten Glieder aus; wenn etwa der Beutefisch im Fangabstand genau mitten vor dem Hecht zum Vorschein kommt, kann dieser zuschnappen, ohne zuerst seine Augen, dann seinen Körper danach auszurichten und sich anzuschleichen. Allerdings kam das in unseren Versuchen sehr selten vor. Im Protokoll sah es dann so aus: Falls die Handlung schon nach dem Hinblicken abbrach, schrieben wir 1, nach der Zuwendung 2, nach dem Anschleichen 3, nach dem Vorstoßen 4, nach dem Schnappen 5, wenn danach die Beute im Mund zurechtgerückt war, 6 und für den vollständigen Ablauf 7. Unvollständige Teilhandlungen bezeichneten wir mit $^1/_2$, so daß z. B. unvollständiges Anschleichen mit $2^1/_2$ beziffert wurde. Wir haben hier sowohl die einzelnen Antworten in jedem Versuch wie auch deren Summe angegeben, woraus man sich ungefähr ein Bild von der Reaktionsbereitschaft des Hechtes machen kann.

Die Versuchsreihe mit Hecht E begann am 19. März 1948.

1. 3 L. gegessen. Aktivität des Stichlings 114, Aktivität des Hechtes $5 - 4^1/_2 - 2 - 2 - 2 - 5 - 4 - 5 - 5 - 5 - 5 - 4 - 5 - 5 - 5 - 5 - 5 - 5 - 5 - 5 - 2 - 2 - 4 - 2 - 4 - 3 - 2 - 3 - 4 - 5 - 2 - 2 - 1^1/_2 - 3 - 2 - 3 - 2^1/_2 - 2^1/_2 - 3 - 5 - 2 - 2^1/_2 - 2 - 2 - 2^1/_2 - 2^1/_2 = 159^1/_2$. 1 L. sofort gegessen.
2. 2 L. gegessen. Akt. St. 38, Akt. H. $4 - 5 - 2^1/_2 - 2^1/_2 - 1 - 1^1/_2 - 1^1/_2 = 18$. 1 L. nach 5 Minuten gegessen.
3. 2 L. gegessen. Akt. St. 71, Akt. H. $2 - 2 - 2 - 1^1/_2 - 2 - 1 - 1^1/_2 - 3 - 2 = 17$. 1 L. wird sofort verzehrt.
4. 2 L. gegessen. Akt. St. 24, Akt. H. $3 - 1^1/_2 - 2 = 6^1/_2$. 1 L. abgelehnt.
5. 1 L. gegessen. 1 L. abgelehnt. Akt. St. 38, Akt. H. 0. 1 L. abgelehnt.
6. 1 L. gegessen. Akt. St. 34, Akt. H. $5 - 3 - 2 - 2 - 2 - 2 - 2^1/_2 = 18^1/_2$. 1 L. sofort verzehrt.
7. 1 großer L. gegessen. Akt. St. 38, Akt. H. $5 - 2^1/_2 - 2^1/_2 = 10$. 1 L. sofort verzehrt.
8. 2 L. gegessen. Akt. St. 5, Akt. H. $4 - 2^1/_2 = 6^1/_2$. 1 L. sofort verzehrt.
9. 2 L. gegessen. Akt. St. 75, Akt. H. $2 - 2 - 1^1/_2 - 1 - 1^1/_2 = 8$. 1 L. sofort verspeist.
10. 2 L. gegessen. Akt. St. 34, Akt. H. $3 - 1 - 1 - 5 - 2^1/_2 = 12^1/_2$. 1 L. sofort verspeist.
11. 2 L. gegessen. Akt. St. 28, Akt. H. $2 - 4 - 3 - 1 = 10$. 1 L. sofort verzehrt.
12. 2 L. gegessen. Akt. St. 45, Akt. H. $4 - 3 - 3 - 2 - 2 - 1 = 15$. 1 L. sofort verzehrt.
13. 2 L. gegessen. Akt. St. 27, Akt. H. $5 - 2 - 4 - 1^1/_2 = 12^1/_2$. 1 L. sofort verzehrt.

14. 2 L. gegessen. Akt. St. 67, Akt. H. 2 – 1 1/2 = 3 1/2. 1 L. sofort gegessen.
15. 2 L. gegessen. Akt. St. 4, Akt. H. 5. 1 L. sofort verspeist.
16. 3 L. gegessen. Akt. St. 31, Akt. H. 4 – 3 – 1 = 8. 1 L. sofort verspeist.
17. 2 L. gegessen. Akt. St. 16, Akt. H. 5 – 1 = 6. 1 L. sofort verzehrt.
18. 3 L. gegessen. Akt. St. 20, Akt. H. 2 1/2 – 1 1/2 = 4. 1 L. gleich gegessen.
19. 3 L. gegessen. Akt. St. 123, Akt. H. 5 – 1 – 1 – 1 1/2 – 2 1/2 – 1 = 12. 1 L. sofort verzehrt.
20. 2 L. gegessen. Akt. St. 144, Akt. H. 1 1/2 – 1 1/2 – 1 1/2 – 1 – 1 – 2 1/2 – 1 = 10. 1 L. sofort gegessen.
21. 2 L. gegessen. Akt. St. 155, Akt. H. 2 – 1 – 1 – 2 1/2 – 1 = 7 1/2. 1 L. nach 3 Minuten gegessen.
22. 2 L. gegessen. Akt. St. 108, Akt. H. 3 – 1 1/2 – 1 1/2 = 6. 1 L. gleich gepackt.
23. 2 L. gegessen. Akt. St. 168, Akt. H. 1 – 1 1/2 – 1 1/2 = 4. 1 L. nach 1 Minute verzehrt.
24. 2 L. gegessen. Akt. St. 5, Akt. H. 2 1/2 – 2 1/2 = 5. 1 L. nach 20 Minuten gegessen.
25. 1 großer L. gegessen. Akt. St. 67, Akt. H. 2 – 2 1/2 – 2 – 2 = 8 1/2. 1 L. nach 5 Minuten verzehrt.
26. 2 L. gegessen. Akt. St. 89, Akt. H. 1 1/2 – 2 – 2 – 1 – 4 = 10 1/2. 1 L. sofort verspeist.
27. 1 L. gegessen. Akt. St. 9 (er stirbt nach 10 Minuten), Akt. H. 3 – 2 – 2 – 2 – 2 – 1 = 12. 1 L. sofort verspeist.
28. 2 L. gegessen. Akt. St. 28, Akt. H. 3 1/2 – 3 1/2 – 3 – 3 – 2 1/2 – 1 1/2 – 2 – 2 1/2 = 21 1/2. 1 L. sofort verspeist.
29. 4 kleine L. gegessen. Akt. St. 41, Akt. H. 5 – 2 – 1 = 8. 1 L. sofort verzehrt.
30. 2 L. gegessen. Akt. St. 19, Akt. H. 5 – 2 1/2 – 1 = 8 1/2. 1 L. sofort verzehrt.
31. 3 L. gegessen. Akt. St. 134, Akt. H. 5 – 2 1/2 – 1 – 2 – 2 – 1 – 2 – 1 – 1 – 1 1/2 – 2 1/2 – 1 = 22 1/2. 1 L. sofort verzehrt.
32. 4 L. gegessen. Akt. St. 45, Akt. H. 5 – 5 – 5 – 2 1/2 – 4 = 21 1/2. 1 L. sofort verzehrt.

Abb. 151. Das Verhalten des Hechtes E (gestrichelte Linie) im Vergleich zu dem von Dreistachligen Stichlingen (ausgezogene Linie) als Beute während 32 Tagen (Abszisse), Ordinate: Gesamtaktivität. Sternchen bedeuten, daß stachellose Beute abgelehnt wird, Dreiecke, daß der Hecht nach dem Stichling schnappt. Weitere Erklärung im Text. ▶

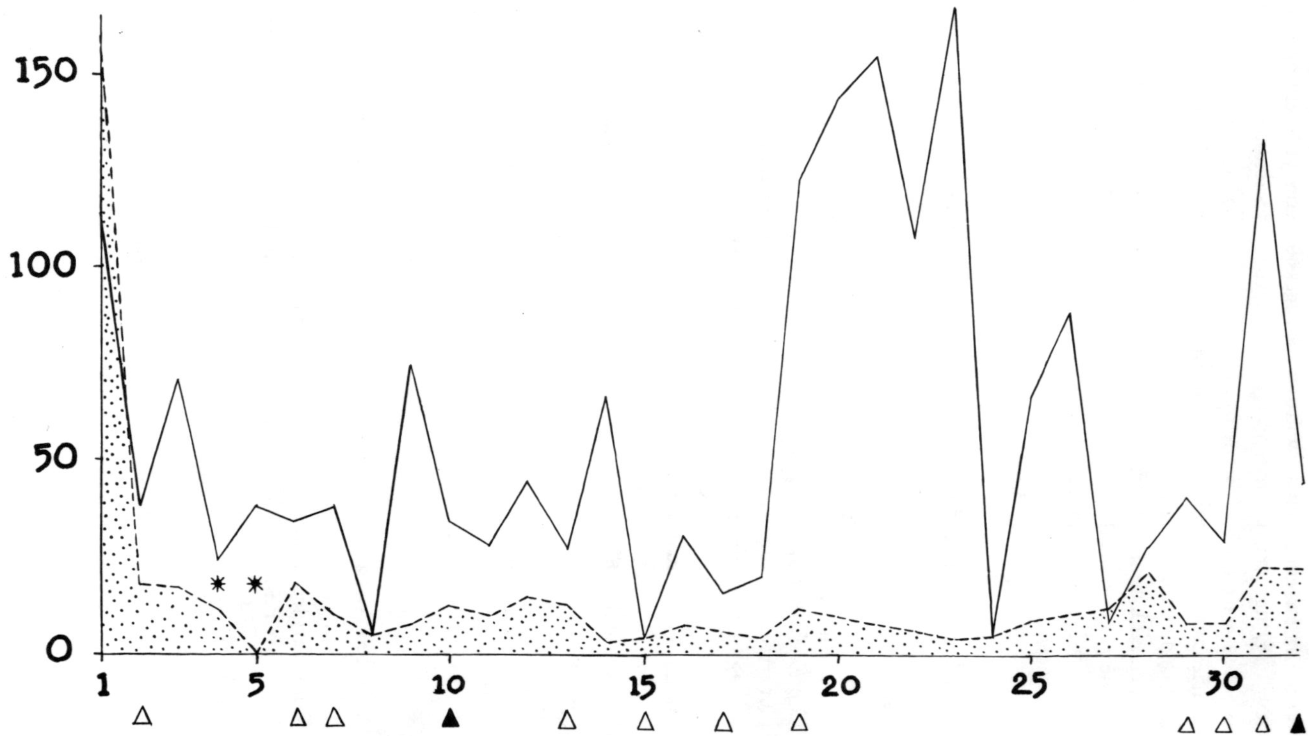
150
100
50
0
1
5
10
15
20
25
30

Von 101 angebotenen L. wurden 98 gegessen, von 31 Stichlingen keiner (Nr. 27, der starb, nicht mitgezählt). Alle 13 Stichlinge, die gefangen worden waren, überlebten, 18 Stichlingen geschah nichts, wie nur 3 von 101 L. 29mal verschlang der Hecht, nachdem er den Stichling abgelehnt hatte, gleich danach einen L., zweimal verschmähte er auch diesen. Das Gegenteil kam nicht vor.

Die Ergebnisse der Versuchsreihe E sind in Abb. 151 graphisch dargestellt. Wie man sieht, beeinflußte die Aktivität des Stichlings den Hecht so gut wie gar nicht. Solange der Stichling nicht vollkommen unbeweglich blieb, sprach er doch immer ein wenig darauf an. Sein Antwortverhalten, das am ersten Tage stark ausgeprägt war und immer wieder den Grad 5 erreichte, fiel alsbald stark ab und blieb, mehr oder weniger gleichförmig, während der ganzen 32 Tage auf einer sehr niederen Stufe. Nie ging es über 5 hinaus, was besagt, daß dieser Hecht kein einziges Mal einen Stichling verschluckt hat. Die durchschnittliche Antwortbereitschaft sinkt zwar sogar nach dem 2. Tage noch ab, zeigt dann aber einige unregelmäßige Gipfel. Allerdings ist dieser Durchschnitt nur aus den positiven Reaktionen errechnet; die negativen, d. h. wenn ein Stichling, der sich im Blickfeld bewegte, nicht einmal Stufe 1 auslöste, wurden nicht erfaßt, und es dürfte tatsächlich schwierig sein, eine vernünftige Form der Notierung dafür zu finden. Manchmal schnappte der Hecht doch nach dem Stichling: an den Tagen 2, 6, 7, 10, 13, 15, 17, 19, 29, 30, 31 und 32. Aber das war hauptsächlich auf eine Störung zurückzuführen, die wir nicht ausschalteten. Der Hecht hatte sich nämlich selber auf die Bewegungen des Versuchsleiters dressiert, der den Fisch in das Aquarium setzte, und so schoß er oft schon in dem Augenblick los, wenn der Stichling ins Wasser glitt. Das gilt für alle die 12 Tage, an denen die Stufe 5 erreicht wird (offene Dreiecke) bis auf 2, die Tage 10 und 32, die durch schwarze Dreiecke bezeichnet sind.

VIII. Die Antworten von Barsch und Hecht auf entstachelte Stichlinge

Zum Vergleich boten wir beiden Raubfischarten auch entstachelte Stichlinge an. Um die Fische nicht zu verletzen, ließen wir kleine Stümpfe stehen, so daß selbst diese Fische nicht ganz so glatt und schlüpfrig waren wie die stachellosen. Immerhin waren die ärgsten Hindernisse beseitigt. 150 behandelte Stichlinge wurden von Hechten und Barschen fast ausnahmslos verzehrt. In Versuchen mit den Hechten A und C wurden von

131 angebotenen L. 121 gegessen und 5 gemieden, von 63 entstachelten *Gasterosteus* 55 gegessen und 8 gemieden. Der etwas größere Anteil abgelehnter Stichlinge mag teils darauf zurückzuführen sein, daß sie immer noch weniger schmiegsam waren als die stachellosen Fische, teils darauf, daß sie stets erst nach einem L. geboten wurden. Trotz dieser kleinen Einschränkung – wie aus dem Vergleich dieser Versuche mit den früheren hervorgeht, sind es hauptsächlich die Stacheln, die den Stichling vor seinen Feinden schützen.

IX. Erörterung

Offensichtlich sind Stichlinge beider Arten für Barsche und Hechte von 10 bis 25 cm Länge eine weniger lockende Beute als vier Arten stachelloser Fische, wobei die Dreistachligen noch viel unbeliebter sind als die Zehnstachligen. Immerhin besteht auch zwischen *Pygosteus* und den Stachellosen noch ein deutlicher Unterschied.

Die Versuche mit entstachelten Stichlingen zeigen, daß es wirklich die Stacheln sind, die diesen Schutz gewähren. Sie werden immer genau dann gespreizt, wenn es nötig ist, und ebenso wie das Verhalten sind auch ihr Bau und die Mechanismen des Aufrichtens und Feststellens, die Hoogland untersuchte (8), trefflich an diese Aufgabe angepaßt.

Wenn ein Stichling verschmäht wird, kann das zweierlei Gründe haben. Oft ist es eine unmittelbare Reaktion auf starke mechanische Reize, sobald der Räuber den Fisch gepackt hat, und diese rettet so vielen Stichlingen das Leben, daß schon hierdurch der arterhaltende Wert der Stacheln erwiesen ist. Außerdem lernen sowohl Barsche wie Hechte, Stichlinge allein nach dem Gesichtseindruck, ohne Berührung zu erkennen. Alle Werte für »Meiden« in Abb. 142, 149 und 150 betreffen diese zweite, eine bedingte Reaktion.

Die Handlungskette bricht entweder am Ende des Anschleichens oder schon viel früher ab. Von den 162 Beobachtungen der Serie E, in denen der Hecht schon vor dem Berühren von seiner Beute abließ, trat das 14mal nach dem Vorstoßen, 18mal nach dem Anschleichen, 81mal nach der Zuwendung und 49mal schon nach dem Hinblicken ein. Man sollte natürlich wissen, durch welche Reizsituation das Meiden ausgelöst wird. Nach Vorversuchen scheint das wichtigste Kennzeichen die sehr eigentümliche Fortbewegungsweise des Stichlings zu sein.

Eine ökologische Deutung unserer Befunde ist nicht ganz leicht. Wir sahen, daß ein hungernder Hecht, statt sie zu meiden, Stichlinge zu essen lernt. Wir fanden jedoch keinen Hinweis darauf, daß solch ein Hecht sie dann auch vor stachellosen Fischen bevorzugt, was allerdings kaum zu erwarten wäre.

Schwieriger zu beantworten ist die Frage, ob mehr als 25 cm große Barsche und Hechte Stichlinge ebenso meiden würden wie die kleineren in unseren Versuchen. Frost (5) hat den Mageninhalt von in Windermere gefangenen Hechten verschiedener Größe untersucht, und ihre Ergebnisse scheinen in mancher Hinsicht den unsrigen zu widersprechen. Nach Frost sind Elritzen in ihrem See viel häufiger als *Gasterosteus.* Bis 40 cm lange Hechte verzehren mehr Elritzen als Stichlinge, und die noch stärkeren mehr Stichlinge als Elritzen. Daß die Hechte, je größer sie werden, um so weniger Elritzen nehmen, dürfte mit einer Verschiebung der optimalen Beutegröße zusammenhängen. Der Anteil an Stichlingen nimmt zu bis zur Größenklasse von 50–59 cm, d. h. solchen Hechten machen die Stacheln nicht mehr viel aus; dann sinkt er wieder, vermutlich weil nun noch größere Beutefische bevorzugt werden. Erstaunlich ist nur, daß die Hechte offenbar tatsächlich eine Zeitlang mehr Stichlinge als Elritzen essen[1].

Wir können hieraus nur schließen, daß in Windermere der Dreistachlige Stichling durchschnittlich weniger gut vor Hechten geschützt ist als die Elritzen. Dabei ist folgendes zu bedenken: Wir haben zwar Elritzen als eine von vier stachellosen Arten benutzt, folgern aber aus unseren Ergebnissen nicht, daß Stichlinge allgemein besser geschützt sind als diese, sondern daß normale Stichlinge besser geschützt sind als entstachelte. Die Elritzen können durchaus Mittel der Feindabwehr entwickelt haben, die sogar noch wirksamer sind als Stacheln, wenigstens gegen große Hechte.

Fraglich ist auch, ob die Dreistachligen Stichlinge in Windermere unter für diese Art günstigen Bedingungen leben; denn Frost (5) berichtet: »Stichlinge spielen als Nahrung niemals eine große Rolle; doch werden sie bejagt, hauptsächlich im Mai und Juni, wenn sie sich zur Fortpflanzung zusammenscharen« (S. 351). Danach könnte man die Wanderung der Stichlinge in flacheres Wasser als eine Anpassung an die Notwendigkeit deuten, sich während der Brutzeit der Verfolgung durch große Raubfische

1 Wir möchten auf einen Druckfehler in Frosts Arbeit hinweisen, der dieser Feststellung scheinbar widerspricht. Die Autorin erwähnt auf S. 357 als Durchschnittswerte der Anzahl verzehrter Fische 0,16 für Stichlinge, 0,88 für die Elritzen. Aus der Tabelle III, worauf sich diese Angaben beziehen, geht jedoch eindeutig hervor, daß es bei den Elritzen 0,08 heißen muß.

zu entziehen. Vielleicht stehen der Stichlingsbevölkerung von Windermere zu wenig seichte Gewässer zur Verfügung, so daß sie im Frühjahr höhere Verluste erleidet als andere Populationen.

Jedenfalls glauben wir sagen zu dürfen, daß Stichlinge durch ihre Stacheln geschützt sind und daß *Gasterosteus* viel wehrhafter ist als *Pygosteus*. Dieser zweite Punkt ist wichtig. MORRIS (9) hat zwischen beiden Arten beträchtliche Verhaltensunterschiede festgestellt, die wir mit den hier beschriebenen Formen der Feindabwehr in Beziehung setzen können. Der Zehnstachler ist viel ängstlicher als der Dreistachler, der sich gerade wegen seiner Unerschrockenheit so gut für Laborbeobachtungen eignet. Jeder Dreistachlige Stichling, den man im Frühjahr in den Arbeitsraum hereinholt, benimmt sich schon am nächsten Tage ganz normal und läßt sich durch Zusehen kaum stören, selbst wenn er nur wenig Deckung hat. Der Zehnstachler muß sich verbergen können, bleibt selbst dann noch wochenlang scheu und zieht sich zum Nestbau oft in den hintersten Winkel zurück, so daß man Spiegel, Sichtblenden und ähnliche Hilfsmittel zur Beobachtung braucht. Es scheint, als könnte nur *Gasterosteus* es sich leisten, so »zahm« zu sein (und die zum Flüchten notwendige Zeit zu sparen), weil seine kräftigen Stacheln ihn schützen.

Die Brutplätze, die sie wählen, sind ebenfalls verschieden. Der Dreistachler baut sein Nest in ziemlich offenem Gelände. Nach Möglichkeit sucht er sich zwar einen Platz zwischen locker stehenden Pflanzen, doch genügen oft ein paar senkrechte Halme oder irgend etwas Ähnliches, im Becken oder außen an der Scheibe, damit er dort sein Revier gründet und ein Nest baut. Der Zehnstachler versteckt sich möglichst in dichtem Bewuchs, und wenn er das nicht kann, braucht er sehr lange Zeit, um sich an den Beobachter zu gewöhnen.

Ferner die Weibchen: Die Zehnstachligen bilden nach MORRIS (9) im Frühjahr keine Schwärme, sondern besetzen eigene Reviere rund um die der Männchen herum und halten sich dort meistens verborgen, sehr im Gegensatz zu den Dreistachligen, die man während der Laichzeit in Scharen von bis zu 50 Fischen umherziehen sieht. Daraus suchen die Männchen sich diejenigen aus, die bereit sind, auf ihren Antrag einzugehen.

Wahrscheinlich ist sogar die Verschiedenheit der männlichen Balzkleider dadurch zu erklären, daß die eine Art es nötiger hat, unscheinbar zu sein, als die andere. Normalerweise sind beide gut getarnt. Die Farbe paßt zur Umgebung, der Körper ist gegenschattiert, d. h. unterseits heller als oben, und eine dunklere Querstreifung auf dem Rücken verwischt die

Konturen. Während der Fortpflanzungszeit werden die *Gasterosteus*-Männchen am Bauch leuchtend rot; *Pygosteus*-Männchen werden pechschwarz, und es ist kaum zu bezweifeln, daß das Rot die Fische viel auffälliger macht als das Schwarz. Auf dem Höhepunkt der Balz färbt sich außerdem der Rücken des *Gasterosteus*-Männchens bläulich-weiß; statt gegenschattiert ist es nun oberseits heller als unten, wodurch es sowohl von oben wie von der Seite gesehen höchst auffällig wird. Auch die *Pygosteus*-Männchen kehren ihre Gegenschattierung um, jedoch mit längst nicht so eindrucksvollem Ergebnis.

Es sieht demnach so aus, als hätte *Pygosteus* gewissermaßen zum Ausgleich für die geringere Wirksamkeit seiner Stacheln andere Mittel der Feindabwehr entwickelt: bessere Tarnung, größere Scheu und eine stärkere Neigung, sich verborgen zu halten.

Mehrere Autoren haben die Ansicht vertreten, daß *Gasterosteus* von einem *Pygosteus*-ähnlichen Vorfahren abstammt. Sie wird gestützt durch anatomische Befunde von BERTIN (1). Auch ein Vergleich der Nestbauweisen spricht dafür, denn der Dreistachler ist die einzige Stichlingsart, die ihr Nest nicht zwischen Wasserpflanzen aufhängt. Nach unseren Ergebnissen ist *Gasterosteus* eine hochspezialisierte Art, die mit weniger, aber viel größeren Stacheln in der Lage ist, Zeit zu sparen, die sonst durch Flüchten und Sichverstecken verlorengeht. Hieraus ergeben sich einige Besonderheiten des Fortpflanzungsverhaltens, nämlich die Wahl offeneren Geländes als Nestplatz sowie die Schwarmbildung und Wanderung der Weibchen.

Wir sehen hier ein Beispiel dafür, daß ganz verschiedene, scheinbar voneinander unabhängige Systeme wie die Abwehr von Feinden (einschließlich morphologischer und physiologisch-ethologischer Anpassungen) und die Fortpflanzung in Wirklichkeit oft eng miteinander verknüpft sind und sich in ständiger Wechselbeziehung entwickeln. Die beiden Stichlingsarten haben sich aus gemeinsamer Herkunft auf verschiedene Formen der Feindabwehr spezialisiert, was zugleich viele andere Eigenschaften in ihrer Entwicklung beeinflußt hat.

X. Zusammenfassung

Fütterungsversuche mit Hechten (*Esox lucius* L.) und Barschen (*Perca fluviatilis* L.) als Raubfischen und Dreistachligen Stichlingen (*Gasterosteus aculeatus* L.), Zehnstachligen Stichlingen (*Pygosteus pungitius* L.), Elritzen (*Phoxinus phoxinus* L.), Plötzen (*Rutilus rutilus* L.), Rotfedern (*Scardinius erythrophthalmus* L.) und Karauschen (*Carassius carassius* L.) als Beute ergaben, daß beide Stichlingsarten eindeutig in gewissem Maße vor diesen Räubern geschützt sind, und zwar *Gasterosteus* wesentlich besser als *Pygosteus*. In Versuchen mit entstachelten Stichlingen konnten wir nachweisen, daß es tatsächlich die Stacheln sind, die diesen Schutz gewähren.

Das Jagdverhalten von Barsch und Hecht wird beschrieben und analysiert. Beide Arten verschmähen Stichlinge (1), wenn sie einen schnappen und seine Stacheln im Munde fühlen, und (2), wenn nach wenigen schlechten Erfahrungen schon der bloße Anblick genügt, sie zu meiden. Infolge dieses Lernvorganges fallen die letzten Glieder der Beutefanghandlung aus; manch ein Hecht braucht nur noch hinzusehen, um die unerwünschte Beute zu erkennen.

Gasterosteus mit seinen wenigen großen Stacheln ist höher spezialisiert als andere Stichlingsarten mit vielen kleinen Stacheln. So gut geschützt, ist er auch »mutiger« und baut sein Nest in offenerem Gelände; die Weibchen ziehen während der Laichzeit in Schwärmen umher, und das Männchen trägt ein besonders auffälliges Balzkleid. Feindabwehr und Fortpflanzungsverhalten samt den zugehörigen Strukturen stehen offensichtlich miteinander in Beziehung: beide Systeme müssen sich zusammenhängend entwickelt haben.

Literatur

1 Bertin, L. (1925): Recherches bionomiques, biométriques et systématiques sur les Epinoches (Gastérostéidés). Ann. Inst. Ocean. Monaco. 2, 1–204.

2 Breder, C. M. (1926): The locomotion of fishes. Zoologica (N. Y.) 4, 159–297.

3 Deelder, C. L. (1951): A contribution to the knowledge of the stunted growth of Perch (*Perca fluviatilis*) in Holland. Hydrobiologica 3, 357–378.

4 Frisch, K. v. (1941): Über den Schreckstoff der Fischhaut und seine biologische Bedeutung. Z. vergl. Physiol. 29, 46–145.

5 Frost, W. E. (1954): The food of the Pike, *Esox lucius* L., in Windermere. J. Anim. Ecol. 23, 339–360.

6 Hartley, P. H. T. (1947): The natural history of some British fresh-water fishes. Proc. Zool. Soc. Lond. 117, 129–206.
7 Höller, P. (1935): Funktionelle Analyse des Hechtschädels. Morphol. Jahrb. 76, 279–320.
8 Hoogland, R. D. (1951): On the fixing-mechanism in the spines of *Gasterosteus aculeatus* L. Konink. Nederl. Akad. van Wetensch. Proc. series C, 54, 171–180.
9 Morris, D. (1954): The reproductive behavior in the Ten-spined Stickleback (*Pygosteus pungitius* L.). Diss. Oxford University und Behaviour, Beiheft 6.
10 Wunder, W. (1927): Sinnesphysiologische Untersuchungen über die Nahrungsaufnahme verschiedener Knochenfischarten. Z. vergl. Physiol. 6, 67–98.

Teil IV Allgemeine Schriften

Einführung

Oft hat man die Ethologie eine neue Wissenschaft genannt. Doch, wie ersichtlich, scheint mir das übertrieben. Ich glaube eher, daß eine alte Forschungsweise wieder neu aufgelebt ist, die nun, aus ihrem Schlaf erwacht, nach ziellosen, bruchstückhaften Versuchen, andere Fachrichtungen einzuholen, nach einer Zeit der Schwebe zwischen Kunst und Wissenschaften sich müht, Versäumtes nachzuholen und neben anderen neueren biologischen Fächern ihren Platz zu finden, also ein Zweig der Biologie im weitesten Sinne zu werden.

Wenn man wie ich an solch einem Werdegang teilgehabt hat, soll man seine Leitgedanken und seine Arbeitsweise anderen übermitteln. Die »anderen«, denen ich sie nahebringen wollte, waren zunächst meine Fachkollegen. Sie erwiesen sich jedoch zumeist als besonders wenig aufnahmebereit, und das ist nicht erstaunlich; denn sie hatten andere Rosinen im Kopf als ich. Die zweite Gruppe waren Studenten, die selber Wissenschaftler werden wollten und versuchten, sich von den Zielsetzungen biologischer Forschung ein Bild zu machen, sie kennenzulernen und zu verstehen. Mit ihnen war ich stets am glücklichsten, zugleich aber auch am meisten auf der Hut, denn keine Hörerschaft ist so scharfsichtig und kritisch wie diese. Zum Dritten wandte ich mich an die Öffentlichkeit, da ich es, wie viele andere Forscher, für eine meiner Aufgaben halte, auch sie von unserer Tätigkeit zu unterrichten; denn schließlich wird wissenschaftliche Arbeit aus öffentlichen Mitteln bezahlt.

Natürlich spricht man zu jeder dieser drei Gruppen etwas anders. Dennoch bin ich überzeugt, daß mancher diese Unterschiede übertreibt. Sehr viele Fachausdrücke sind oft auch im Gespräch mit Kollegen entbehrlich. Andererseits braucht unsere Redeweise gerade für die Jungen und für interessierte Laien durchaus nicht übermäßig vereinfacht zu sein; im Gegenteil, die meisten wollen ja ernst genommen und angespannt sein. Deshalb habe ich mich stets bemüht, eine für sie alle geeignete Form der Darstellung zu finden. Wie schwierig das ist, weiß ich nur allzu genau, und ich bin keineswegs überzeugt, die beste Lösung gefunden zu haben.

Es besteht eine weitere Schwierigkeit: Wenn man seiner noch jungen Wissenschaft Eingang verschaffen und andere von ihrer Wichtigkeit überzeugen will, steht man im Zwiespalt, alle Zeit und Kräfte einzusetzen, um entweder sein Anliegen im allgemeinen vorzutragen oder bestimmte Tatsachen anzuführen, in der Hoffnung, die einzelnen Ergebnisse möchten so eindrucksvoll wirken, daß nach und nach das Allgemeine daraus von selbst erkennbar wird. Dieses Problem, welche Taktik die beste, wie das Gleichgewicht zwischen diesen beiden Möglichkeiten herzustellen sei, beschäftigt einen. Und weil ich im Grunde ein Missionar bin, habe ich immer versucht, bis zu einem gewissen Grade beides anzubieten. Soweit es sich mit meinen Lehrverpflichtungen und öffentlichen Aufgaben vereinigen ließ – und beide fordern viel –, habe ich meine Zeit teils für eigene Forschung und, immer mehr, zur Anleitung von Mitarbeitern verwendet, teils für solche Missionstätigkeit durch Vorträge auf Kongressen, Symposien usw., deren ich mehr besucht habe, als ich nachzählen kann.

Eine Auswahl hiervon enthält der folgende Abschnitt. Beim Entwurf solcher Aufsätze, die einen allgemeinen Überblick geben sollten, stand ich vor der Wahl, mit einem möglichst großen, aus der Literatur zusammengesuchten Tatsachenmaterial aufzuwarten, um meinen Standpunkt zu untermauern, oder mich weitgehend auf geeignete Beispiele aus unserem Arbeitsbereich zu beschränken. Um den Vortrag recht lebendig zu gestalten (und weil ich nicht gerne gar so viel lese), habe ich mich wohl zu sehr auf eigene Untersuchungen gestützt. Es kommt dadurch zu Wiederholungen und einer recht begrenzten Auswahl von Beispielen anderer Autoren, wenn auch das Literaturverzeichnis diesen Mangel jeweils einigermaßen ausgleicht. Im Rückblick sind die häufigen Wiederholungen ärgerlich; doch haben sie auch ihr Gutes: Indem die Beweisführung immer wieder ein wenig anders, in neue Worte gekleidet ist, leuchtet sie bald diesem, bald jenem Teil der Hörerschaft ein, und weil wir von unserem Fach, das übermäßig in Mode gekommen und häufig verzerrt dargestellt worden ist, ein wahres Bild verbreiten wollen, müssen wir nach besseren Mitteln der Verständigung suchen.

Um mich nicht gar zu oft zu wiederholen, auch im Hinblick auf den Umfang des Buches, habe ich allerdings, wenn auch nur zögernd, einige Arbeiten fortgelassen, zu deren Aufnahme meine Mitarbeiter mich drängten; sie handeln von bestimmten Arten, etwa den Stichlingen, oder von grundsätzlichen Fragen, z. B. wie Übersprungbewegungen entstehen und wirken. Außerdem wollte ich gerne zwei Beiträge einbeziehen, worin es um die Bedeutung der Verhaltensforschung an Tieren für das Verständnis menschlichen Verhaltens geht. Kapitel 16 ist eine methodologische Erörterung für einen größeren Hörerkreis, entsprechend ähnlichen Abhandlungen mehrerer anderer Ethologen. Im darauffolgenden Abschnitt wird dagegen der Versuch gemacht, unsere Arbeitsweise auf greifbare, dringende Nöte psychisch kranker Menschenkinder anzuwenden. Diese Veröffentlichung ist mancherorts überraschend freundlich aufgenommen worden, sie hat aber auch heftigste Widersprüche erregt – und dies scheint mir Grund genug, sie hier mit abzudrucken.

(Aus dem Zoologischen Institut der Universität Oxford)

13 Natürliche Auslese und Verhalten

(1965)[1]

I. Einleitung

Aus der vorhergehenden Ansprache von T. H. BULLOCK haben wir einiges über das hochkomplizierte Wirkungsgefüge erfahren, welches das Verhalten kontrolliert, und aus dem Vortrag von W. H. THORPE über die vielfältigen Wechselbeziehungen zwischen der erblich festgelegten »Blaupause« und der Umwelt, welche die Verhaltensentwicklung jedes einzelnen Tieres lenken. Ich möchte nun die Frage stellen: »Was macht das Tier mit diesen verwickelten Mechanismen? Wie verhelfen sie ihm dazu, sich zu erhalten und sich fortzupflanzen?« Als Zoologe, mit der ganzen Mannigfaltigkeit der Tierwelt vor Augen, werde ich diese Frage vergleichend für verschiedene Arten behandeln; denn grundsätzlich gilt sie für alle. Manchem erscheint dies als Randgebiet der Biologie, doch beginnt das Interesse dafür wieder zu wachsen.

Die Ansicht, Merkmale, deren Bedeutung nicht auf den ersten Blick erkennbar ist (seien es Verhaltensweisen oder körperliche Strukturen), könnten »überflüssig« sein, hat dazu geführt, daß man solche Probleme beiseite schob. Neuerdings wird jedoch stark bezweifelt, ob derartige Schlüsse überhaupt zulässig sind (CAIN 6, 7, 8; PITTENDRIGH 37); jedenfalls spürt man, daß planmäßige Untersuchungen des Arterhaltungswertes bestimmter Eigenschaften dringend erforderlich sind. Ich will hier nicht versuchen, einen erschöpfenden Tatsachenbericht zu geben, sondern mich weitgehend auf Arbeiten beziehen, die in unserem Institut durchgeführt worden oder noch im Gange sind. Ich danke meinen Mitarbeitern Dr. E.

1 Vortrag vor der Plenarsitzung des Internationalen Zoologen-Kongresses in Washington D. C. im Juli 1964.

Cullen, Dr. H. Kruuk und Dr. I. J. Patterson für die Erlaubnis, einige ihrer noch unveröffentlichten Ergebnisse mit anzuführen.

Wir gehen vom sichtbaren Geschehen, vom Verhalten aus. Doch statt der Ursachen wollen wir jetzt seine Wirkungen erforschen; anders ausgedrückt, wir blicken nicht rückwärts wie auf der Suche nach Gründen, sondern wir fragen: Was geschieht *infolge* des Verhaltens, das wir sehen? Ich möchte betonen, daß es sich auch hierbei um Beziehungen zwischen Ursache und Wirkung handelt, die, ebenso wie Beobachtungen und Deutungen, im Experiment nachgeprüft werden müssen. Das beobachtete Verhalten selbst ist in diesem Falle die Ursache von Ereignissen, die wir erforschen wollen. Wir gehen mit dem Ablauf mit, anstatt ihn rückwärts zu verfolgen, und stellen fest, welchen Vorteil das Tier davon hat. Unsere Frage lautet: Wäre das Tier weniger erfolgreich, wenn es eben diese Verhaltensweise nicht besäße?, oder besser gesagt: Würden Abweichungen vom normalen Geschehen sich ungünstig auswirken und wenn ja, wie?

Ich gehe dieser Aufgabe als Freilandforscher nach, als einer, dem es Freude macht, an dem natürlichen Leben von Tieren teilzuhaben. Mayr (32, S. 7 bzw. 17) hat kürzlich wieder darauf hingewiesen, daß »die Umwelt einer der wichtigsten Evolutionsfaktoren« sei. Wie vielfältig die Beziehungen zwischen einem Tier und seiner Umwelt tatsächlich sind, wie zahlreich und gewichtig die verschiedenen Einflüsse, mit denen es zurechtkommen muß, um sich und seine Nachkommen zu erhalten und dadurch zum Fortbestehen seiner Art beizutragen, das weiß der Freilandbeobachter wahrscheinlich besser als jeder andere Zoologe; und er begreift, wie wenig wir wissen. Dabei nehmen wir uns viel vor: Wir wollen nicht nur in Erfahrung bringen, *ob* es für ein Tier vorteilhaft ist, dieses oder jenes zu tun, sondern auch, *wie* gerade diese Besonderheit das Überleben sichert, etwa als ein Bestandteil der Feindabwehr, der Nahrungssuche, der Atmung usw., und außerdem wollen wir wissen, worauf diese Wirkung beruht. Endlich sollte sich die Kenntnis der »Überlebensmechanismen« dann auch mit der Verhaltensgenetik verbinden, so daß man erklären kann, warum in einer gegebenen Umwelt gerade diejenigen Genotypen vertreten sind, die man dort findet, und welche Auslesevorgänge dafür verantwortlich sind, daß abweichende Genotypen ausgemerzt werden.

Mit diesen wenigen Worten habe ich (vielleicht übermäßig vereinfacht) anzudeuten versucht, was für ein Programm wir vor uns sehen – ein sehr umfassendes Forschungsprogramm, das trotz mancher fesselnder Ergebnisse, die schon gewonnen sind, unbedingt weiter ausgebaut werden muß.

Um noch einmal Mayr zu zitieren: »Es gibt in der modernen Biologie weite Gebiete, z. B. ... die Verhaltensforschung, wo die Anwendung evolutiver Prinzipien noch völlig in den Anfängen steckt« (32, S. 9 bzw. 19).

Untersuchungen der Frage, auf welche Weise Körper- oder Verhaltensmerkmale zum Überleben beitragen können, sind dadurch zweifelhaft geworden, daß man, statt zu experimentieren, sich mit oberflächlichen Deutungen begnügt hat. Ich erinnere nur an Thayers höchst abwegige Vorstellung, Flamingos würden am rötlichen Abendhimmel unsichtbar! Doch in derselben Arbeit (42) hat Thayer auch auf die Gegenschattierung als ein Mittel der Tarnung aufmerksam gemacht, und diese Deutung hat de Ruiter (41) inzwischen an Raupen bestätigt. Seine Versuche können als Beispiel dafür dienen, daß man (1) den Überlebenswert ebensogut nachweisen kann wie jede andere Beziehung zwischen Ursache und Wirkung und (2) daß nicht eine Struktur, etwa ein bestimmtes Farbmuster allein den Erfolg verbürgt, sondern – und das gilt in sehr vielen Fällen – das Zusammenwirken solch einer Struktur mit ganz bestimmten Verhaltensweisen; bei diesen Raupen sind es die Wahl des Lebensraumes, die Körperhaltung, Unbeweglichkeit und Abstandhalten von Gleichartigen. Zweifellos ist es diese Kombination von Aussehen und Benehmen, die das Tier für Raubfeinde, die mit den Augen suchen, weitgehend unkenntlich macht.

Das gilt in ähnlicher Weise für viele Formen der Tarnung, die scheinbar nichts weiter als eine Angleichung der Farben an die Umgebung sind, und auch für den bei manchen Vögeln üblichen Eischalentransport. Bei Lachmöwen haben wir nachweisen können, daß leere Eischalen in der Nähe des Nestes es Luftfeinden erleichtern, die sonst gut getarnte Brut zu finden. Das Wegtragen der Schalen, auf den ersten Blick eine ganz nebensächliche Handlung, ist darum ein wesentlicher Bestandteil ihrer Feindabwehr.

Aus solchen Untersuchungen ergeben sich drei Folgerungen, die man scharf auseinanderhalten muß:

1. Sie können unmittelbar und eindeutig belegen, wie eine bestimmte Eigenschaft zur Erhaltung des Tieres oder zur Fortpflanzung, kurz gesagt: zum Erfolg führt. Dadurch werden für uns in der Kette der Ereignisse, von denen das Leben abhängt, die letzten Glieder sichtbar, die wir nie entdekken würden, wenn wir uns auf das Studium der Ursachen des Verhaltens beschränkten.

2. Sie können ebensogut beweisen, welche Selektionsdrucke verhüten,

daß die Art von ihrem gegenwärtigen Zustand abweicht; anders ausgedrückt, sie können den Nachweis stabilisierender Selektion erbringen.

3. Sie können Hinweise darauf geben (wenn auch nicht mehr als das), wie die Auslese darauf eingewirkt hat, daß eine Art im Laufe der Zeit so wurde, wie sie heute ist.

Diese letzte Deutung stützt sich auf gewisse Annahmen hinsichtlich der Stammesgeschichte; obwohl man sie recht gut absichern kann, ist deshalb diese dritte Folgerung etwas anders zu bewerten als die beiden vorigen. Wenn ich im Folgenden von Selektionsdrucken oder Auslese spreche, tue ich das im doppelten Sinne der stabilisierenden und der formenden Selektion und bin mir dabei sowohl der darin liegenden Unsicherheit als auch der Beweiskraft »probabilistischer« Befunde durchaus bewußt.

II. Methodische Erwägungen

Die Durchführung solcher Arbeiten ist nicht leicht; man muß ständig sehr viele Möglichkeiten im Auge behalten und sich vor Fehlschlüssen hüten. Es gibt zwei Wege:

1. Man geht von einem bestimmten Selektionsdruck aus, z. B. einer möglichen Bedrohung, die man durch Beobachtung erkannt hat, und prüft nach, wie sich das Tier dagegen behauptet, wie etwa diese oder jene Art sich vor ihren Feinden schützt. Meine Mitarbeiter H. Kruuk (24) und I. J. Patterson (34) haben diesen Weg beschritten und gefunden, daß bei Lachmöwen fast sämtliche Verhaltensmuster Eigenschaften aufweisen, die nur als Teile des gesamten Feindabwehrsystems verständlich sind: der schon erwähnte Eischalentransport, die Wahl des Lebensraumes, Tagesrhythmus, Siedlungsdichte und die zeitliche Gleichschaltung des Brutgeschäftes innerhalb der Kolonie.

Im Frühjahr übernachten die Lachmöwen anfangs auf weiten, offenen Flächen: am Strande, in Sumpfwiesen oder auf seichten Gewässern. Erst bei hellem Tageslicht suchen sie den Brutplatz auf, wo sie Reviere gründen und wo sich Paare bilden. Das bleibt so bis zur Ablage der ersten Eier. Bald danach beginnen sie dann auch nachts bei den Nestern zu bleiben. Daß dieser Tagesrhythmus zu Beginn der Brutzeit vorteilhaft sei, wurde schon lange vermutet (Tinbergen 44); denn in offenem Gelände können die Möwen Raubsäugetiere schon von weitem sehen und fliegen rechtzeitig auf. In der Kolonie dagegen hilft zwar der Bewuchs, die tarnfarbige Brut zu verbergen, aber auch Bodenfeinde haben es hier leicht, von Pflanzen gedeckt, sich anzuschleichen und die Brütenden zu überraschen. KRUUK hat mittlerweile von 1400 Altvögeln, die vom Fuchs getötet wurden, Daten gesammelt. Daraus geht hervor, daß die Möwen, außer in ungewöhnlich dunklen, stürmischen Nächten, am Strande tatsächlich beinahe sicher sind, am Brutplatz aber stark gefährdet.

Die Ergebnisse von PATTERSON und KRUUK lassen außerdem darauf schließen, daß auch der Abstand zwischen den Nestern (Abb. 152) Anpassungswert hat. Einerseits hilft das gemeinsame Nisten den Lachmöwen, Krähen und große Möwen von ihren Nestern fernzuhalten. Der Massenangriff ist außerordentlich wirksam (24); einzelne oder wenige richten nichts aus. Hierdurch wird ein geringer Nestabstand begünstigt. Andererseits erhöht ebendies die Gefährdung durch Feinde, die nicht vertrieben werden, wie z. B. der Fuchs. Die Siedlungsdichte (die je nach dem Gelände stets innerhalb gewisser Grenzen veränderlich ist) dürfte also mindestens durch diese zwei gegeneinander wirkenden Selektionsdrucke festgelegt sein. Es ist möglich, daß noch anderes mitspricht, doch für ausschlaggebend halte ich den Feinddruck.

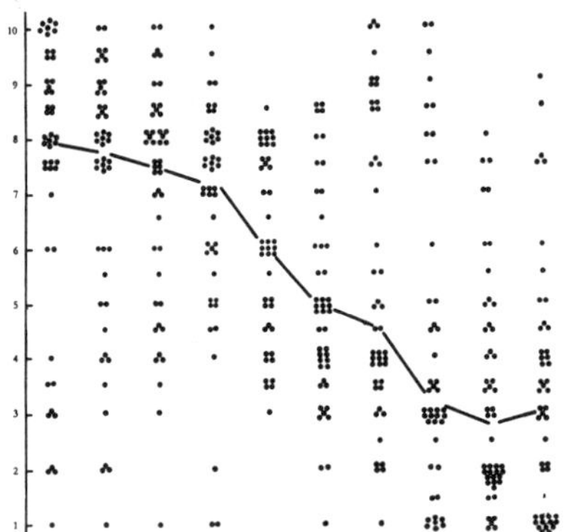

Abb. 152. Die Reihenfolge, in der die ausgelegten Eier von Krähen und Silbermöwen geplündert wurden. Waagerecht: Die Verteilung der Eier (X innerhalb, I außerhalb der Kolonie), senkrecht: Die Reihenfolge, in der die Eier verschwinden; z. B. zeigt die Punktgruppe ganz unten rechts, daß in 13 Versuchen das Ei in Lage I als erstes genommen wurde usw. Die durchgezogene Linie bezeichnet die mittleren Bevorzugungen.

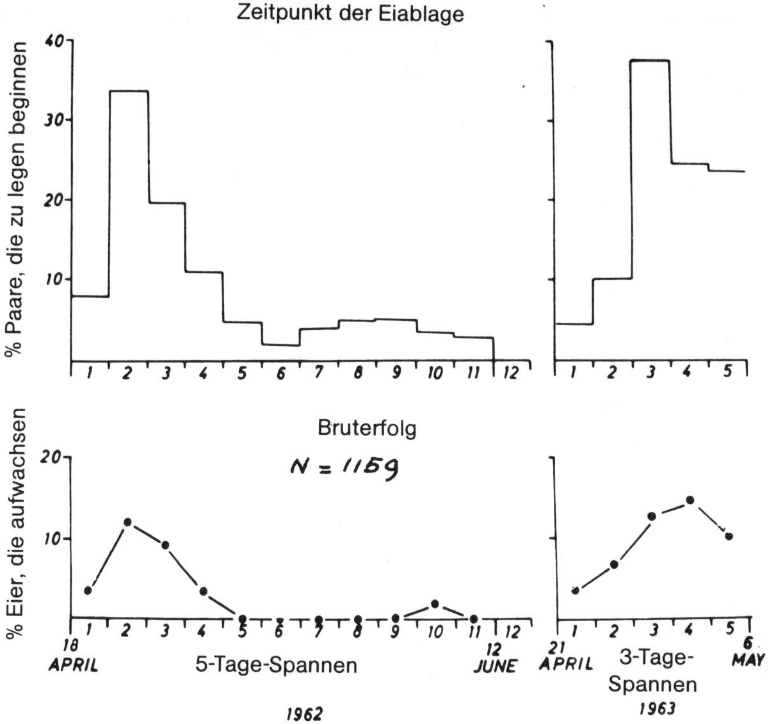

Abb. 153. Der Bruterfolg von Lachmöwen im Vergleich zum Zeitpunkt der Eiablage. Die Darstellung beruht auf Werten von 406 Nestern 1962 und 208 Nestern 1963.

Patterson konnte weiterhin zeigen, daß innerhalb einer Lachmöwenkolonie die Legedaten gut synchronisiert sind. Die meisten Eier werden im Verlauf von etwa 14 Tagen abgelegt, und diese auf dem Höhepunkt der Legezeit begonnenen Bruten erleiden viel geringere Verluste als frühe und späte Gelege; ja von den späten überlebt kaum eines (Abb. 153).

Welche Verhaltensmechanismen diesen drei Anpassungen zugrunde liegen, ist bisher nur sehr ungenügend bekannt.

Um eine andere Form der Auslese kennenzulernen, nehmen wir als Beispiel die Froschgesänge. In diesem Fall und in ähnlichen Fällen analysiert man die Unterschiede zwischen nahe verwandten Arten oder Unterarten, von denen die eine mit einer ähnlichen im gleichen Gebiet vorkommt, die andere nicht. Wie W. F. BLAIR an *Microhyla olivacea* und *M. carolinensis* festgestellt hat, sind die Gesänge dieser beiden Froscharten dort, wo sie beisammen leben, stärker verschieden als in Gebieten, wo nur die eine Art alleine vorkommt. Die Gesänge locken Weibchen an, und so leuchtet es ein, daß in Überlappungszonen größere Verschiedenheit vorteilhaft ist, weil das die sexuelle Isolierung fördert. Entsprechendes hat PERDECK (35) bei Heuschrecken-Zwillingsarten gefunden, und sicher gilt dasselbe auch für manche Vogelgesänge (MARLER 31). Viele Vögel und Fische haben sichtbare Abzeichen entwickelt, die als Artschranke wirken (TINBERGEN 47), und dem gleichen Zwecke dienen auch unverwechselbare chemische Signale (WILSON 52, 53). In all diesen Fällen wirkt als Ausleselfaktor nicht der Feinddruck, sondern alles, wodurch Bastarde benachteiligt sind.

Schließlich hat man auch die Möglichkeit, einen bestimmten Selektionsdruck unmittelbar anzuwenden und seine Wirkung zu prüfen. So hat CROSSLEY (11) in gemischten Populationen von zwei Stämmen der Taufliege *Drosophila melanogaster* immer wieder sämtliche Bastarde ausgelesen, 40 Generationen lang. Danach antworteten die Weibchen beider Stämme wählerischer auf das Verhalten der Männchen des einen oder des anderen Stammes, und die Männchen waren für das Abwehrverhalten stammfremder Weibchen empfindlicher als zuvor. Beides unterstützte natürlich die strengere geschlechtliche Isolierung, die sich am Ende dieses Versuchs nachweisen ließ.

2. Der zweite Weg verläuft in entgegengesetzter Richtung: Man fragt nach der Bedeutung einer bestimmten Eigenschaft des Tieres und untersucht, inwiefern dieses Merkmal zur Arterhaltung beiträgt, welche Forderungen der Umwelt es erfüllt und wie es das tut. Wenn man z. B. feststellt, daß bei Lachmöwen der Brutablauf einem wesentlich strengeren Zeitplan folgt als bei den meisten anderen Vögeln, fragt man sich, wozu das gut ist. I. J. PATTERSON hat, wie schon gesagt, durch den Vergleich der Verlustraten »pünktlicher«, früher und später Bruten nachweisen können, daß die zur rechten Zeit Brütenden erfolgreicher sind als die beiden anderen Gruppen. Gemeinsam mit H. KRUUK hat er dann auch festgestellt warum: Späte und wahrscheinlich auch frühe Bruten werden viel öfter durch Feinde geplündert als pünktliche. Ein zweites Beispiel ist das Fächeln des Stichlings (TINBERGEN 43, van IERSEL 20). Das Männchen fächelt hauptsächlich dann, wenn es sich entwickelnde Eier betreut. Durch besondere

Bewegungen der Brustflosse und des Schwanzes wird ein Wasserstrom erzeugt, der zum Nesteingang herein und darüber hinweg führt. Verhindert man das Fächeln oder läßt man es geschehen, stülpt aber eine Glasglocke über das Nest, so sterben die Eier. Dagegen entwickeln sie sich auch in Abwesenheit des Männchens normal, wenn man ständig gut durchlüftetes Wasser durch das Nest hindurchfließen läßt. Das Fächeln dient also dazu, die Eier zu belüften; es wird, von innen und außen gesteuert, stets so bemessen, daß es zu jeder Zeit dem Gelege die nötige Menge Sauerstoff zuführt. Zweifellos muß diese Einrichtung sich durch Anpassung entwikkelt haben.

Viele Vögel müssen den arteigenen Gesang erlernen, indem sie ihn, meist während einer kurzen kritischen Phase, von erwachsenen Artgenossen hören. Manche ahmen sogar später noch die verschiedensten Laute nach. Wozu das nützt, entdeckten Gwinner und Kneutgen (16): Die Schamadrossel, *Copsychus malabaricus,* ist ein rechter Nachahmungskünstler. Jedes einzelne Männchen kann etwas anderes lernen, so daß ein jeder an seinem Gesang persönlich erkennbar ist. Das Schamaweibchen singt im allgemeinen nicht. Wenn aber eines von seinem Ehemann getrennt wird, beginnt es sogleich mit dessen persönlich erworbenen charakteristischen Strophen nach ihm zu rufen; sie hat sie »latent«, im Stillen erlernt. Er antwortet und kommt zurück. Dasselbe tut er auch, wenn man in seinem Revier seine eigene Stimme vom Tonband abspielt, und dann greift er den Lautsprecher an, d. h. das Weibchen parasitiert sozusagen auf seiner Bereitschaft zur Revierverteidigung und lockt ihn damit herbei. Der Hauptwert dieser Untersuchungen liegt, glaube ich, in den Anregungen, die sie geben. Sie fördern greifbare Probleme zutage, die wir lösen müssen, wenn wir jemals mehr erreichen wollen, als die Behauptung zu beweisen, daß die natürliche Auslese einen starken Einfluß auf die Stammesentwicklung ausübt – wenn wir verstehen wollen, in welchem Ausmaß sie dafür verantwortlich ist, daß die heutigen Tierarten so und nicht anders geworden sind, wie sie sind. Und dies scheint mir das Allerwichtigste: Es kommt uns nicht darauf an zu zeigen, daß der am besten Gerüstete im »Kampf ums Dasein« überlebt – auf eine uneinheitliche Population bezogen, ohnehin eine Tautologie –, und auch nicht auf den Nachweis, daß die einen besser überleben oder mehr Erfolg haben als die anderen, sondern wir wollen wissen, ob ganz bestimmte Fähigkeiten den Tieren wirklich helfen, sich durchzusetzen, und wenn ja, wie das geschieht.

Ich möchte aber hinzufügen, daß sie nicht bloß Anregungen bieten; mit etwas Fingerspitzengefühl und einer guten Portion Glück finden wir auch eine ganze Menge experimenteller Beweise.

Die Andeutungen, die zu Hypothesen führen, kommen aus mancherlei Quellen. Ich möchte drei nennen, die sich als besonders ergiebig erwiesen haben.

1. Tiere, die in Gefangenschaft oder halb wild, jedenfalls außerhalb ihrer natürlichen Umwelt gehalten werden, zeigen öfters Verhaltensweisen, die unter den gegebenen Umständen sinnlos erscheinen. Der funktionell denkende Biologe weiß dann sogleich: dies muß eine Bedeutung haben, und er sieht nach, was geschieht, wenn das Tier dasselbe in seinem angestammten Lebensraum tut. So wunderte sich LORENZ (27, 28), weil seine zahmen Dohlen immer wieder niedrig über seinen Kopf hinwegstrichen und dabei dicht vor ihm mit den Schwänzen wippten. Als er nun bei wilden Dohlen darauf achtete, erkannte er, daß sie durch dieses Siegnal andere auffordern mitzufliegen. Oder: Entenküken und manche Watvögel stampfen sonderbar mit den Füßen, wenn man sie auf feuchten Boden setzt (TINBERGEN 46). Draußen gehört dieses Trampeln zum Nahrungserwerb; es scheucht im seichen Wasser reglos verborgene Futtertiere auf, so daß der Vogel sie bemerkt und fangen kann. Hat man das erst verstanden, so gibt es zu denken, daß er beim Trampeln stets abwärts blickt. Und nun berichtet M. ROTHSCHILD (38), daß eines ihrer handaufgezogenen Lachmöwenküken, das blind auf die Welt kam, dabei genauso den Kopf senkte wie sehende Küken.

Eine ähnlich aufschlußreiche Beobachtung machte ich vor Jahren beim Verhaltenskurs an der Universität Leiden. Für diesen Kurs bauten wir im Frühjahr immer eine ganze Reihe von Aquarien mit je einem fortpflanzungsbereiten Stichlingsmännchen vor großen Fenstern auf, die zur Hauptverkehrsstraße blickten. Sooft ein rotes Postauto vorüberfuhr, schossen sämtliche Stichlingsmännchen auf die Fensterseite ihres Beckens, verfolgten mit dem Blick das Auto und versuchten mit aller Gewalt, durch das Glas hindurchzuschwimmen. Aus den daraufhin angesetzten Versuchen (zusammengefaßt in TINBERGEN 43) ging hervor, daß der zur Fortpflanzungszeit rotgefärbte Bauch des Dreistachligen Stichlings (*Gasterosteus aculeatus*) ein Kennzeichen des Männchens ist.

Das Pfauenauge (*Vanessa io*) klappt in Ruhehaltung seine Flügel hoch, so daß nur deren tarnfarbige Unterseite sichtbar ist. Wird es bei kühlem Wetter gestört, z. B. weil ein wißbegieriger Forscher es mit einem Zweiglein anstößt, so öffnet es die Flügel und schlägt sie sachte auf und nieder, wobei die buntfarbigen Augenflecken auf allen vier Flügeln sichtbar werden. Gleichzeitig dreht es sich immer so, daß die Flügeloberflächen dem Betrachter zugewendet sind. Hierauf baute Blest (4) seine Versuche auf, in denen er nachwies, daß die Augenflecken insektenjagende Singvögel verscheuchen.

2. Nahverwandte Arten können sich in ihrem Verhalten stark unterscheiden. Der funktionell denkende Biologe, der wissen möchte, warum sie sich gerade so und nicht anders benehmen, achtet gleichermaßen auf Verhaltensweisen, die eine Art besitzt, wie auf solche, die ihr fehlen. Außerdem versucht er zu ergründen, warum im ganzen ähnliche Verhaltensweisen von Art zu Art geringfügig verschieden sind.

Die beiden europäischen Stichlingsarten, die im Süßwasser leben, *Gasterosteus aculeatus* und *Pygosteus pungitius*, unterscheiden sich deutlich in ihrer Fluchtbereitschaft. *Gasterosteus* ist der zahmere von beiden (und eignet sich deshalb besonders gut für Beobachtungen im Labor). R. Hoogland, D. Morris und ich (19) stellten fest, daß dies mit ihrer unterschiedlichen Bestachelung zusammenhängt. Beide Arten sind vor bestimmten Raubfischen geschützt durch ihre Fähigkeit, die Stacheln aufzurichten und abgespreizt zu verankern; die langen starken des Dreistachligen sind jedoch viel wirksamer als die kleineren des Zehnstachligen Stichlings. Dieser ist nicht nur scheu und flüchtet bei Gefahr ins nächste Dickicht, sondern er sucht sich auch sonst Stellen mit dichtem Bewuchs zum Aufenthalt, während der Dreistachler offenes Gelände bevorzugt. Außerdem kann dieser sich ein prächtiges Hochzeitskleid »leisten«, wobei sogar die normale Gegenschattierung kraß umgekehrt wird. Der Zehnstachler dagegen wird bei gleicher Gelegenheit pechschwarz, und das einzige Zugeständnis an die zur Balz erwünschte Auffälligkeit sind zwei grünsilbrig glänzende Stacheln am Bauch. Aber auch sie werden nur beim Balztanz vorgezeigt und sind selbst dann nur von hinten zu sehen, nämlich von dort, wo sich zu der Zeit das Weibchen befindet.

Die Methode des Artenvergleichs hat auch E. Cullen (12) bei ihrer Verhaltensstudie an Dreizehenmöwen angewendet, aus der überzeugend hervorgeht, daß zahlreiche Besonderheiten dieser Art Anpassungen an das Brüten auf schmalen Vorsprüngen steiler Felswände sind, und dieses wiederum ist eine Schutzmaßnahme gegen Feinde. Wie außerordentlich ertragreich die vergleichende Methode ist, zeigten erst kürzlich Crooks (10) ausgedehnte Untersuchungen an Webervögeln.

3. Nichtverwandte Arten miteinander zu vergleichen, kann ebenfalls

sehr fruchtbar sein, vor allem dann, wenn trotz großer Verschiedenheit im allgemeinen manches auffällig übereinstimmt; denn diese Übereinstimmungen könnten konvergente Anpassungen sein. Sehr bewährt hat sich dieses Verfahren beim Studium des Verhaltens und anderer Spezialisierungen von Vögeln, die in Höhlen brüten (HAARTMAN 17), was sie, ebenso wie viele Meeresvögel das Brüten am Felsen, vor Feinden schützt.

Alle schutzfarbigen Tiere weisen einige gemeinsame Verhaltenszüge auf, die bisher nicht genügend beachtet und noch kaum untersucht worden sind. Tarntrachtenträger halten normalerweise still, solange sie gesehen werden könnten, und rühren sich bei Tage nur, wenn es ganz unvermeidlich ist. Höchstens sehr bewegliche Arten mit gut brauchbaren Sinnesorganen können es wagen, sich frei zu bewegen, obwohl selbst diese sich meistens verstecken, wenn Gefahr droht.

Getarnte Tiere halten sich an Plätzen auf, zu denen ihre Farben passen, oder sie haben die Fähigkeit, sich ihrer Umgebung anzugleichen. Sie nehmen stets die Haltung ein, die sie am ehesten unkenntlich macht; z. B. zeigt bei Tieren, die gegenschattiert sind, in Ruhehaltung die dunkle Seite immer nach oben. Schließlich leben die Getarnten verstreut, was zweifellos damit zusammenhängt, daß sie zwar nicht völlig unauffindbar sind, Raubfeinde aber immerhin nach ihnen suchen müssen. Höchstwahrscheinlich begrenzen diese zeitweilig ihre Aufmerksamkeit auf einen ganz bestimmten Beutetyp; sie prägen sich ein »Suchbild« ein, das sie leitet. Wie lange es erhalten bleibt und die Versteckten gefährdet, hängt davon ab, wie viele der Räuber findet, und die Belohnungsrate bleibt gering, wenn sich die Beutetiere verteilen.

Ich habe schon an anderer Stelle (TINBERGEN 45) einige der vielen Möglichkeiten aufgeführt, das Abstandhalten zu bewirken, das als ein Teil des Tarnverhaltens und auch in anderen Zusammenhängen eine wichtige Rolle spielt. Wie diese kurze Übersicht erkennen ließ, sind weitere Untersuchungen der Verteilungsmechanismen höchst erwünscht.

Obwohl nur manche dieser Arbeiten Versuche enthalten, in denen die vermuteten Funktionen auch nachgewiesen werden, möchte ich mit Nachdruck darauf hinweisen, wie wertvoll sie sind. In dieser Zeit der Hochschätzung, um nicht zu sagen, Anbetung des Experimentes, kann man gar nicht oft genug hervorheben: Auch sorgfältige, planmäßige und kritische Beobachtung ist eine wertvolle und unentbehrliche Forschungsweise, die wir keinesfalls vernachlässigen dürfen (vgl. LORENZ 29). Vor allem in der Ethologie brauchen wir gute Beobachter. Die ständige Hast und das

Bestreben, möglichst Aufsehenerregendes zu entdecken, dürfen nicht dazu führen, daß man über versuchsfreies Beobachten die Nase rümpft. Natürlich dauert es lange. Es ist ein Lernen nach Versuch und Irrtum, doch es führt uns zu sinnvoller biologischer Fragestellung.

Obwohl Ergebnisse, wie sie bis jetzt besprochen wurden, noch nichts unanfechtbar beweisen, gehen die Forschungen oft nicht darüber hinaus. Dafür gibt es mehrere Gründe: Manchem erscheinen solche Befunde überzeugend genug. Schließlich braucht man ja auch nicht einer Amsel den Schnabel abzuschneiden, um zu beweisen, daß sie damit ißt, oder die Hilflosigkeit eines beschädigten Falters zu erleben, um zu wissen, daß er ohne Flügel nicht fliegen kann. Darüber hinaus ist aber die Durchführung geeigneter Versuche manchmal recht schwierig oder fast unmöglich. Mit körperlichen Merkmalen geht es oft ganz leicht: Die Augenflecken auf den Flügeln mancher Schmetterlinge verscheuchen Vögel. Um das zu beweisen, setzte BLEST (4) Singvögeln entweder normale Nachtpfauenaugen vor oder solche, denen er die »Augen« abgebürstet hatte. Er verglich also, wie es in guten Versuchen sein sollte, zwei Gruppen von Tieren, die sich in nur einer ausgesuchten Eigenschaft unterschieden und sonst nicht. Solch eine Gegenüberstellung ist natürlich mit Verhaltensweisen, die man nicht einfach »abschneiden« kann, nicht immer möglich. Immerhin gelingt es, z. B. Heuschreckenmännchen durch einen kleinen Eingriff stumm zu machen, ohne sie sonst zu beeinträchtigen; dadurch kann man zeigen, daß ihr Gesang Weibchen anlockt (BUSNEL, DUMORTIER und BUSNEL 5). Oder man spielt ihnen Tonbandaufnahmen vor, so daß sie nur die Laute und nichts anderes wahrnehmen können. Dies sind nur Einzelfälle einer in der Ethologie häufig gebrauchten Methode: Man bietet Attrappen an, deren Merkmale beliebig verändert werden können. Und selbst, wo dieser Weg nicht gangbar ist, kann man auf Umwegen zum Ziele kommen. Daß das Fächeln des Stichlings, wie schon gesagt, für die Belüftung des Geleges sorgt, hat van IERSEL (20) aus einer Zusammenstellung verschiedener Versuche erschlossen. So läßt sich auf mancherlei Weise der Überlebenswert prüfen.

Die meisten dieser Versuche sind unter »kontrollierten«, d. h. stark vereinfachten Bedingungen durchgeführt worden, so daß nicht alle Wechselwirkungen erfaßt werden konnten. Genau das ist jedoch unerläßlich, wenn man den Überlebenswert beurteilen will. Lachmöwenbruten sind, wie schon erwähnt, durch leere Eischalen in ihrer Nähe gefährdet; es ist also günstig, sie wegzutragen. Aber (und das beachteten wir damals noch nicht) während der Vogel das tut, bleibt einige Sekunden lang die Brut unbedeckt, lange genug, damit gewisse Räuber sich rasch ein Ei oder ein Küken wegschnappen können. Alles in allem erweist sich also der arterhaltende Wert des Eischalentransportes als eine Kompromißlösung zwischen diesem Nachteil und dem im Experiment erwiesenen Vorteil. Ganz ähnlich steht es mit dem Massenangriff der Lachmöwen auf Luftfeinde nahe der Brutkolonie, die sie nach Kruuk zu eben diesem Zwecke gemeinsam bewohnen; denn wenige richten nichts aus. Wiederum ist es unvermeidlich, dafür die Nester zu verlassen, so daß gelegentlich ein Räuber unbeirrt die Schar der Angreifer durchstoßen und Beute machen kann. Das Resultat des gemeinsamen Angriffs ergibt sich daher aus diesen beiden, vielleicht auch noch anderen Wirkungen, und um es zu finden, muß man hinaus in die natürliche Umwelt. Es liegen bisher nur sehr wenige Arbeiten vor, in denen alle einzelnen beteiligten Faktoren und auch ihre gegenseitigen Wechselwirkungen berücksichtigt werden. Als ein sehr schönes Beispiel sei die von Kettlewell (21, 22) genannt. Er untersuchte, welchen Einfluß Singvögel auf die Evolution der Tarntrachten von Birkenspannern haben. Ein besonderer Vorzug dieser Arbeit ist, daß auch die genetischen Unterschiede zwischen beiden Formen bekannt sind.

Es kommt jedoch nicht nur darauf an, wie es sich auswirkt, wenn ein Merkmal als Ganzes vorhanden ist oder fehlt, sondern wir wollen wissen, ob es die beste Wirkung erzielt oder nicht und ob geringe Abweichungen von der Norm schon schädlich sind. Machen Augenflecken, die nicht ganz so »überzeugend« sind, weniger Eindruck? Sind nicht ganz so zweigähnliche Raupen weniger erfolgreich? Sind bei Dreizehenmöwen ein bißchen zu ängstliche Weibchen im Nachteil? In diesen drei Fällen ist die Vermutung bestätigt (Blest 4, de Ruiter 40, E. Cullen mündl. Mitt.). Wenn man sich klarmacht, wie mächtig ein Selektionsvorteil sein muß, um in so einfachen Versuchen mit kleinen Stichproben faßbar zu werden, muß man sich wundern, daß es überhaupt gelingt. Man sollte dies im Hinblick auf Fishers (14) und Haldanes (18) Berechnungen bedenken, wonach schon ein winziger Selektionsvorteil genügen kann, um die Evolutionsrichtung zu verändern.

Das Normale ist allerdings für einseitige Anforderungen nicht immer das Beste. Ich habe 1951 (Tinbergen 43) alle Fälle zusammengestellt, in denen »übernormal« wirksame Reize ermittelt werden konnten, hauptsächlich bei Zeichen, die der innerartlichen Verständigung dienen. Zum Nachweis eignen sich Attrappen mit übersteigerten Signalen, die entsprechendes Antwortverhalten besser auslösen als die normalen Zeichen. Seither hat WEIDMANN (51) festgestellt, daß bettelnde Lachmöwenküken nach dem roten Schnabel ihrer Eltern (die dadurch zum Füttern angeregt werden) weniger oft picken als nach einem künstlichen Schnabel aus schwarzer Pappe mit einem auffälligen weißen Flecken. Natürlich fragt man sich sogleich: »Warum hat dann die Auslese nicht einen besseren Schnabel zustande gebracht?« Diese Frage bleibt offen, solange man nicht das gesamte Verhaltensrepertoire des Tieres und seine gesamte Umwelt in allen Einzelheiten kennt – ja der Vorsatz, nur unter kontrollierten Bedingungen zu experimentieren, würde sogar die Lösung von vornherein *unmöglich* machen. Dafür gibt es stichhaltige Gründe. Man hat oft davon gesprochen, aber selten sicher nachgewiesen, daß die vielen Umwelteinflüsse, denen Tiere ausgesetzt sind, immer wieder zu Konfliktsituationen führen, so daß die Auslese (die das Gesamtergebnis und nicht Einzelleistungen benachteiligt oder begünstigt) Kompromisse zwischen den einander entgegengesetzten Bedürfnissen fördern muß. Ich werde später noch darauf eingehen, daß eine gründliche Kenntnis dieser Zwischenlösungen notwendig ist, um Einwänden gegen die Anwendbarkeit der Selektionstheorie zu begegnen, die auf mangelndem Wissen oder schlicht auf Nichtglaubenwollen beruhen.

Um ein Beispiel für widerstreitende Selektionsdrucke zu geben, komme ich noch einmal auf das Wegtragen der Eischalen zurück. Das scheint auf den ersten Blick nicht zum Besten entwickelt zu sein; denn die Schale wird nicht sofort nach dem Schlüpfen, sondern gewöhnlich erst ein bis zwei Stunden später entfernt (TINBERGEN et al. 49). Aber das Küken braucht Zeit, sich gänzlich aus der Schale zu lösen; wollte der Altvogel sie gleich forttragen, so könnte das Junge mitgeschleift werden. Das wird jedoch verhindert, indem die Möwe, wenn sie mit ihrem Schnabel die Eischale an der Bruchkante faßt und das Gewicht des Kükens spürt, die Handlung sofort unterbricht (TINBERGEN, KRUUK, PAILLETTE und STAMM 50). Ein zweiter Gegengrund sind diebische Nachbarn, die eine Vorliebe für angepickte Eier und frischgeschlüpfte Küken haben, dagegen trockene Küken, die wegen ihrer luftigen Daunen schwer zu verschlucken sind, im allgemeinen in Ruhe lassen. Darum trägt der Elternvogel die Eischale normalerweise nicht fort, ehe das Junge diese Zeit höchster Gefahr sicher überstanden hat. Ähnliche Konflikte findet man im Feindabwehrsystem dieser Möwen (TINBERGEN et al. 49).

Was die Schnabelfarbe betrifft, so dürfte auch hier die Bettelreaktion der Küken nicht der einzige Faktor sein. Wahrscheinlich spielt der rote Schnabel im Paarverhalten eine Rolle, oder er dient als Signal bei der Revierverteidigung.

Immer deutlicher zeigt sich, wie vielfältig die Beziehungen zwischen verschiedenen Auslesevorgängen sind und wie notwendig es ist, diese Wechselwirkungen haargenau nach funktionellen Gesichtspunkten zu untersuchen, um ihren Anpassungswert zu verstehen. Aus der schon oft erwähnten Arbeit von E. CULLEN an Dreizehenmöwen geht überzeugend hervor, daß solche Eigenarten wie das Errichten eines Lehmsockels unter dem Nest, die Unbeweglichkeit der Küken, der Schnabelkampf und das Fehlen einer der bei Möwen sonst üblichen Drohhaltungen, das Bewachen des Nestes schon vor der Eiablage und manche andere Besonderheiten allesamt Anpassungen sind, die sich im Zusammenhang mit einer Maßnahme zur Feindabwehr, dem Brüten auf Felsvorsprüngen, entwickelt haben. Ähnlich hat CROOK durch seine eingehenden vergleichenden Untersuchungen an Webervögeln nachgewiesen, daß je nachdem, welche ökologische Nische eine Art besetzt hält, auch ihr Paarungsverhalten bis in Einzelheiten dadurch beeinflußt ist, unabhängig von ihrer Verwandtschaft. Wir fangen eben erst an, solche Zusammenhänge zu erkennen.

III. Ergebnisse

Diese wenigen Beispiele müssen genügen. Sie sollten zeigen, was alles zu tun ist, ehe wir hoffen können, daß wir begreifen, in welchem Ausmaß und in welchen Hinsichten das Verhalten von Tieren den Forderungen ihrer Umwelt angepaßt ist. Ich habe betont, daß für die dringend notwendige weitere Forschung sichere Methoden zur Verfügung stehen, die schon erfolgreich angewendet werden, wenn auch nicht immer und nicht überall. Was läßt sich nach dem jetzigen Stand allgemein darüber sagen? Ich verweise hauptsächlich auf zweierlei:

1. *Bei der Suche nach Mechanismen der Arterhaltung müssen alle den betreffenden Verhaltensmustern innewohnenden Möglichkeiten berücksichtigt werden und alles, was sie beeinflussen könnte.* Das Auffälligste an sehr eng angepaßten Verhaltensweisen sind die »höchst unwahrscheinlichen« Bewegungsmuster selbst. So sind manche Vögel imstande, Bienen zu entstacheln (NICHOLLS und ROOK 33), und Fledermäuse, Beute oder Hindernisse nach dem Echo ihrer Laute zu orten, eine Orientierungswei-

se, die in allen ihren erstaunlichen Einzelheiten schon recht gut untersucht ist (Griffin 15). Auch über Signale zur innerartlichen Verständigung, die durch gemeinsame Entwicklung bestimmter Strukturen (wie laut- oder dufterzeugende Organe oder farbige Abzeichen) und der zugehörigen Verhaltensweisen entstanden sind, ist schon viel bekannt (Lorenz 28, Lanyon und Tavolga 25, Marler 31, Tinbergen 47). Über nicht minder gut angepaßte, nur nicht so augenfällige Bewegungen wissen wir dagegen noch recht wenig, z. B. wie eine Amsel Regenwürmer fängt oder wie eine Schwarzschwänzige Uferschnepfe durch hohes Gras schreitet: Sie hebt die Füße hoch und faltet dabei die Zehen dicht zusammen, was ein Kiebitz, der an Lebensräume mit niederem Bewuchs angepaßt ist, nicht kann. Nach Klomp (23) ist diese scheinbar belanglose Fähigkeit der Uferschnepfe von arterhaltendem Wert.

Nicht nur die Bewegungsweisen, sondern auch die Sinnesleistungen sind fein auf die Bedürfnisse abgestimmt. Die selektive Antwortbereitschaft »wartet« sozusagen darauf, daß ganz bestimmte Reize die Dinge kenntlich machen, zu denen die Handlung paßt. Entstachelt werden ja nur Wespen und Bienen; woran erkennt der Vogel sie? Signale dürfen nur dann gesendet werden, wenn man sie wirklich braucht, da sie durch ihre Auffälligkeit auch Feinde herbeilocken könnten. Hochentwickelte Mechanismen sorgen für die Orientierung im Raum. Auch die Stärke des Antwortverhaltens muß genau bemessen sein; damit die günstigste Revierverteilung erreicht wird, darf das Tier weder gar zu angriffslustig noch gar zu ängstlich sein (Tinbergen 45). Wer zu seiner Sicherheit auf rasches Flüchten angewiesen ist, sollte Feindreize stärker beachten als Futterreize; andere Arten, die sich verborgen halten, brauchen dagegen nicht gleich zu flüchten; im Gegenteil, sie würden Zeit und Energie verschwenden, die sie nützlicher anwenden können. Das Fluchtverhalten ein und desselben Tieres kann sogar wechseln, je nachdem, in welchem Teil seines Lebensraumes es sich gerade aufhält. Die Meerechsen auf Galápagos sind an Land ganz furchtlos; doch unter Wasser, wo sie Feinde haben, sind sie scheu (Eibl-Eibesfeldt 13). Dreizehenmöwen fühlen sich im Felsen sicher, sind aber furchtsam, wenn sie am Boden Niststoffe sammeln. Bei manchen Verhaltensweisen schadet es nichts, daß die Bereitschaft, sie auszuführen, sich bald vermindert, weil man sie, wie das Verleiten, nur selten braucht (Lorenz 28); andere dagegen, etwa das Suchen vor dem Beutefang, dürfen nicht schwinden (Precht und Freitag 38).

Schließlich ist auch der Entwicklungsgang ein Teil der adaptiven Ausstattung einer Art. Ein frisch geschlüpfter Schmetterling oder ein flügge gewordener Baßtölpel müssen gleich beim erstenmal fliegen können. Bei solchen Arten ist es vorteilhaft, wenn die Entwicklung ganz überwiegend von innen her gelenkt wird, dieses Verhalten also angeboren ist. In anderen Fällen bewährt es sich besser, nicht von Anfang an weitgehend festgelegt zu sein, sondern dem Lernen durch Versuch und Erfolg einigen Spielraum zu lassen. Viele Jungvögel versuchen die verschiedensten Dinge, ob sie nun eßbar sind oder nicht, zu verspeisen und müssen lernen, was sich dafür eignet. Das gibt jedem von ihnen die Möglichkeit, die Futtersorten kennenzulernen und zu nutzen, die am Aufzuchtort reichlich verfügbar sind.

Doch kann nicht jeder alles lernen, sondern es gibt angeborene Lerndispositionen für bestimmte Fähigkeiten. Honigbienen merken sich Orte mit üppiger Tracht sehr genau, wozu andere Insekten kaum imstande sind. Baerends (1) hat bei der Sandwespe *Ammophila adriaansei* sehr schön bewiesen, daß sie in gewissen Abschnitten ihres Fortpflanzungszyklus in erstaunlichem Maße befähigt ist, Handlungen aufzuschieben. Was sie bei einer einzigen »Inspektion« einer ihrer Höhlen erfährt, kann über Stunden bestimmen, wie viele Raupen sie erbeutet und wo sie diese hinbringt – eine Leistung, die vielen Wirbeltieren Ehre machen würde.

Besondere Beachtung verdienen Handlungen, die selbst erst Gelegenheit geben, etwas zu lernen. Hierzu gehört das Erkunden sowie der Orientierungsflug der Bienen und Wespen, der hauptsächlich oder sogar allein dazu da ist, das Erlernen von Landmarken zu ermöglichen (Tinbergen und Kruyt 48). Sicher haben wir den Grad der Angepaßtheit solcher Orientierungsflüge noch kaum erkannt. Manning (30) beobachtete, daß Hummeln, die an neugefundenen Hundszungen (*Cynoglossum*) saugten, vor dem Abflug Kreise zogen. Sie prägten sich also den Standort einzelner Pflanzen ein, und das ist vorteilhaft, weil man die kleinen Blüten nicht weit sieht. Den Fingerhut (*Digitalis*) dagegen mit seinen großen Blüten verließen sie, ohne sich zu orientieren. Anscheinend »lohnt es sich nicht«, den Standort von Fingerhutpflanzen kennenzulernen.

Diese wenigen, willkürlich herausgegriffenen Befunde mögen veranschaulichen, was ich eingangs sagte: Man muß das Zusammenspiel zwischen Verhalten und Umwelt von allen Seiten beleuchten, um zu verstehen, wie es der Art nützt.

2. Mein zweites Anliegen ist dem ersten nahe verwandt: *Die angeführten Tatsachen bezeugen, wie sinnlos und sogar unwissenschaftlich es ist, zu*

dem Problem, ob »eine bestimmte Eigenschaft adaptiv sei« oder nicht, eine Meinung zu äußern, bevor man versucht hat, es nachzuprüfen. Trotzdem wird das Angepaßtsein in der Literatur oft bestritten, wenn es um die Frage geht, inwieweit die natürliche Auslese unsere heutigen Tierarten geformt hat. Deshalb möchte ich noch einmal kurz wiederholen, was unsere Arbeitsweise zur Klärung dieser Streitfrage beitragen kann.

IV. Schlußfolgerung

Selbst unter denjenigen, die grundsätzlich die natürliche Auslese als ein wirksames Prinzip anerkannt haben, gehen die Meinungen über ihre relative Bedeutung weit auseinander. Die Einwände sind verschieden begründet.

1. Da viele Eigenschaften offensichtlich ungenügend ausgebildet sind, erhebt sich die Frage: Wenn die Selektion wirklich eine so wichtige Rolle spielt, warum macht sie es dann nicht besser? Eine Antwort lautet, wie wir nun wissen: weil häufig Kompromisse unvermeidlich sind, die nur der erkennt, der die gesamte Umwelt des Tieres in seine Untersuchungen mit einbezieht.

2. Andererseits sind manche Merkmale so erstaunlich vollkommen, daß man sich fragt, ob ein Selektionsdruck mit so strengen Forderungen überhaupt verwirklicht sei. Die Augenflecken einiger Schmetterlinge und die Stöckchen-nachahmenden Raupen sind ihren Vorbildern so täuschend ähnlich, wie man es kaum für nötig hält; selbst ein Vogel, so sagte man, könne geringe Abweichungen unmöglich erkennen. Weiter kommt man aber damit nur, wenn man es ausprobiert. Blest experimentierte mit Augenflecken, de Ruiter mit der Mimikry der Raupen, und beide fanden, daß die Vögel sehr wohl eine strenge Auslese treffen und die geringsten Mängel viel stärker beachten, als wir es tun würden.

3. Oft wird als Gegengrund angeführt, gewisse Merkmale, denen man in ihrer heutigen Ausprägung Überlebenswert zugesteht, könnten sich in den allerersten Anfängen »unmöglich« so ausgewirkt haben, wiederum z. B. Augenflecken. Aber Blest, der die Mühe nicht scheute, Versuche zu machen, stellte fest, daß schon ganz einfache, kontrastreiche Flecken eben doch auf die Vögel Eindruck machen.

4. Ferner heißt es, manche Formen des Sozialverhaltens könnten »unmöglich« durch Auslese entstanden sein, die am Individuum oder am Paar

angreift; sie müßten auf Gruppenselektion zurückzuführen sein. Diesen Einwand hat neuerdings WYNNE-EDWARDS (54) wieder belebt, der in seinem Buch darlegt, wie Tiere Übervölkerung verhindern. Es enthält zwei führende Thesen: (1) Viele Tierarten haben Mechanismen, vor allem des Verhaltens, entwickelt, die eine übermäßige Vermehrung zügeln; (2) diese sind großenteils »altruistisch«, d. h. der Population insgesamt, jedoch nicht dem Einzeltier förderlich und infolgedessen ebenfalls nur als Ergebnis einer Gruppenselektion erklärbar.

Während die erste These mir wohl begründet erscheint, auch wenn WYNNE-EDWARDS sie auf manches anzuwenden versucht, das durchaus andere Bedeutung haben kann, steht die zweite auf sehr schwachen Füßen; denn sie wird nur durch negative Behauptungen gestützt und nicht durch Tatsachen, die man beweisen kann. Einige Sozialverhaltensweisen sollen im strengen Sinne altruistisch, also den Bedürfnissen des einzelnen entgegengesetzt sein. Wenn es nun aber durch saubere Analyse nachzuweisen gelänge, daß solches Verhalten sich doch, wie gewohnt, unter dem Einfluß der natürlichen Selektion entwickelt hat, dann wäre diese Theorie zwar nicht grundsätzlich widerlegt, jedoch der einzigen Stütze beraubt, die WYNNE-EDWARDS ihr geben kann. Ich kenne zwei Fälle, in denen sich eine scheinbar altruistische Handlungsweise als das gemeinsame Ergebnis zweier Selektionsdrucke herausgestellt hat, die beide das Individuum oder das Brutpaar betreffen.

Viele Meeresvögel jagen in Gesellschaft, weil der Anblick, vielleicht auch das Rufen eines anderen, der reiche Fischgründe entdeckt hat, sie anzieht. Man hat vermutet, das weiße Gefieder der Möwen diene »altruistisch« dem Zweck, Schwarmgenossen zum Futter zu locken. Mein Mitarbeiter PHILLIPS (36) hingegen stellte in Versuchen fest, daß die weiße Färbung bei Seeschwalben und Möwen als »Angriffstarnung« arterhaltenden Wert hat; das heißt in schlichten Worten, die Vögel können sich den Beutefischen ungesehen nähern. PHILLIPS folgert daraus, solange dieser Vorteil größer ist als der Nachteil (falls es einer ist), daß andere hinzukommen, muß dies die Art zwangsläufig zu geselligem Fischen führen, wenn noch ein zweiter Selektionsdruck, und zwar gleichfalls das Individuum betreffend, hinzukommt, nämlich einer, der die spezielle *Antwortbereitschaft* auf erfolgreich jagende weiße Vögel begünstigt.

Auch dafür, daß viele Arten Reviere gründen und verteidigen, will WYNNE-EDWARDS Gruppenselektion verantwortlich machen. Wie ich früher schon ausgeführt habe (TINBERGEN 45), dürfen wir jedoch mit guten

Gründen schließen, daß die räumliche Verteilung in Revieren durch das Wechselspiel zweier Verhaltenssysteme erreicht wird, die beide für das Einzeltier und für seine Nachkommen vorteilhaft sind, nämlich Angriff auf Rivalen im eigenen und Flucht vor dem Rivalen im fremden Revier. Von Altruismus ist da keine Rede, obwohl tatsächlich alle Glieder der Gemeinschaft daraus Nutzen ziehen.

Ob ein Evolutionsmechanismus für Gruppenselektion in WYNNE-EDWARDS' Sinne denkbar ist, steht nicht zur Debatte. Hier geht es um die Tatsache, daß seine Folgerungen sich auf zu wenig Beweise stützen, ja sogar, wie CAIN (8) es zutreffend ausgedrückt hat, auf einfaches Nichtglauben. Was immer es mit der Gruppenselektion auf sich haben mag, sie darf kein Vorwand sein, Probleme zu umgehen, die man folgerichtig auflösen kann.

5. In anderen Fällen nimmt man die Gendrift als Lückenbüßer. Das ist nach meiner Ansicht Mißbrauch eines wichtigen Prinzips, wenn man es, gewissermaßen ins Leere, auf Eigenschaften anwendet, die angeblich nicht adaptiv sind, ohne überhaupt zu versuchen, ob sich nicht doch Anpassungen finden lassen. Die Arbeit von CAIN und SHEPPARD (9, vgl. auch CAIN 8) liefert ein schlagendes Beispiel für die Zweckmäßigkeit eines Merkmals, das vorher als nicht-angepaßt betrachtet wurde.

6. Wenn der arterhaltende Wert einer bestimmten Eigenschaft nicht sogleich ersichtlich ist, wird manchmal auch gesagt, es handle sich wohl um Pleiotropie. Das ist eine falsche Alternative; denn diese greift in die individuelle Entwicklung, die Selektion dagegen in die stammesgeschichtliche Entwicklung ein, die ihrerseits verschiedene Formen der Individualentwicklung hervorbringt und sich in völlig anderen Zeiträumen abspielt. Die Auslese kann pleiotrope Entwicklungsmechanismen gewissermaßen so benutzt oder beeinflußt haben, daß etwas Vorteilhaftes dabei herauskam. Sooft man vielerlei Abhängigkeiten eines Tieres von seiner Umwelt gründlich untersucht, findet man Beziehungen zwischen verschiedenen Selektionsdrucken, die zu Kompromissen führen, und daraus sollten wir Mut schöpfen, nach verborgenen Wirkungen der Auslese zu suchen. Ohne nachzuprüfen, warum wohl die Lachmöwe mit dem Beseitigen der leeren Eischale wartet, bis das Küken trocken ist, erübrigt sich jede Aussage darüber, ob dieses Hinauszögern, diese besondere Zeiteinteilung Anpassungswert hat oder nicht. Wer sich aber mit der Vermutung begnügt, das könne auf Pleiotropie zurückzuführen sein, der weigert sich zu forschen.

Diese 6 Punkte, auf die ich nur kurz eingegangen bin, haben eines gemeinsam: Zu allen findet man selbst in der neueren Literatur positive Aussagen, die sich auf Unkenntnis gründen. Ich hoffe aber gezeigt zu haben, daß es Mittel und Wege gibt, die nötigen Kenntnisse zu erwerben.

Ein hochgeschätzter Physiologe meinte kürzlich im persönlichen Gespräch, all dies sei doch im Grunde vergebliche Mühe; denn kein Biologe hege auch nur den geringsten Zweifel an der Richtigkeit der Selektionstheorie. Das ist natürlich auch ein Standpunkt, um nicht zu sagen eine Ausrede, nach Überlebensmechanismen und ihrer Wirkungsweise gar nicht erst zu suchen. Ebensogut könnte man sich mit der allgemeinen Feststellung zufrieden geben, daß Lebensvorgänge letzten Endes auf molekulare Prozesse zurückzuführen sind, und sämtliche biochemischen und biophysikalischen Analysen für überflüssig erklären.

V. Zusammenfassung

Anhand einiger ausgewählter Beispiele habe ich darzustellen versucht, daß:

1. sehr gut brauchbare Methoden zur Verfügung stehen, um festzustellen, wie Tiere sich mit den Forderungen ihrer Umwelt auseinandersetzen;
2. eine zutreffende Bewertung dieser Selektionsdrucke nur dann möglich ist, wenn man das Tier in seiner natürlichen Umwelt beobachtet und durch Versuche befragt.
3. Tut man das, so zeichnen sich allmählich überraschend enge Anpassungen an die Umweltbedingungen ab.
4. Aufgrund dieser Erkenntnisse sind wir imstande, gewissen Vorstellungen über Evolution, die mehr auf Unglauben als auf Wissen beruhen, mit Tatsachen zu begegnen.

Zum Abschluß komme ich noch einmal auf die eingangs erwähnte Äußerung E. Mayrs zurück, wonach stammesgeschichtliche Untersuchungen des Verhaltens noch in den Kinderschuhen stecken. Daß ich im Grunde gleicher Meinung bin, war wohl deutlich zu erkennen, und ich würde es gewiß nicht bestreiten, wenn jemand sagte, meine bescheidenen Ausführungen seien ja nur eine Bestätigung seiner Ansicht. Dennoch glaube ich, daß wir in einer Hinsicht anderen Zweigen der Evolutionsforschung voraus sind. Von jeher beobachten viele Ethologen im Freiland und haben dadurch reichlich Gelegenheit zu erfahren, wie sich die Tiere in ihrer Umwelt, die sie geformt hat, behaupten. Folglich muß wohl diese Arbeitsweise, von der ich einige Beispiele brachte, zu einem besseren Verständnis der Wirksamkeit der Selektion im allgemeinen führen und zu höherer Achtung vor dieser mächtigen Kraft, die alle Gestalten und alle Fähigkeiten der heute lebenden Tiere herausgebildet hat.

Literatur

1 Baerends, G. P. (1941): Fortpflanzungsverhalten und Orientierung der Grabwespe *Ammophila campestris*. Jurr. Tijdschr. Entomol. 84, 68–275.

2 – (1950): Specializations in organs and movements with a releasing function. S.E.B. Symp. 4, 337–360.

3 Blair, W. F. (1955): Mating-call and stage of speciation in the *Microhyla olivacea – M. carolinensis* complex. Evolution 9, 469–480.

4 Blest, A. D. (1957): The function of eyespot patterns in the Lepidoptera. Behaviour 11, 209–256.

5 Busnel, R. G., B. Dumortier und M. C. Busnel (1956): Recherches sur le comportement acoustique des Ephippigères (Orthoptères, Tettigoniidae). Bull. biol. Fr. Bels. 90, 219–286.

6 Cain, A. J. (1951): So-called non-adaptive or neutral characters in evolution. Nature, Lond. 168, 424.

7 – (1951): Non-adaptive or neutral characters in evolution. Nature, Lond. 168, 1049.

8 – (1964): The perfection of animals, in: Viewpoints in Biology, eds. J. Carthy und R. Duddington, Bd. 3, 36–62, London (Butterworth).

9 – und P. M. Sheppard (1954): Natural selection in *Cepaea*. Genetics 39, 89–116.

10 Crook, J. (1964): The evolution of social organization and visual communication in the weaver birds (Ploceinae). Behaviour Suppl. 10.

11 Crossley, S. A. (1960): An experimental study of sexual isolation within the species *Drosophila melanogaster*. Anim. Behav. 8, 232–233 (vollständig in der unveröffentlichten Diss., Oxford).

12 Cullen, E. (1957): Adaptations in the Kittiwake to cliff-nesting. Ibis 99, 275–302.

13 Eibl-Eibesfeldt, I. (1962): Galápagos. Die Arche Noah im Pazifik. Erw. Neuausgabe (1977): München (Piper).

14 Fisher, R. A. (1930): The Genetical Theory of natural Selection. New York (Dover Publications).

15 Griffin, D. R. (1958): Listening in the Dark. New Haven (Yale University Press).

16 Gwinner, E., und J. Kneutgen (1962): Über die biologische Bedeutung der »zweckdienlichen« Anwendungen erlernter Laute bei Vögeln. Z.Tierpsychol. 19, 692–696.

17 Haartman, L. von (1957): Adaptations in hole-nesting birds. Evolution 11, 339–348.

18 Haldane, J. B. S. (1932): The Causes of Evolution. London (Longmans Green).

19 Hoogland, R., D. Morris und N. Tinbergen (1957): The spines of sticklebacks (*Gasterosteus* and *Pygosteus*) as means of defence against predators (*Perca* and *Esox*). Behaviour 10, 205–236, und dieser Band, S. 55–90.

20 Iersel, J. J. A. van (1953): An analysis of the parental behavior of the male Three spined stickleback. Behaviour Suppl. 3, 1–153.

21 Kettlewell, H. B. D. (1955): Selection experiments on industrial melanism in the Lepidoptera. Heredity 9, 323–342.
22 – (1956): Further selection experiments on industrial melanism in the Lepidoptera. Heredity 10, 287–301.
23 Klomp, H. (1956): De terreinkeus van de Kievit, *Vanellus vanellus* (L.). Ardea 42, 1–140.
24 Kruuk, H. (1964): Predators and anti-predator behaviour of the Black-headed Gull (*Larus ridibundus* L.). Behaviour Suppl. 11, 1–130.
25 Lanyon, W. E., und W. N. Tavolga (eds.) (1964): Animal Sounds and Communication. American Institute of Biological Sciences. Washington D. C.
26 Liley, N. R. (1966): Reproductive isolation in some species of sympatric fishes. Behaviour Suppl. 13.
27 Lorenz, K. (1931): Beiträge zur Ethologie sozialer Corviden. J. Orn., Lpz. 79, 67–120. Neudruck ([17]1974) in: Über tierisches und menschliches Verhalten, Bd. I, 13–69. München (Piper).
28 – (1935): Der Kumpan in der Umwelt des Vogels. J. Orn., Lpz. 83, 137–213, 289–413. Neudruck ([17]1974) in: Über tierisches und menschliches Verhalten, Bd. I, 115–282. München (Piper).
29 – (1959): Gestaltwahrnehmung als Quelle wissenschaftlicher Erkenntnis. Z. exp. angew. Psychol. 6, 118–165. Neudruck ([11]1974) in: Über tierisches und menschliches Verhalten, Bd. II, 255–300.
30 Manning, A. (1956): Some aspects of the foraging behaviour of bumblebees. Behaviour 9, 164–201.
31 Marler, P. (1957): Specific distinctiveness in the communication signals of birds. Behaviour 11, 13–39.
32 Mayr, E. (1963): Animal Species and Evolution. Cambridge/Mass. (Harvard University Press); deutsch (1967): Artbegriff und Evolution. Berlin (Parey).
33 Nicholls, C. A., und D. A. Rook (1962): Preparation of bees for consumption by a captive bee-eater (*Merops ornatus*). W. Aust. Natur. 8, 84–86.
34 Patterson, I. J. (1965): Timing and spacing of broods in the Black-headed Gull (*Larus ridibundus* L.). Ibis 107, 433–460.
35 Perdeck, A. C. (1958): The isolating value of specific song patterns in two sibling species of grasshoppers (*Chorthippus brunneus* Thunb. und *C. biguttulus* L.). Behaviour 12, 1–76.
36 Phillips, G. C. (1962): Survival value of the white coloration of gulls and other sea birds. Unveröff. Diss. Oxford.
37 Pittendrigh, C. S. (1958): Adaptation, natural selection, and behaviour, in: Behaviour and Evolution, eds. A. Roe und G. G. Simpson. New Haven (Yale University Press).
38 Precht, H., und G. Freitag (1958): Über Ermüdung und Hemmung angeborener Verhaltensweisen bei Springspinnen (Salticidae). Behaviour 13, 143–211.
39 Rothschild, M. (1962): Development of paddling and other movements in young Black-headed gulls. Br. Birds 55, 114–117.
40 Ruiter, L. de (1952): Some experiments on the camouflage of stick caterpillars. Behaviour 4, 222–232.
41 – (1955): Countershading in caterpillars. Arch. néerl. Zool. 11, 1–57.
42 Thayer, G. H. (1909): Concealing-coloration in the Animal Kingdom. New York (Macmillan).
43 Tinbergen, N. (1951): The Study of Instinct. Oxford (Clarendon Press).
44 – (1953): The Herring Gull's World. London (Collins).
45 – (1957): The functions of territory. Bird Study 4, 14–27.
46 – (1962): Foot-paddling in gulls. Br. Birds 55, 117–120.
47 – (1964): The evolution of signalling devices, in: Social Behavior and Organization among Vertebrates, ed. W. Etkin. University of Chicago Press.
48 – und W. Kruyt (1938): Über die Orientierung des Bienenwolfes (*Philanthus triangulum* Fabr.) III. Z. vergl. Physiol. 25, 292–334; s. Das Tier in seiner Welt, Bd. 1, S. 157–212.
49 –, G. J. Broekhuysen, F. Feekes, J. C. W. Houghton, H. Kruuk und E. Szulc (1962): Egg-shell removal by the Black-headed Gull, *Larus ridibundus* L. A behaviour component of camouflage. Behaviour 19, 74–118; deutsch in: Das Tier in seiner Welt, Bd. 1, S. 274–320.

50 –, H. Kruuk, M. Paillette und R. Stamm (1962): How do Blackheaded Gulls distinguish between eggs and egg-shells? Br. Birds 55, 120–129; deutsch in: Das Tier in seiner Welt, Bd. 1, S. 330–340.
51 Weidmann, U. (1959): The begging response of the Black-headed gull chick. Vervielfältigtes Vortragsmanuskript von der 6. Internat. Ethol. Conf., Cambridge.
52 Wilson, E. O. (1963): The social biology of ants. Am. Rev. Entomol. 8, 345–368.
53 – (1963): Pheromones. Scient. Amer. 208, 100–116.
54 Wynne-Edwards, V. C. (1962): Animal Dispersion in Relation to Social Behaviour. Edinburgh (Oliver & Boyd).

(Aus dem Zoologischen Institut der Universität Oxford)

14 Über Beschwichtigungsgebärden

(1959)

Als ich 1951 gemeinsam mit M. MOYNIHAN anfing, das Verhalten der Lachmöwe zu untersuchen, fiel uns die merkwürdig starre Bewegungsfolge auf, die wir jetzt die Paarbildungsfolge oder Begrüßungszeremonie nennen (MOYNIHAN 17). Das Männchen nimmt bei Annäherung eines Weibchens die »schräge Stellung« (Oblique) ein und »jauchzt« (Long Call); daraufhin läßt sich das Weibchen neben ihm nieder; es folgt die »Vorwärtsstellung« (Forward), in der beide Partner sich meistens parallel ausrichten; schließlich geht zuerst der eine, dann der andere Vogel mit einem Ruck in die »aufrechte Stellung« (Upright) über, in der sie beide zugleich voneinander »wegsehen« (Facing Away oder Head Flagging) (Abb. 154). Besonders die letzte Bewegung überraschte uns; wir beschrieben sie anfänglich als »Nacken zuwenden«. Ich erinnere mich noch lebhaft, wie wir nach unseren frühmorgendlichen Beobachtungen über die weite Strandfläche zum Zeltlager zurückgingen und darüber sprachen, wie merkwürdig diese Geste doch sei. Wir waren gewohnt, bei solchen auffälligen Balzbewegungen zu *fragen,* ob sie vielleicht irgendeine buntgefärbte Struktur zur Schau stellten. Solches Zusammenpassen von Signalbewegung und Schaustrukturen war uns ja besonders seit SELOUS' (19), HUXLEYS (8) und LORENZ' (11) Arbeiten geläufig. Aber für einen größtenteils weißen Vogel wie eine Möwe schien das Zurschaustellen eines weißen Nackens doch nicht gerade sinnvoll. Da sagte MOYNIHAN etwas zögernd: »Vielleicht ist es gerade umgekehrt; diese Bewegung dient vielmehr dazu, das Gesicht zu verbergen.« Mit einem Schlag kam mir das Aha-Erlebnis; es war mir sofort klar, daß MOYNIHAN etwas Wichtiges gesagt hatte. Ich mußte ihm dann aber lange und begeistert zureden, bis ich meinen Schüler von der Wichtigkeit und Tragweite seiner eigenen Betrachtungsweise überzeugt hatte. Nie vorher war mir so klar geworden, weshalb die Zusammenarbeit zwischen einem jüngeren, plastischer denkenden, ideenreichen Forscher und einem zwar »durch Fachkenntnisse getrübten«, aber auch durch Erfahrung geübten Untersucher so fruchtbar sein kann. MOYNIHANS Gedanke leuchtete mir deshalb sofort ein, weil sich plötzlich so viele andere, bisher rätselhaft erscheinende Tatsachen zu einem einheitlichen Bild zusammenschlossen. Ich glaube auch jetzt noch, daß sich mit der Entdeckung des »Beschwichtigungsanteils« der Balz eine Lücke schloß, der ich mir, allerdings nur halb, bewußt war, seitdem Konrad LORENZ und Jan van IERSEL die ersten Schritte zur Entwirrung der komplexen Motivation der Balz unternommen hatten. Die Balz vieler Tierarten enthält ja, wie wir jetzt wissen, Bewegungen, die manchen feindlichen Gesten stark ähneln; und seit van IERSEL mich davon überzeugt hatte, daß der bekannte Zickzacktanz des Stichlingsmännchens wirklich ursprünglich und zum Teil noch eine Kombination der Intentionsbewegungen des Beißens und des Zum-Neste-Führens sei (eine zuerst von LORENZ ausgesprochene Vermutung, die wir ihm nicht geglaubt hatten), beschäftigte mich oft die Frage, weshalb es dann nicht zum offenen Kampf zwischen den Geschlechtspartnern käme.

In den letzten Jahren haben wir uns mit dieser Erscheinung besonders bei den Möwen weiter befaßt. Und in diesem, unserem verehrten Freunde, Kollegen und »Ethologenvater« O. KOEHLER gewidmeten Aufsatz will ich eine kurze Skizze des Problemkomplexes versuchen. Hierbei wird die Evolutionsfrage im Vordergrund stehen: Wie können derartige Signalbewegungen entstanden sein, und weshalb haben sie sich zu den gegenwärtigen Formen entwickelt? Dabei bin ich mir bewußt, daß wir Teilfragen wie die der Verursachung und der arterhaltenden Funktion »rein kausal« und mit den denkbar kritischsten Experimenten untersuchen können, daß jedoch die letzthin entscheidende Frage der Evolution, wie die uns für immer verschlossene Vergangenheit rekonstruiert werden soll, im besten Falle nur mit einer Antwort belegt werden kann, deren Überzeugungskraft von der Vielheit der Tatsachen abhängt, die in das vorgeschlagene Bild passen. Ich werde versuchen, in dieser kurzen Arbeit die m. E. wesentlichen Argumente für meine Schlußfolgerungen und Gedankengänge zusammenzustellen. Im übrigen muß ich mich doch, dem Vorbild Oskar HEINROTHS folgend, weitgehend auf die Mitarbeit meiner Leser verlassen und sagen: »Den Reim dazu können Sie sich selber machen.«

Als Ausgangspunkt wähle ich die jetzt wohl allgemein als grundsätzlich richtig erkannte Vorstellung, daß viele Ausdrucksbewegungen (mit oder

Abb. 154. Drei Phasen aus der Paarbildungsfolge der Lachmöwe. Oben: jauchzendes Männchen; unten: parallele Vorwärtsstellung beider Partner, links das Männchen; gegenüber: Wegsehen, links das Weibchen.

ohne Signalfunktion) Folgen der Aktivierung zweier oder sogar mehrerer gleichzeitig ausgelöster Bewegungssysteme sind. Damit dieser Schritt der Analyse in richtiger Perspektive gesehen werde, erinnere ich daran, daß viele tierische Bewegungen Komponenten komplexer Systeme sind, die ihren arterhaltenden Wert z. T. dem keineswegs selbstverständlichen Umstand verdanken, daß sie sowohl funktionell wie kausal zusammengehören. Beim normalen Tier treten ja die funktionell verknüpften Ernährungs-, Kampf-, Flucht-, Körperpflege-, Paarungs- usw. -bewegungen zusammen auf. So wenig wir auch noch von ihrer Verursachung wissen, das eine steht fest, daß sie kausal irgendwie miteinander verbunden sind. Das Zerlegen der Motivation (der gesamten Verursachung)[1] einer Ausdrucksbewegung in zwei oder drei solcher Einzelsysteme ist zwar nur der erste, aber ein unerläßlicher und ein wesentlicher Schritt ihrer physiologischen Erforschung.

Die Einsicht, daß viele Ausdrucksbewegungen mit mehreren Bewegungs-Systemen ursächlich zusammenhängen, ist alt. Sie ist aber noch nicht Gemeingut, weil sie noch nicht im strengen Sinne wissenschaftlich

1 Für meine jetzige Aufgabe, den verursachenden Komplex einer Ausdrucksbewegung in um eine Stufe einfachere Systeme zu zerlegen, gebrauche ich ein Wort, das sich auf die, am Auftreten von Bewegungen gemessene, Gesamtbereitschaft zum Vollführen der Bewegung bezieht. Ich benutzte hierfür in dieser Arbeit das Wort Motivation, das ich hier sinnverwandt mit Bereitschaft, mit Stimmung und mit Tendenz gebrauchen kann. Das Wort kann auf verschiedenen Integrationsebenen angewandt werden; man kann also in diesem Zusammenhang gleichwohl von der Drohstimmung wie von Kampf-(teil-)stimmung und Flucht-(teil-)stimmung reden.

begründet ist. Das hängt z. T. damit zusammen, daß erstens viele Wissenschaftler, sogar Zoologen die Tragweite der schon veröffentlichten Tatsachen nicht erkennen, daß zweitens die Erscheinungen selber ungenügend bekannt sind und daß drittens auch wir unsere Tatsachen noch nicht in ausreichend objektiver, nachprüfbarer Form mitgeteilt haben. Ich bin sogar davon überzeugt, daß wir uns selber noch nicht ganz darüber einig sind, welche Tatsachen wir eigentlich zu welchen Schlußfolgerungen benutzen sollen und weshalb wir zu manchen Schlußfolgerungen überhaupt berechtigt sind. Daher scheint mir der Versuch nicht überflüssig, die Methoden der Analyse mit ihren Möglichkeiten und ihren Beschränkungen genauer zu betrachten.

Anscheinend haben wir uns bei der Motivationsanalyse bisher hauptsächlich dreier Methoden bedient:

1. Manche Ausdrucksbewegungen verraten in ihrer Bewegungs*form* ihren komplexen Ursprung. Sie können aus Elementen zweier oder mehrerer Verhaltenssysteme in dreierlei Weise zusammengestellt sein: entweder wechseln Bruchstücke der Teilsysteme sich ab, wie im Zickzacktanz des Stichlingsmännchens (van Iersel 9), im Pendelflug vieler kämpfender Singvögel, in der Hetzbewegung mancher Enten (Lorenz 13), oder es sind Komponenten simultan verschränkt, wie in der aufrechten Drohstellung der Möwen (Tinbergen 22, Moynihan 17) und in den Gesichtsausdrucksformen der Caniden (Lorenz 14), oder es entstehen Kompromißbewegungen (Andrew 1)[1]. Natürlich muß man zu einer solchen formalen Analyse das ganze Bewegungsinventar einer Art gut kennen. Weiterhin hängt vieles von der speziellen Fähigkeit des Beobachters ab, auf manche, leicht als trivial übersehene Bewegungkomponenten aufzumerken; so ist es mir erst vor kurzem klar geworden, von wie großem Wert z. B. Angaben über die Distanz, in welcher ein Tier vor seinem Gegenspieler anhält, oder über die Orientierung seiner Körperlängsachse sind; beide können u. a. ein Maß für die Beteiligung einer Fluchttendenz sein.

2. Oft sieht man, wie manche Ausdrucksbewegungen regelmäßig mit ganz bestimmten funktionell und kausal mehr oder weniger bekannten Bewegungssystemen *abwechseln*, während sie mit anderen solchen Systemen sehr viel seltener oder überhaupt nicht gemeinsam auftreten. So hat jede revierverteidigende und manche andere Art eine Reihe von Drohge-

1 Es ist zu beachten, daß Andrews gut brauchbarer Ausdruck hier in etwas anderem Sinne verwendet wird: Bei balzenden Lachmöwen ergibt sich die Richtung der Parallelstellung aus einem Kompromiß zwischen »Hinblicken« und »Wegwenden«.

sten (einschüchternde *Funktion*); diese wechseln in kurzen, oft nur sekundenlangen Zeitspannen sowohl mit Angriff wie mit Flucht ab, aber meistens nicht mit anderen Verhaltensweisen. Die Relevanz dieser Methode beruht nun darauf, daß in konstanter Umgebung eine Hauptstimmung in der Regel nicht plötzlich in eine andere umschlägt. Sie baut sich vielmehr langsam auf und klingt auch allmählich wieder ab (Trägheitsphänomen nach LORENZ 12).

Diese Methode ist schwer anwendbar, weil beim Zusammentreffen von zwei Tieren der Bedrohte durch seine Reaktion auf das Drohverhalten die Stimmung des Drohenden in der Richtung von Angriff oder Flucht ändern kann. Brauchbar sind deshalb nur solche Beobachtungen, die sich auf eine konstante äußere, durch die Gegner bedingte Situation beziehen. Diese Konstanz kann grundsätzlich in zwei Weisen gesichert sein. Ein geübter Beobachter, dem auf Grund vieler Beobachtungen bekannt ist, welche Reaktionen des Gegners die Kampf- oder Fluchtbereitschaft beeinflussen, kann diejenigen Ereignisse verwerten, in denen der Gegenspieler keine in diesem Sinne bedeutungsvolle Reaktion zeigt. Im Grunde unterscheidet sich dieses Vorgehen nicht von dem des Labor-Experimentators, der eine Ampère-Ablesung deshalb ausschaltet, weil die Nadel beim Zuschlagen einer Tür oder beim Vorüberfahren eines Lastautos zittert. Dem Nichtethologen können wir es aber kaum übelnehmen, wenn er uns dieses Verfahren nicht zugesteht. Diese selektive Beobachtung ist ja sicher schwierig, weil man oft im Bruchteil einer Sekunde das Verhalten beider Tiere beurteilen muß; verschiedene Beobachter sind in dieser Hinsicht sehr verschieden begabt. Der »Wunsch als Vater des Gedankens« kann oft und zu leicht die Entscheidung beeinflussen. Man kann es bedauern, daß so vielen Wissenschaftlern die »Exaktheit« unbelebter Meßinstrumente so übermäßig imponiert, daß sie die Leistungen ihres eigenen nervösen Meßapparates unterschätzen; aber in Anbetracht dieser Tatsache ist es nicht nur nützlich, sondern vielmehr sogar erforderlich, unsere Methoden möglichst objektiv und nachprüfbar zu gestalten. Deshalb haben wir uns bei unseren Untersuchungen über das Konfliktverhalten auch stets bemüht, konstante Bedingungen zu schaffen.

Beim Prüfen des sozialen Verhaltens kann man das dadurch erreichen, daß man an die Stelle eines wirklichen Gegenspielers eine Attrappe setzt. Nachdem MOYNIHAN die Methode der selektiven Beobachtung angewandt hat (17), untersuchte auch mein Schüler G. MANLEY einige Signalbewegungen der Lachmöwe mit der Attrappenmethode. Leider sind vollwertige Attrappen für diesen Zweck oft sehr schwer herzustellen. Wie viele andere Vögel reagieren auch unsere Möwen nur auf befiederte Attrappen. Und weil in diesen Versuchen meistens heftige Angriffe geführt werden, braucht man viel Ersatz durch neue Attrappen, d. h. ausgestopfte Vögel. Es war nun bezeichnend, daß MANLEY nach den ersten Attrappenversuchen etwas enttäuscht sagte: »Aber diese Versuche zeigen mir nichts, was ich nicht schon aus den Feldbeobachtungen wußte.« Das war nicht etwa ein negatives Urteil über die Attrappenmethode, sondern vielmehr ein positives Zeugnis für die Brauchbarkeit der »selektiven Beobachtung«. Trotzdem war seine Bemerkung nicht ganz richtig. Der Attrappenversuch ist deshalb besser, weil er wiederholbar ist. Man kann nachprüfbare und vergleichbare Daten z. B. folgender Art geben: »Eine ausgestopfte Möwe im Brutkleid; im Anfang der Brutzeit; während zehn Minuten 50 cm vom Nest entfernt aufgestellt; löst in je zehn A-Stellungen zwölf Schnabelhiebe und fünfmal Zurückweichen aus.«

3. Die Motivation von Ausdrucksbewegungen kann noch auf eine dritte Weise beurteilt werden. Wenn man die optimalen *Situationen* kennt, welche bestimmte Bewegungssysteme *auslösen*, dann sieht man oft, daß die Gesamtlage, in der ein ganz bestimmter Ausdruck auftritt, Teile zweier solcher optimaler Einzelsituationen als Komponenten enthält. Ein konkreter Fall: Gewisse Drohbewegungen treten besonders an der Grenze zwischen zwei Nachbarrevieren auf; wenn man nun weiß, daß der Rivale an der einen Seite der Grenze angegriffen, jenseits der Grenze aber gemieden wird, so darf man schließen, daß die Grenze mitten zwischen diesen beiden Extremen liegt und daß hier ein Gegner gleichzeitig Angriff und Flucht auslösen muß. Es soll betont werden, daß auch hier Erfahrungen über die Flucht und Angriff auslösenden Situationen unbedingt notwendig sind. Vielleicht ist es auch nicht überflüssig zu sagen, daß diese Situationen für unseren Zweck nicht weiter analysiert zu werden brauchen; wenn ich z. B weiß, daß ein männlicher Stichling im Brutkleid diesseits der Grenze Angriff, jenseits der Grenze Flucht auslöst, so weiß ich für unseren Zweck genug; daß der Rivale vor allem durch seine rote Farbe, nicht aber durch seine Form reizt, ist hier vollkommen belanglos.

Diese drei Methoden sind zwar oft intuitiv, selten aber voll bewußt benutzt worden; ich glaube, daß es notwendig ist, sie genauestens und wiederholbar in vielen Einzelfällen anzuwenden. Hiervon bin ich deshalb überzeugt, weil wir erst so auf die Verschiedenheit der Konflikte, die den verschiedenen Ausdrucksweisen zugrunde liegen, aufmerksam wurden.

Es ist ein glücklicher und sehr ermutigender Umstand, daß immer dann, wenn alle drei Methoden sich anwenden ließen, die Ergebnisse miteinander übereinstimmten. So kann man der Formanalyse der aufrechten Drohstellung der Möwen entnehmen, daß sie auf gleichzeitiger Auslösung von Angriff und Flucht beruht; die Beobachtung der Reihenfolgen ergibt dasselbe, und auch die Situationsanalyse bestätigt diese Deutung.

Nun ist es bei der Untersuchung so komplexer Systeme, von denen man überdies so wenige Variable kennt (von ihrer Beherrschung gar nicht zu reden), immer ratsam, alle verfügbaren Methoden zu gebrauchen. Die drei genannten beruhen alle auf der Deutung der uns von der Natur selber vorgeführten Phänomene.

Wir können aber auch mehr deduktiv vorgehen und nachzuprüfen versuchen, ob die erwarteten Bewegungen auch in solchen Konfliktfällen auftreten, die wir durch Darbieten der die einzelnen Systeme beherrschenden Kausalfaktoren selber schaffen. Dazu bieten sich verschiedene Möglichkeiten an. Bei richtig gestimmten Tieren kann man z. B. mit geeigneten Attrappen Angriff und Flucht simultan auslösen. Als ich vor vielen Jahren ein Stichlingsmännchen innerhalb seines Reviers mit einer Attrappe »besiegte« und anschließend beobachtete, wie beim Abklingen der Fluchtneigung zuerst die senkrechte Drohstellung und dann ein wirklicher Angriff einander folgten (TINBERGEN 20), wußte ich selber noch nicht, daß ich diese Methode, die Teilsysteme zu beherrschen, angewandt hatte. Meine Schülerin Dr. B. TUGENDHAT hat beim Stichling durch geschickten Einsatz der inneren und äußeren Faktoren Konflikte zwischen Nahrungssuche und Flucht ausgelöst. Durch genaues Beobachten der Folgen auf verschiedenen Aktivitätsebenen beider Systeme erhielt sie Ergebnisse, die sich unseren bisherigen Kenntnissen sehr gut einfügen lassen (TUGENDHAT 23). Guten Erfolg erwarten wir auch vom geeigneten Gebrauch chemischer Substanzen (Drogen), die das eine Teilsystem stärker als das andere beeinflussen. Natürlich wird auch die elektrische Hirnstammreizung zur Nachprüfung und weiteren Analyse nützlich sein.

Ich muß zwar gestehen, daß wir mit diesen Methoden nur sehr langsam vorwärtsgekommen sind; trotzdem sind manche Ausdrucksbewegungen uns viel verständlicher geworden. Drohstellungen entstehen anscheinend immer im Konflikt zwischen Angriff und Flucht. Wichtig ist, die beteiligten Aktionssysteme genau zu kennzeichnen. Es ist bedeutungsvoll, ob man ein Teilsystem als »Angriff« oder als »Annäherung«, als »Flucht« oder als »Davongehen« bezeichnet. Eine im weiteren Sinne gedachte Bezeichnung »Annäherung« ist z. B. nur dann berechtigt, wenn man zeigen kann, daß alle Annäherungsarten, gleichgültig unter welchem Motivationszwang, beteiligt sein können. Die aufrechte Drohstellung der Möwen bleibt aus, wenn eine hungrige Möwe sich nicht an die Nahrung heranwagt, weil ein menschlicher Beobachter im Wege ist, oder wenn eine Möwe Nistmaterial sammelt und dabei nicht wagt, sich meinem Beobachtungszelt zu nähern. Sie tritt auch dann nicht auf, wenn eine brütende Möwe das Nest verlassen möchte, vom Anblick der Eier oder der Jungen aber zum Brüten oder Hudern angezogen wird. Das Grasrupfen (Bd. 1, Abb. 9) der Großmöwen bleibt aus, wenn Angst und Nahrungssuche miteinander in Konflikt geraten; wohl aber geschieht es, wenn ein Schaf dem Nest zu nahe kommt. In jedem Falle wechseln bei der Möwe nur Angriffe und Flucht ab; es ist kein anderes System beteiligt. Diese Drohstellungen ergeben sich also nicht einfach aus einem Konflikt zwischen Annäherung und Davongehen; sie sind viel spezifischer und treten nur bei Konflikten zwischen Angriffsstimmung und Fluchtstimmung auf. Einige amerikanische Autoren reden von »Approach-avoidance-conflicts«, wenn z. B. Nahrungssuche und Flucht miteinander in Konflikt sind; ob solche allgemeine Bezeichnung berechtigt ist, kann man nicht immer den Tatsachen entnehmen. Jeder Fall sollte daraufhin genau untersucht werden. Es gibt nämlich auch Konflikte zwischen ganz andersartigen Systemen. Die Dreizehenmöwe wendet das Gesicht ab (Bd. 1, Abb. 12), wenn sie zur Flucht gereizt wird, aber aus irgendeinem Grunde am Ort bleiben will (E. Cullen 3). Die Eiderente hebt das Kinn, wenn sie Angst hat (zur Flucht gereizt ist) und aus irgendeinem Grunde (geschlechtliche Bindung zum Männchen, elterliche Bindung zur Brut oder vom Hunger verstärkte Bindung zur Nahrungsstelle) ihren Platz nicht verlassen will. Nach Andrew (1) ist das Schwanzwippen mancher Singvögel ein Zeichen des Konfliktes zwischen Fliegen- und Hüpfenwollen.

Die Art des Konfliktes ist weiterhin in zweierlei Weise *quantitativ* entscheidend für die resultierende Bewegung. Darüber wissen wir etwas von den Drohbewegungen. Schon dem oberflächlichen Beobachter fällt auf, daß in einem knapp ungleichen Kampf der siegende, aber nicht ungehemmt angreifende Vogel eine andere Drohstellung einnimmt als der unterliegende, der sich allerdings auch nicht so schwach fühlt, daß er ungehemmt davonfliegt. Man kann das Aktivitätsgleichmaß dieser beiden Tendenzen genauer festlegen, wenn man im Attrappenversuch wirklichen Angriff und wirkliche Flucht genau auszählt; dann stellt sich nämlich heraus, daß es eine Reihe ambivalenter Bewegungen gibt, von relativ aggressiven zu relativ defensiven Drohgesten. Bei diesen kämpft das Tier nur, wenn es angegriffen wird und nicht davonkommen kann; bei jenen ist Angriff viel wahrscheinlicher. Außerdem ist es bereits klar, daß einige Drohbewegungen einem absolut milderen Konflikt zuzuordnen sind als andere, die nur bei sehr starker gleichzeitiger Aktivierung von Aggression und Flucht auftreten. Drohgebärden werden also vom relativen und vom absoluten Niveau der Angriffs- und Fluchtstimmung beeinflußt.

Die Motivation der Balz, etwa der Paarungseinleitung des Stichlingsmännchens oder der Paarbildungsfolge der Lachmöwe, ist noch komplizierter. Bei der Lachmöwe (Moynihan 17) und sicher auch bei vielen anderen revierbildenden Tierarten (s. z. B. Morris 15; Hinde 6,7) spielen dabei geschlechtliche Annäherung, Angriffslust und Fluchtneigung zusammen. Wie Kortlandt (10) erneut betonte und Heinroth (5) schon 1911 beschrieben hatte, ist wenigstens bei den paarbildenden Tieren der Drang zur geschlechtlichen Annäherung etwas anderes als der Drang zur Paarung. G. Manley hat die Balz der Lachmöwe eingehender untersucht und diese Vorstellung im großen und ganzen bestätigt. Allerdings zeigt er auch, daß der Anteil der geschlechtlichen Tendenz größer ist, als Moynihan glaubte.

Es ist sicher nicht überflüssig, nochmals an die Argumente zu erinnern, die hier von feindlich motivierten Bewegungselementen in der Balz und *nicht* von sexuellen Komponenten des Drohverhaltens zu reden zwingen. Erstens erfährt man bei Gebrauch der drei Methoden der Stimmungsanalyse, daß die Motivation vieler Balzbewegungen zum Teil wirklich feindlich ist und daß sexuelle Beimischungen im feindlichen Verhalten selten sind. Zweitens wird auch eine nicht seltene Steigerung der als »feindlich« interpretierten Komponenten der Balz gewöhnlich von einer Zunahme offener Kampf- oder Fluchthandlungen begleitet, die dann die Paarbildung erschweren statt fördern. Andererseits wird die Steigerung derselben Bewegungskomponenten in feindlichen Auseinandersetzungen den Effekt des feindlichen Verhaltens (Distanzierung) fördern und nicht mit gesteigertem Paarungsverhalten einhergehen. Psychoanalytiker neigen besonders dazu, unsere Deutung gerade umzukehren. Das mag bei ihnen mit der überstarken Betonung des sexuellen Moments zusammenhängen. Es ist unsere Pflicht und darüber hinaus eine sehr schwere Aufgabe, dieses Vorurteil an Hand unserer Tatsachen zu entkräften.

Wie ich bereits eingangs sagte, besteht die Paarbildungs- oder Begrüßungsfolge bei der Lachmöwe aus: 1. »Schrägstellung mit Jauchzen«, 2. »Vorwärtsstellung« und 3. »Wegsehen«. Am Beispiel des »Wegsehens« möchte ich nun das Prinzip der Beschwichtigung näher besprechen.

Das »Wegsehen« ist nicht, wie wir zuerst glaubten, nur ein Glied der Paarbildungsfolge. Es tritt vielmehr auch in feindlichen Auseinandersetzungen, und zwar meistens beim untergeordneten, im Kampf unterlegenen Tier auf. Eine angreifende Möwe kann sogar auch mit abgewendetem Gesicht auf den Gegner zulaufen. Wir glauben jedoch, selbst in solchen Fällen die Angst immer als Bestandteil der Motivation aufzeigen zu können. In der »feindlichen« Situation sieht man die Geste des Wegsehens in jeder beliebigen Stellung des Tieres; in der Paarbildungssituation ist sie jedoch obligat mit der aufrechten Stellung gekoppelt. Das ist aber eine Angelegenheit des Ritualisierens, das ich an dieser Stelle außer Betracht lassen muß. Sein Vorkommen in diesen beiden Situationen weist schon darauf hin, daß das »Wegsehen« einerseits mit Flucht, andererseits aber nicht nur mit angriffslustiger, sondern eben auch mit sexueller Annäherung zu tun hat. Die Dreizehenmöwe sieht weg, wenn Angst mit irgendeiner Annäherungstendenz gekoppelt ist. E. Cullen (3) hat diese Geste z. B. regelmäßig bei solchen Tieren gesehen, die ein Nest widerrechtlich besetzen, dann aber lieber auf dem Nest bleiben als angreifen möchten. Von ihren Geschwistern oder von fremden Möwen angegriffene Jungmöwen sehen weg, wenn sie nicht von der Stelle weichen wollen.

Auch die *Form* der Bewegung verrät manchmal, daß das »Wegsehen« mit Fluchtdrang zu tun haben kann. Bei der Sturmmöwe hat Weidmann (24) alle Übergänge zwischen Nur-Kopfwegdrehen, Wegdrehen des ganzen Körpers und vollständiger Flucht gesehen. Auch wenn Aggression nicht die Annäherung bedingt, so kann eine gewisse Angriffslust doch oft mitbeteiligt sein. Auf das »Wegsehen« der Lachmöwe folgt häufiger ein Angriff, als »zufallsgemäß« zu erwarten ist. Das gilt sowohl für die feindliche wie für die paarbildende Situation. Wie die Stimmungsanalyse der Drohstellung ergibt, kann der proportionale Anteil der Flucht innerhalb sehr weiter Grenzen schwanken, so daß es also einmal relativ mehr aggressive und zum anderen relativ mehr defensive, ängstliche Stellungen gibt. Wenn beim heutigen Mangel an genaueren Stimmungsanalysen auch nicht mehr als ein Vermuten berechtigt ist, so glaube ich doch, daß zwischen äußerst aggressiven und mehr defensiven Drohstellungen, ja sogar Beschwichtigungsgesten, sehr viele Zwischenformen bestehen. Auf diese für unsere Einsicht in Evolutionsfragen wichtige Erscheinung komme ich weiter unten noch zu sprechen.

Für die *Funktion des Wegsehens* haben wir keinen experimentellen Beleg. Unsere Versuche mit »wegsehenden« Attrappen schlugen bisher aus verschiedenen Gründen fehl. Längere Beobachtungsreihen von der Lachmöwe und von der Dreizehenmöwe weisen aber darauf hin, daß das Wegsehen den Angreifer plötzlich und stark hemmt. Es ist interessant und meiner Meinung nach für viele Beschwichtigungsgebärden gültig, daß das »Wegsehen« mit den meisten Drohgesten nicht gleichwertig ist. Eine Drohgeste hemmt oft auch den Angriff; sie erreicht das aber dadurch, daß sie einschüchtert, Flucht auslöst, die ihrerseits dann den Angriff hemmt. »Wegsehen« veranlaßt den Angreifer aber nicht zur Flucht; es scheint vielmehr Flucht und Angriff zugleich zu hemmen. Auf jeden Fall entfällt beim »Wegsehen« ein Teil der angriffsauslösenden Reize. Bei der Dreizehenmöwe löst nach E. Cullen (3) der Schnabel des Gegners den Angriff aus und richtet ihn. Daher versucht eine Dreizehenmöwe oft, seitwärts um den Kopf des wegsehenden Gegners herum dessen Schnabel zu ergreifen. Die Angriffslust des angreifenden Tieres erlahmt nicht sofort; sie äußert sich weiterhin noch in lauten Rufen und in den eben genannten Versuchen, seitwärts herum anzugreifen. Sie kann auch ebensogut neuorientierte Angriffe auf irgendeine andere Möwe, z. B. auf das zufällig anwesende Weibchen, auslösen. Besonders für Droh-, dann aber auch für Beschwichtigungsgesten gilt, daß die Angriffslust zwar erhalten bleibt, sich aber nicht mehr an dem ursprünglichen Gegner abreagiert. Es ist also mehr die Orientierung als die eigentliche Stimmung, was sich in solcher Konfliktsituation ändert.

Mit Sicherheit darf das »Wegsehen« der Dreizehenmöwe nicht als »Darbieten einer verletzbaren Stelle« (Lorenz 14) beschrieben werden; es ist vielmehr das *Verbergen* einer angriffsauslösenden Struktur. In den Drohstellungen werden die Waffen, hier der Schnabel, zum Kampf bereitgehalten und, oft von Farbauslösern unterstützt, dem Gegner gezeigt. Die Beschwichtigungsgebärden sind m. E. aber beinahe die »Umkehrung« der Drohgesten. Deswegen wäre es wohl richtiger, bei ihnen mit leicht verlagertem Akzent vom »Nichtdarbieten der für den Kampf bestimmten Organe« zu reden.

Bevor ich nun vom Ursprung und von der Ritualisierung spreche, seien vorerst noch einige vergleichende Tatsachen erwähnt. Allerdings muß ich wiederum gestehen, daß ich meine vergleichenden Betrachtungen nur sehr unsicher gestützt interpretieren kann. Ich darf sie aber auch nicht umgehen, weil sie genauere Untersuchungen anregen können und sollen. Bei den daraufhin untersuchten Möwen haben wir bisher vier verschiedene Gesten gefunden, die am Ende der Paarbildungsfolge auftreten und die wir wahrscheinlich alle als Beschwichtigungsgesten auffassen müssen. Die Lachmöwe und ihre Verwandten wie Hartlaubsmöwe und die Amerikanischen Lachmöwen, Franklins- und Bonapartenmöwe (Moynihan 18) sowie die Großmöwen, bei denen ich es anfänglich übersah, zeigen alle das »Wegsehen«. Von der Dreizehenmöwe kennen wir das »Aufwärtsstößeln« mit geschlossenem und aufwärts gerichtetem Schnabel. Das gewöhnliche »Stößeln« (Bd. 1, Abb. 7e) beim Drohen oder am Anfang der Paarbildung geschieht dagegen mit offenem und nach unten gerichtetem Schnabel, der zugleich die grell orangefarbene Mundschleimhaut zeigt. Die Zwergmöwe (Moynihan 17) dreht den Kopf seitwärts um ihre Längsachse (Bd. 1., Abb. 15); das machen auch manche Seeschwalben (J. M. Cullen 4). Diese Geste soll bei den Seeschwalben wohl die als Drohstruktur wirksame schwarze Kopfplatte dem Auge des Gegners entziehen. Bei der Zwergmöwe paßt die Geste allerdings nicht so gut zur Kopffärbung. Schließlich erfuhren wir von Bateson und Plowright (2), daß die Elfenbeinmöwe das »Kopfwippen« sowohl im Kampf wie bei der Begrüßung als Beschwichtigungsgeste benutzt.

Beim südafrikanischen Tölpel, dessen Verhalten dem unseres Baßtölpels überaus ähnlich ist, sah ich, wie ängstliche und zugleich »an die Stelle gebundene« Tiere den Hals senkrecht in die Höhe streckten (Bd. 1, Abb. 16b). Diese Stellung, durch Kopfschütteln und Beugen ergänzt, kommt auch in der Balz der Tölpel vor. – Es fehlt mir hier an Raum, noch mehr vergleichende Beispiele zu bringen. Ich glaube aber, daß nach der oben angedeuteten Weise ein genaueres Studium des feindlichen und paarbildenden Verhaltens vieler Arten erstens die Verflechtung von feindlichem und sexuellem Anteil in der Balz und zweitens das Vorkommen verschiedenartigster Beschwichtigungsgebärden aufzeigen wird. Dabei wird sich auch herausstellen, wie überraschend mannigfaltig die einzelnen Komponenten miteinander verknüpft sein können.

Von den beiden Fragen nach der Herkunft und nach der Ritualisierung der Gesten behandle ich die letztere im voraus, um sozusagen durch das Abschälen sekundärer Anpassungen den Ursprung leichter aufdecken zu können. Schon die einfache Betrachtung der Bewegungsformen enthüllt, wie sogar innerhalb einer eng geschlossenen Gruppe (z. B. Möwen) die einzelnen Arten bestimmte Gesten in ganz unterschiedlichem Ausmaß ritualisiert haben. So kommt das »Wegsehen« zwar bei allen bisher beobachteten Arten vor, es ist aber, wie MANLEY betont, nur in der Lachmöwengruppe während der Paarbildungsfolge (1) sehr häufig, (2) ruckartig und (3) obligat mit der aufrechten Stellung simultan gekoppelt. Das hängt wohl mit dem Erwerb der dunklen, die Drohgesten wahrscheinlich unterstützenden Maske zusammen. *Larus novae-hollandiae* und ihre Verwandten haben allerdings keine dunklen Masken. Es gibt aber Hinweise darauf, daß jene sie sekundär, bei der Rückkehr zum Küstenbiotop verloren haben. – Das »Stößeln« ist bei der Dreizehenmöwe sehr viel auffälliger als bei der Lachmöwe; der geöffnete Schnabel und die ausgesprochene Rhythmik tragen wesentlich dazu bei. – Ohne Zweifel hat auch die Motivation häufig gewechselt. Bei Großmöwen ist die Geste des »Kopfwippens« (Bd. 1, Abb. 11) ganz »freundlich« gemeint. Beim Weibchen begleitet sie das Betteln, und beide Geschlechter leiten mit ihr die Begattung ein. Bei anderen Möwenarten aber hat die gleiche Geste den Charakter des »defensiven Drohens« oder bei der Paarbildung auch des Beschwichtigens. Wie MANLEY noch weiter ausgeführt hat, äußert sich die Fluchtneigung im Konflikt bei allen Möwen durch Heben des Schnabels (s. TINBERGEN 22). Es ist denkbar, daß das Kopfwippen ein ritualisiertes Schnabelheben mit den besonderen Kennzeichen »plötzlich« und »rhythmisch wiederholt« ist. Was ursprünglich eine alle Arten auszeichnende »schüchterne Drohstellung« war, ist jetzt bei vielen Arten nur noch »freundliche Beschwichtigung«.

Wie einige Motivations-Analysen bereits zeigten, kann bei den Drohgesten das Anteilverhältnis von Flucht- und Angriffsneigung sehr verschieden groß sein. Das gilt sinngemäß auch bei den Beschwichtigungsgesten für den Angstfaktor und die »Neigung zum Bleiben«. Sicher vollzogen sich in der Evolution häufig Emanzipierungsvorgänge, die aus einer ursprünglich defensiven Drohgeste eine Beschwichtigungsgeste formten. Dabei hat sich die »typische Intensität« (MORRIS 16) also nicht nur ausgebildet, sondern auch verschoben. Das gilt im besonderen für solche Arten, die »Feindschaft« als Distanzierungsmechanismus ausbildeten. Weil die Paarbildung bei diesen durch »Feindschaft« erschwert wird, kann *deshalb* eine im »feindlichen Kontext« herausgebildete Unterlegenheits-(Demuts- oder Beschwichtigungs-)geste auch beim Zusammentreffen der künftigen Geschlechtspartner desto leichter auftreten. Ihr negativer Einfluß auf Kampf und Flucht begünstigte ihre Selektion.

Daß wir über die Emanzipierung, über die Motivationsänderungen in der Evolution noch so wenig Sicheres wissen, ist nicht verwunderlich, zumal wir erst sehr wenig gefestigte Tatsachen über die Motivation ambivalenter Bewegungen aufweisen können. Die ersten qualitativen Analysen einiger Stellungen weniger Arten sind so überaus dürftig, daß uns das Vergleichen noch gar nicht ansteht.

Insgesamt erhalten wir immerhin, wie mir scheint, ein ziemlich befriedigendes, in sich geschlossenes und mit vielerlei Einzeltatsachen im Einklang stehendes Bild. Dieses ist noch gründlich zu unterbauen, aber es enthält wenigstens konkrete und nachprüfbare Hypothesen. Viele höhere Tierarten besitzen im Kampf-Flucht-System einen hochentwickelten, lebenswichtigen Distanzierungsmechanismus. Die besonders bei revierbildenden Arten unvermeidlichen Konflikte zwischen Angriff und Flucht bringen Ausdrucksformen mit sich, die in diesem Zusammenhang ritualisierte Signale sind. Aus dem wahrscheinlich grundlegenden »Reagieren auf Schlüsselreize« folgt, daß der Geschlechtspartner außer sexuellen Reaktionen auch Angriff und Flucht auslösen muß. So entsteht beim Zusammentreffen der Partner ein Dreieckskonflikt, in dem besonders der untergeordnete Partner, meistens das Weibchen, defensive Drohgesten und Beschwichtigungsgebärden entwickelt. In der Paarbildungssituation unterliegen diese einem der Situation eigenen Selektionsdruck, weswegen aus ritualisierten Drohgesten Paarbildungssignale mit eigener Motivation und eigener Form entstehen. Die meisten bunten Formmerkmale (körperliche Auslöser) sind primär wohl im feindlichen Kontext entstanden und unterstützen das Drohen. Beim Ritualisieren der Beschwichtigungsgesten wurden sie außer Kraft gesetzt, d. h. verborgen. Einige Male jedoch scheinen auch bunte Strukturen sich geradezu im Dienste der Beschwichtigung entwickelt zu haben: z. B. das schwarze Nackenband der jungen Dreizehenmöwe (E. Cullen 3). Sicher gibt es noch mehr solcher Beispiele. Ich denke u. a. an die Verbeugung des Nachtreihers, die auch manche Züge der Beschwichtigung zu enthalten scheint, und an die Nackenzeichnung des Spießerpels. Das Vergleichen gibt uns aber auch noch verschiedene andere Anregungen. Auffallend viele Beschwichtigungsgesten entwickelten sich in einer Form, die als Umkehrung des Drohens erscheint. In nicht wenigen Beschwichtigungs- und in sehr defensiven Drohgesten drehen Möwen den Schnabel vom Partner weg und nicht wie in vielen Drohstellungen auf den Gegner zu. Grundsätzlich können die Vögel das auf vier verschiedene Arten machen: (1) durch Aufwärtszeigen, (2) durch waagerechtes Wegdrehen, (3) durch tiefes Nach-unten-Beugen und (4) durch einfaches Zurückziehen des Kopfes. Bei der letzten Form ist der Schnabel zwar noch auf den Gegner gerichtet, jedoch weitestmöglich ferngehalten. Daraus entstand die »Demutstellung« (Bd. 1, Abb. 10). Die erste Form mag zum »Nach-oben-Stößeln«, die zweite zum »Wegsehen« geführt haben. Diese Überlegungen zwingen, wie mir scheint, zu folgendem Schluß: Weil es nur diese vier Möglichkeiten gibt, entwickelten sich unabhängig voneinander (konvergent) bei recht verschiedenen Gruppen defensiven Drohgesten ähnliche Beschwichtigungsgebärden. Beispiele dafür habe ich an anderem Ort gegeben (TINBERGEN 22).

Es ist verführerisch und verspricht sehr fruchtbar zu sein, in Zukunft auch den Menschen in diesen Vergleich mit einzubeziehen. Sehr wahrscheinlich wird ein Vergleich des Lachens und ähnlicher Gesten der Primaten zu dem Resultat führen, daß diese bei uns und manchen Affen schon höchst ritualisierten, meistens freundlichen Bewegungsweisen von defensiven Drohgesten ableitbar sind. Ebenso lohnend wird es sein, das ganze Problem des Begrüßens in der oben dargestellten Weise zu analysieren. Es ist schon deshalb so wichtig, den Menschen zu diesem Vergleich mit heranzuziehen, weil wir nur dann die Parallele zwischen dem objektiv Wahrnehmbaren und dem Subjektiven aufdecken können. Es wäre allein schon interessant, das subjektive Korrelat zur Emanzipation der »Beschwichtigungs-« aus den »Drohgesten« herauszufinden. »Feindlich sein« und »freundlich sein« entspricht ganz verschiedenen Gefühlen. Beide müssen aber relativ eng miteinander verbunden sein. Das bisher von den Tieren Gelernte weist eindeutig darauf hin, daß in vielen »freundlichen« Äußerungen auch jetzt noch »Spuren der Feindschaft« zu finden sind.

Da ich bei dieser Gelegenheit den gesamten Fragenkomplex nur äußerst skizzenhaft behandeln konnte, werden vielleicht einige meiner Leser von der Schwäche meiner Argumente enttäuscht sein. Mein dringendstes Anliegen war aber, darauf hinzuweisen, daß unsere Methodik streng sein kann und muß. Ich bin davon überzeugt, daß alle voranstehend aufgeführten Erscheinungen einer streng objektiven Forschung tatsächlich viel leichter zugänglich sind, als oft angenommen wird. Ausreichend viele Tatsachen rechtfertigen die Erwartung, unsere Einsicht in die beim Tier wie beim Menschen sehr häufigen Erscheinungen der ambivalenten Motivation erheblich vertiefen zu können. Allerdings ist es dann notwendig, daß die mit den Vektoren »Verursachung« und »arterhaltende Funktion« ausgerüstete Kausalforschung und die methodisch ganz eigene Wege beschreitende vergleichende Forschung Hand in Hand gehen.

Zusammenfassung

Die Arbeit faßt unsere Kenntnisse über die von verschiedenen Tierarten in der Fortpflanzungszeit gezeigten Ausdrucksbewegungen kurz zusammen, wobei den Methoden der Erforschung ihrer arterhaltenden Funktion und ihrer Verursachung besondere Aufmerksamkeit geschenkt wird. *Drohgebärden* fördern Distanzvergrößerung, meistens zwischen Männchen und damit zwischen Brutpaaren; es haben viele Arten aber auch *Demuts-* oder *Beschwichtigungsgebärden*, deren Aufgabe es ist, artschädigenden Kampf zu verhindern. Drohgesten scheinen allgemein durch die gleichzeitige Aktivierung von Angriff und Flucht hervorgerufen zu werden; die proportionale Erregung dieser zwei Systeme ist aber offensichtlich von Fall zu Fall verschieden, und es gibt verhältnismäßig mehr ängstliche und mehr aggressive Drohgesten. Die Beschwichtigungsgebärden müssen einem Konflikt zwischen Angst und Bleiben-Wollen zugeschrieben werden. Beide Typen sind von jeder Art in eigener Weise ritualisiert worden.

Die *Paarbildungszeremonien* vieler Arten bestehen aus einer oder zwei Stellungen, die den Drohstellungen sehr ähnlich sind; ihnen folgt oft eine Stellung, die einer Beschwichtigungsgebärde stark ähnelt. Diese Stellungen scheinen im Dienste der Paarbildung selbst wieder ritualisiert worden zu sein; hierbei haben sie nicht nur ihre ursprüngliche Form, sondern auch ihre ursprüngliche Motivation geändert, nicht aber immer ganz verloren.

Der *Vergleich* der Paarbildungszeremonien verschiedener Möwenarten zeigt, daß vier verschiedene arteigene Stellungen die Zeremonie beenden können, von denen jede Beschwichtigungsfunktion zu haben scheint. Jede dieser vier Stellungen scheint von einer feindlichen, und zwar sehr ängstlichen Drohgeste oder aber von einer im feindlichen Kontext benutzten Beschwichtigungsgebärde herzurühren, die im Laufe der Evolution zu einer »freundlichen« Geste geworden ist. Es wird die Vermutung ausgesprochen, daß vergleichend-ethologische Erforschung der Ausdrucksbewegungen der Primaten für das Lächeln und das Lachen des Menschen einen ähnlichen Ursprung und vergleichbare Ritualisierung aufdecken dürfte. Die Arbeit betont die Notwendigkeit weiterer und strengerer Erforschung der besprochenen Verhaltensweisen.

Literatur

1 ANDREW, R. J. (1956): Some remarks on behaviour in conflict in situations, with special reference to *Emberiza* sp. Brit. J. Anim. Behav. 4, 41–45.

2 BATESON, P. P. G., und R. C. PLOWRIGHT (1954): Some aspects of the reproductive behaviour of the Ivory Gull. Ardea 47, 157–172.

3 CULLEN, E. (1957): Adaptations in the Kittiwake to cliff-nesting. Ibis 99, 275–302.

4 CULLEN, J. M. (1956): Unveröffentlichte Dissertation, Oxford University.

5 HEINROTH, O. (1911): Beiträge zur Biologie, namentlich Ethologie und Psychologie der Anatiden. Verh. 5. Intern. Ornithol. Kongr. Berlin 1910, 589–702.

6 HINDE, R. A. (1953): The conflict between drives in the courtship and copulation of the Chaffinch. Behaviour 5, 1–31.

7 – (1954): The courtship and copulation of the Greenfinch. Behaviour 7, 207–232.

8 HUXLEY, J. S. (1914): The Courtship habits of the Great Crested Grebe (*Podiceps cristatus*) with an addition to the theory of sexual selection. Proc. Zool. Soc. London 1914, 491–562.

9 IERSEL, J. J. A. van (1959): Ambivalent gedrag. Leiden (Antrittsrede).

10 KORTLANDT, A. (1959): Analysis of the pair-forming behaviour in the Cormorant, *Phalacrocorax carbo sinensis* (Shaw u. Nodd). Proc. 15th Intern. Congr. of Zoology London 1958, 839–841.

11 LORENZ, K. (1935): Der Kumpan in der Umwelt des Vogels. J. Orn. Lpz. 83, 137–213, 289–413. Neudruck ([17]1974) in: Über tierisches und menschliches Verhalten, Bd. I, 115–282. München (Piper).

12 – (1939): Vergleichende Verhaltensforschung. Verh. D. Zool. Ges. 69–102.

13 – (1941): Vergleichende Bewegungsstudien an Anatinen. J. Orn. Lpz. 89 (Festschrift Heinroth), 194–294. Neudruck ([11]1974) in: Über tierisches und menschliches Verhalten, Bd. II, 13–113. München (Piper).

14 – (1953): Psychologie und Stammesgeschichte, in: G. HEBERER: Die Evolution der Organismen. Stuttgart, 131–172. Neudruck ([11]1974) in: Über tierisches und menschliches Verhalten, Bd. II, 201–254. München (Piper).

15 MORRIS, D. (1956): The function and causation of courtship ceremonies. In: »l'instinct«, ed. P. GRASSÉ. Paris, 261–287.

16 – (1957): Typical intensity and its relationship to the problem of ritualization. Behaviour 11, 1–12.

17 MOYNIHAN, M. (1955): Some aspects of reproductive behaviour in the Black-headed Gull and related species. Behaviour Suppl. 4, 1–201.

18 – (1958): Notes on the behaviour of same north american gulls. III. Behaviour 13, 113–131.

19 SELOUS, E. (1909): Bird Watching. London.

20 TINBERGEN, N. (1940): Die Übersprungbewegung. Z. f. Tierpsychol. 4, 1–40.

21 – (1953): The Herring Gull's World. London.

22 – (1960): Comparative studies of the behaviour of gulls (Laridae). A progress report. Behaviour 15, 1–70; deutsch in: Das Tier in seiner Welt, Bd. 1, 21–96.

23 TUGENDHAT, B. (1959): Studies of the effect of thwarting in sticklebacks. Diss. Oxford. Behaviour 16, 159–87.

24 WEIDMANN, U. (1955): Some reproductive activities of the Common Gull, *Larus canus* L. Ardea 43, 85–132.

(Aus dem Zoologischen Institut der Universität Oxford)

15 Ethologie
(1969)

I

Seit einem halben Jahrhundert nehmen wir teil an der Entwicklung oder, sagen wir, Wiederbelebung einer Arbeitsrichtung, die heute als vergleichende Verhaltensforschung oder Ethologie weithin bekannt ist. Wie so manchen anderen Forschern fällt es auch Ethologen nicht leicht, ihre Wissenschaft zu definieren. Sie stimmen darin überein, daß ihre Untersuchungen vom sichtbaren Geschehen, von Bewegungen ausgehen sollen und unter biologischen Gesichtspunkten durchgeführt werden. Ich pflege zu sagen: Ethologie ist biologische Erforschung des Verhaltens. Diese Formulierung umfaßt sowohl die Ereignisse, die wir beobachten können, als auch die Arbeitsmethoden.

Einer der Wegbereiter der Ethologie, wenn auch nicht ihr Begründer, weil unmittelbare Nachfolger fehlten, war Charles Darwin (10, 11). Ihm war es gelungen, die Evolution der Pflanzen und Tiere durch die natürliche Auslese zu erklären, und mit bewunderungswürdiger Voraussicht erkannte er, daß seine Theorie, falls sie sich bestätigte, für alle Eigenschaften der Tiere gültig sein müsse, für Strukturen wie für Funktionen, also auch für Verhaltensweisen. In seinem Werk sind viele Beobachtungen enthalten, die wir heute ethologisch nennen würden. Über die Verhaltensmechanismen konnte man damals noch kaum etwas wissen. Das Entscheidende aber war, daß Darwin Bewegungsmuster ebenso wie Organe als notwendige Bestandteile der Ausstattung ansah, womit Tiere für den Daseinskampf gerüstet sind.

Dieser Gesichtspunkt wurde zunächst nicht weiter verfolgt. Bis weit ins 20. Jahrhundert hinein zog man in dem Bemühen, den Verlauf der Stammesgeschichte zu verstehen und nachzuzeichnen, die auffälligsten, nämlich körperliche Merkmale als Beweise heran, d. h. zumindest die Zoologen betrieben für lange Zeit ganz überwiegend vergleichende Anatomie.

Es gab wohl hin und wieder Ansätze zu biologischem Denken, doch dabei blieb es. Weder MORGANS (43) Ausführungen über Instinkt und Lebensweise noch WHITMANS (65) wohldurchdachte Vergleiche einfacher Verhaltensmuster oder JENNINGS' (29) Untersuchungen an Einzellern, um nur ein paar hervorragende Beispiele zu nennen, fanden den rechten Widerhall. Das ist mehrfach zu begründen: Die bestehenden Arbeitsgebiete, zu denen auch schon die Genetik gehörte, beanspruchten alle verfügbaren Kräfte; die Zahl der Biologen und ihr Ansehen selbst unter Wissenschaftlern waren nicht groß; Verhaltensabläufe schienen zu kompliziert, um sie genau zu beschreiben oder gar in Versuchen zu analysieren, und nicht zuletzt wirkten wohl auch religiöse Bindungen hemmend, weil das Verhalten der Tiere so peinlich an unser eigenes erinnert.

Zu Anfang dieses Jahrhunderts traten jedoch zwei Biologen hervor, die einen stärkeren Einfluß ausübten. In England widmete sich Julian HUXLEY (26, 27) der Beobachtung von Vögeln, besonders ihres Paarungsverhaltens, dessen stammesgeschichtliche Entwicklung er zu klären versuchte. Er vertrat die Ansicht, daß der Paarungserfolg vom Balzverhalten und den zugehörigen Strukturen abhängig sei und daß beide als Teile eines Signalsystems zusammengehören; folglich müsse jeder von beiden Partnern eines Paares die Selektionsdrucke ausüben, die im Verlauf der Evolution die Wirksamkeit dieser Signale verstärken. In Deutschland war es Oskar HEINROTH (19, 20), der eine Reihe von in der Form bescheidenen, in Wahrheit aber höchst gedankenreichen Arbeiten veröffentlichte, in denen er die Methoden der vergleichenden Anatomie auf Verhaltensmuster übertrug. Er wies darauf hin, daß viele Bewegungsweisen für Arten, Gattungen und sogar für Familien oder höhere taxonomische Einheiten kennzeichnend sind. Außerdem stellte er fest, daß viele dieser Verhaltensweisen »angeboren«, d. h. durch die Umwelt, in der ein Tier aufwächst, nicht oder nur sehr wenig veränderlich sind.

HEINROTH arbeitete ebenso wie HUXLEY hauptsächlich an Vögeln, und das ist wohl kein Zufall. Vögel sind, etwa im Vergleich zu einem Seestern mit seinen recht beschränkten Lebensäußerungen, regsame Tiere mit hochentwickelten Verhaltensweisen, die es zu ergründen lockt. Andererseits stehen sie uns selbst nicht so bedenklich nahe wie z. B. Affen.

Der Einfluß dieser beiden Pioniere war zunächst auf sachlich interessierte Vogelbeobachter begrenzt. Deren Arbeiten mehrten sich und erreichten zum Teil ein sehr hohes Niveau (z. B. VERWEY 63). Doch erst Konrad LORENZ wies mit seinem weitgespannten Programm der Verhaltensforschung den Weg. HUXLEY nannte ihn später den »Vater der modernen Ethologie«.

LORENZ hatte schon sehr früh von anderen unerreichte Kenntnisse über das Verhalten von Tieren aus eigener Anschauung erworben und versuchte als erster, es nach dem damaligen Stande der Forschung zu erklären. Nach eingehenden Untersuchungen des geselligen Lebens in seiner Dohlenkolonie (37, 38) und einer allgemeineren Schrift über das Sozialverhalten (39) veröffentlichte er 1937 eine kritische Auseinandersetzung mit SPENCER, MORGAN, MACDOUGALL und ZIEGLER, deren Ansichten, wie er hier darlegte, nicht zu den von ihm gefundenen Tatsachen paßten. Er entwarf nun gewissermaßen eine neue Fassung der Lehre DARWINS. Dabei baute er darauf auf, daß man relativ starre, immer wiederkehrende Verhaltenseinheiten unterscheiden kann, und verwies mit besonderem Nachdruck auf vergleichsweise einfache Bewegungsweisen, die jeweils eine veränderliche Handlungsfolge beschließen. Während der einleitenden Bewegungen scheint das Tier gerade die Bedingungen anzustreben, unter denen solche Instinkthandlungen, wie er sie nannte, ablaufen können. Seine überwiegend induktiven Schlüsse waren durch folgende Tatsachen gestützt: Unter ganz unnatürlichen Umständen können Instinkthandlungen manchmal völlig »danebengehen«; wenn der normale Ablauf einer Instinkthandlung lange Zeit verhindert wird, geht sie manchmal spontan »ins Leere«; Instinkthandlungen sind stammesgeschichtlich konservativ, so daß Arten und Gruppen höherer Ordnung hierdurch ebenso sicher gekennzeichnet sind wie durch Körpermerkmale; während das Jungtier heranwächst, entwickeln sich viele Verhaltensweisen nach einem inneren Programm, d. h. sie sind ihm »angeboren«; in manchen Fällen ist für die artgemäße Entwicklung ein besonderer Lernprozeß nötig, den LORENZ »Prägung« nannte und mit dem Vorgang der induktiven Determination in der Organentwicklung verglich; schließlich sind beim erwachsenen Tier angeborene und erworbene Verhaltensanteile, die teils mehr, teils weniger veränderlich sind, eng miteinander verflochten. An diesem Entwurf mußte zwar später einiges verändert, richtiggestellt und ausgefeilt werden, doch wie ein frischer Wind die Nebelschleier fortbläst, so weitete er den Ausblick auf neue unerforschte Gebiete. Es wird allzuoft vergessen (wozu seine Darstellungsweise beitragen mag), daß LORENZ ausdrücklich schrieb (S. 330): »Ich sehe jedoch keine Gefahr darin, meine Ansichten in schärfster Weise zu formulieren, solange wir uns bewußt bleiben, daß sie zum Teil noch reine Arbeitshypothesen sind, die zu ändern neue Tatsachen uns jederzeit zwingen können. Eines aber hoffe und glaube ich in überzeugender Weise dargetan zu haben: Daß die Erforschung der Instinkthandlung kein Feld für großangelegte geisteswissenschaftliche Spekulationen ist, sondern ein Gebiet, auf dem wenigstens vorläufig die experimentelle Einzelforschung allein das Wort hat.«

Wir wollen im Rückblick verfolgen, wie der Einfluß seiner Gedankengänge immer weiter spürbar wurde, zuerst in der Biologie, dann in der Psychologie und Psychiatrie, und wie andererseits auch die Ethologie von allen Seiten Anregungen aufnahm. Gewiß wird meine Skizze dieser weiteren Entwicklung persönliche Züge tragen und vielleicht auf meine Weise leicht angefärbt sein.

Eine kleine Schar von Zoologen begeisterte dieser neue Ansatz sogleich, nämlich solche, die sich wie ich schon mit der Beobachtung des Verhaltens von Tieren befaßten und tief enttäuscht waren, in der physiologischen und psychologischen Literatur keinerlei Anleitung zu finden. Auch ihnen war es aufgefallen, wie gleichförmig viele Verhaltensweisen, wie wenig veränderlich, stammesgeschichtlich gesehen, sie sind; daß sie offensichtlich spontan auftreten, was mit der Reflextheorie unvereinbar schien, und daß sie augenscheinlich großenteils für das Überleben des einzelnen und für den Fortpflanzungserfolg eine entscheidende Rolle spielen.

Was LORENZ vortrug, war ein weiträumiger Plan, und auch deshalb leuchtete er uns ein. Es wurden viel mehr Tierformen berücksichtigt als früher. Man bemühte sich, möglichst alles, was Tiere in ihrer natürlichen Umwelt tun, zu beschreiben und zu analysieren; man fragte nicht nur nach den Ursachen des Verhaltens, sondern auch nach seiner Bedeutung und seiner Stammesgeschichte.

Noch ehe seine Botschaft in weitere Kreise vordrang, führte LORENZ (41) zwei Punkte weiter aus, die in der ersten großen theoretischen Arbeit, die wir oben besprachen, noch nicht eingehend berücksichtigt wurden. Beide sind wichtig, weil sie die Physiologie des Verhaltens betreffen und später zu neurophysiologischen Untersuchungen Anlaß gaben. Viele nicht-erlernte Verhaltensweisen sind auslösbar durch Schlüsselreize – d. h. durch verhältnismäßig kleine Ausschnitte aus der gesamten Information –, die die Sinnesorgane dem Tier vermitteln können. Sie sind anscheinend so beschaffen, daß normalerweise der Schlüsselreiz genügt, um zu zeigen, worauf das Tier ansprechen soll, um die passende Antwort zu garantieren. Unter veränderten Umständen, etwa wenn der betreffende Schlüsselreiz in einem anderen Rahmen geboten wird, kann infolge dieser Bindung die

Antwort an etwas Falsches gerichtet werden. Dieses auswählende »Filtern« der Sinneseindrücke, wodurch nur der wirksame Schlüsselreiz »ankommt«, ist abhängig von der betreffenden Reaktion und vielfach auch vom inneren Zustand des Tieres. Diese Erscheinung fügte sich gut zu der wichtigen Frage der Physiologen und Kybernetiker, wie der Organismus die Aufnahme von Außenreizen überwacht.

Ein zweites Bindeglied war die innere, besonders die zentralnervöse Steuerung des Verhaltens. Ein anderer Eigenwilliger, der Physiologe Erich von HOLST (23), hatte nachgewiesen, daß den Fortbewegungsweisen, also Bewegungen, die kaum weniger kompliziert sind als Instinkthandlungen nach LORENZ, spontane autonome Rhythmen zentralnervöser Erregung zugrunde liegen. V. HOLSTS glänzende Untersuchungen auf diesem Gebiet mit eigenen neuen Methoden erreichten ihren Höhepunkt in der Analyse der »relativen Koordination« zentralnervöser Rhythmen und trugen viel dazu bei, daß auch die physiologischen Fragen, die LORENZ stellte, mit Interesse aufgenommen wurden.

Alle diese Arbeiten erschienen in deutschen Zeitschriften in deutscher Sprache, weshalb ihr Einfluß zunächst auf die deutsch lesenden Teile Westeuropas, besonders Deutschland und Holland, beschränkt blieb.

II

Über die weitere Entwicklung der Ethologie pflegte Otto KOEHLER zu sagen, sie habe, wie viele neue Ideen, drei Stadien durchlaufen. Zuerst blieb sie weitgehend unbeachtet. Als dann ihre Tragweite deutlicher zu werden begann, erregte sie heftigsten Widerspruch. Diese Auseinandersetzung schuf jedoch Berühungspunkte, und eine Zeit des gegenseitigen Austauschs von Meinungen und Erkenntnissen schloß sich an, die den Grund zur Zusammenarbeit legte. Danach dauerte es gar nicht lange, bis manche Ansichten so selbstverständlich schienen, als hätte man sich's nie anders gedacht. Auf einigen Gebieten der Verhaltensforschung treten wir jetzt in dieses dritte Stadium ein.

Kritik war zu erwarten; denn LORENZ und v. HOLST setzten sich mit ihren Vorstellungen allenthalben in Gegensatz zur herrschenden Meinung und mußten folglich Anstoß erregen. V. HOLST widerlegte die von den meisten Neurophysiologen anerkannte Reflextheorie, wonach die Fortbewegung der Tiere ausschließlich auf einfachen Reflexen beruhen sollte.

Daß Lorenz von angeborenem Verhalten sprach, war eine Herausforderung für amerikanische Psychologen, welche glaubten, die individuelle Entwicklung des Verhaltens werde hauptsächlich durch Lernprozesse gesteuert. Diese Überbetonung des Lernens ist sicher großenteils dadurch zu erklären, daß die amerikanischen Psychologen Fragestellungen aus dem menschlichen Bereich ohne weiteres auf Tiere übertrugen.

Beide brachten ihre Ansichten mit großer Sicherheit, ja herausfordernd vor. Sie sahen jeweils die anderen fest verschanzt, jedoch einseitig ausgerichtet auf ihrem Posten stehen und liefen dagegen Sturm. Der Gegenangriff ließ nicht auf sich warten, und beide Seiten führten ihren Kampf mit großer Leidenschaft. Doch gab es weder Sieger noch Verlierer; denn alle drei Fachrichtungen zogen daraus Gewinn.

Der Gegenangriff, der diese zweite Phase einleitete, kam in Gestalt einer »Kritik der Theorien von Konrad Lorenz«, mit der sich Lehrman (34) zum Sprecher vieler Gleichgesinnter machte.

Lehrmans Kritik war meiner Ansicht nach von großem Nutzen. Er sagte, es sei heuristisch wertlos, Verhaltensmuster oder deren Teile als angeboren oder erlernt zu klassifizieren. Man sollte statt dessen die Entwicklungsvorgänge untersuchen, auch solche, die der Ethologe angeboren nennt; denn selbst wenn sie, zugebilligt, unabhängig von bestimmten Außenfaktoren zustande kämen (z. B. wenn sie ohne jede Übung gleich beim ersten Mal richtig ablaufen müssen oder durch Reize ausgelöst werden, die das Tier vorher nie erlebt hat), könnten doch noch irgendwelche Umwelteinflüsse daran beteiligt sein, die nicht als Lernen im üblichen Sinne aufzufassen sind. Man solle sich nicht mit der Einteilung entweder-oder begnügen, sondern im einzelnen verfolgen, was geschieht. Gewiß hat Lehrman die Bedeutung früher Erfahrungen stark übertrieben und ethologische Untersuchungen der Verhaltensentwicklung nicht genügend ernst genommen; dadurch hätte er der guten Sache beinahe schwer geschadet. Dennoch erwiesen sich manche seiner Forderungen später als durchaus berechtigt.

Hinsichtlich der physiologischen Verhaltensanalyse warf Lehrman den Ethologen vor, sie schlössen allzu leicht bei unbekannten Mechanismen von ähnlichen Leistungen auf ähnliche Organisation. Ich glaube zwar, daß er hierbei den Scharfsinn der Biologen unterschätzt hat, doch gänzlich unbegründet war die Besorgnis nicht.

Ein dritter Angriffspunkt, den beiden vorigen verwandt, war die Unbefangenheit, mit der Verhaltensforscher bei Mensch und Tieren ähnliche

Mechanismen vorauszusetzen pflegten, sowohl in der Ontogenese wie in der Physiologie. Wie ich später noch ausführen werde, halten die Ethologen zwar immer noch Menschen und Tiere für ähnlicher organisiert, als viele Psychologen zugeben wollen. Wir sind uns unserer sehr mangelhaften Kenntnis des menschlichen Verhaltens vielleicht sogar noch deutlicher bewußt als sie. Außerdem haben wir aber Methoden ermittelt, die sich gut auf menschliches Verhalten anwenden lassen und unbedingt darauf angewendet werden sollten.

Schließlich wies LEHRMAN darauf hin, daß spontane Erregungsvorgänge im Zentralnervensystem, die als Ursachen von Verhaltensäußerungen den Ethologen so wichtig schienen, kaum bewiesen wären. Sie übersahen, wie er meinte, die Möglichkeit, daß doch auch periphere Reize mitsprechen könnten, etwa von Propriozeptoren, d. h. Sinnesorganen, die Zustände und Ereignisse im Inneren des Körpers melden, aber nicht, was außerhalb dessen geschieht, und darüber kann natürlich die Beobachtung des unverletzten Tieres keine Aufschlüsse geben.

Die Verbindung mit der Physiologie ließ zunächst noch auf sich warten, wahrscheinlich deshalb, weil ursprünglich sowohl Fragen wie Methoden gar zu verschieden waren. Die Neurophysiologen waren zu jener Zeit hauptsächlich mit Untersuchungen der Nervenfaser oder verhältnismäßig einfacher Nervensysteme beschäftigt, und weder SHERRINGTONS »Integrierende Tätigkeit des Nervensystems« (51) noch die Ergebnisse PAWLOWS ließen sich ohne weiteres auf höhere Leistungen übertragen. V. HOLST, ein Schüler des Physiologen BETHE, fand damals mit seinen Erwägungen bei den Verhaltensforschern mehr Gehör als bei den Physiologen. In deren Versuchen stellt man gewöhnlich fest, welche Folgen dieser oder jener Eingriff hat. Das führt zwangsläufig dazu, daß, wie v. HOLST zu sagen pflegte, schon aus methodischen Gründen die Aufmerksamkeit in andere Richtung gelenkt wird, fort vom unbeeinflußten Tier und somit auch vom »spontanen« Verhalten. Die Ethologen ihrerseits fanden nur wenige objektive Beschreibungen vor, um darauf aufzubauen, und wendeten deshalb ihre Zeit größtenteils zum Beobachten an, ohne ihre Schlußfolgerungen sogleich durch Experimente zu prüfen. So war der Abstand in jeder Hinsicht, auch in Begriffsbildung und Redeweise größer, als selbst diejenigen wahrhaben wollten, die verwandte Ziele erkannten und damit rechneten, daß sich in der Bewegungsphysiologie schließlich doch beide Wege treffen müßten. Die ersten Versuche der Ethologen, Verhalten zu »physiologisieren«, waren zweifellos naiv; z. B. die Bedeutung des Ruhestroms von Sinnesorganen für Fragen der »Spontaneität« und der Meldungen von Propriozeptoren für solche der Triebverminderung, wie auch der wichtige Begriff der Rückkopplung wurden keineswegs allgemein verstanden und beachtet. Andererseits nützte es uns für das Verständnis der Verhaltensmechanismen nichts, wenn PAWLOW (44) vom »Neugierreflex« sprach oder wenn später ECCLES (14) aufgrund neurophysiologischer Untersuchungen über den »Geist« spekulierte.

Es ist deshalb nicht weiter erstaunlich, daß Physiologen und Ethologen sich erst verhältnismäßig spät zusammenfanden und daß die Neurophysiologen hierbei zunächst eine recht zweifelhafte Miene aufsetzten.

Natürlich sind diese beiden Fächer eigentlich nicht scharf zu trennen, zumal die amerikanischen Psychologen zur Zeit der Begegnung mit der Ethologie schon über physiologische Arbeitsmethoden verfügten. Dennoch ist die Zweiteilung nicht unberechtigt; denn bei den Ethologen steht das Verhalten und bei den Neurophysiologen das Nervensystem im Mittelpunkt des Interesses.

Aus all diesen Gründen: weil sie nur wenig experimentierten, weil sie sich mit Dingen befaßten, an denen weder Psychologen noch Physiologen sonderlich gelegen war, weil sie auch nach dem arterhaltenden Wert und der Stammesgeschichte forschten, war es nahezu unvermeidlich, daß an der Arbeit der Verhaltensforschung von vielen Seiten Kritik geübt wurde. Es war aber ebenso unvermeidlich, daß diese Kritik häufig auf Mißverständnisse zurückging. Leicht hätte es bei dieser Lage zu versteifter Haltung und gegenseitiger Ablehnung kommen können. Doch bald fing man an, statt Einwände von sich zu weisen, sie anzuhören. Das war ermutigend. So mehrten sich die Berührungspunkte mit allen Wissenschaften, die es anging; es kam zur Gleichrichtung und zur Verschmelzung.

III

Nach dem Kriege haben alle Verhaltenswissenschaften einen raschen Aufschwung genommen. Innerhalb ihrer einzelnen Zweige war er aber zweifellos schon angebahnt. Psychologen hatten bereits von sich aus andere Versuchstiere, andere Probleme und neue Arbeitsmethoden gewonnen; Neurophysiologen bemühten sich, zu höheren Integrationsstufen vorzudringen, und Ethologen überprüften ihre Beobachtungen immer häufiger in Versuchen. Auch dies beruhte, wie ich betonen möchte, weitgehend auf

Anregungen von Lorenz. Da ich seit Mitte der Dreißiger Jahre mit ihm eng verbunden bin und selber zum Experimentieren neige, kann ich bezeugen, daß dieses ihm zwar weniger liegt, daß er aber durch die Art, wie er seine Hypothesen formuliert, viele Experimentalarbeiten angeregt, sie geleitet hat und es heute noch tut, wenn auch oft so indirekt, daß die Jüngeren es kaum noch merken. Sein Einfluß ist wohl am besten so zu umschreiben: Auch ohne seine Hypothesen hätte man in der Verhaltensforschung zu experimentieren begonnen; man wäre jedoch recht planlos, viel weniger zielstrebig vorgegangen. Ganz ohne Zweifel haben auch seine eingehenden vergleichenden Studien im Hinblick auf die Verhaltensevolution und die Wirkungen der natürlichen Auslese einen starken Anstoß gegeben – und gerade dieses Gebiet pflegen Neurophysiologen, vergleichende Psychologen und Humanpsychologen fast gänzlich außer acht zu lassen.

Eine sehr entscheidende Wende brachte der Beginn des Gedankenaustauschs mit benachbarten Fächern. Während die Verhaltensforscher nicht aufhörten, das, was sie als neu erkannt zu haben glaubten, anderen nahezubringen, lernten sie selber sehr viel hinzu. Das äußerte sich wohl am deutlichsten im wachsenden Interesse für die Ursachen dessen, was man sah, und führte zwangsläufig zur Verhaltensphysiologie. Die Ethologie hat sich jedoch eine Offenheit bewahrt, die man in anderen Fachrichtungen und selbst in anderen Bereichen der Biologie kaum findet. Ich glaube, daß Nicht-Biologen und sogar manche meiner Mit-Biologen die ganze Tragweite dessen, was die Lebenskunde mit all ihren Teilgebieten umschließt, nicht immer recht ermessen. Mit einer leichten Abwandlung von Huxleys Bemerkung über die »drei Hauptprobleme der Biologie«, nämlich Ursachen, Leistungen und Stammesgeschichte, sehe ich zwei Hauptaufgaben vor uns: die Frage nach den Ursachen und die Frage nach der Funktion im Hinblick auf ihren arterhaltenden Wert. Das besagt, wir beobachten etwas und überlegen: »Wie kommt es dazu?« und »Was bedeuten die Folgen dessen, was da geschieht, für die Aussichten des Tieres, zu überleben und sich fortzupflanzen?« Die erste Frage läßt sich grob in drei Fragen unterteilen, je nach den Zeiträumen, die sie umfassen. Bei Ereignissen mit kurzfristiger Wiederholung, wie der Nahrungsaufnahme oder dem Wechsel zwischen Fortpflanzungszeit und Fortpflanzungsruhe, wird die »Maschinerie« untersucht, die solche Zyklen ursächlich antreibt. Das ganze Leben eines Tieres gilt als ein einziger großer Kreislauf, während dessen sich sein Verhalten entwickelt und verändert; wiederum fragt man, warum? Schließlich folgt Generation auf Generation, in deren Abfolge sich die Form der individuellen Entwicklung allmählich wandelt; jetzt untersuchen wir Stammesgeschichte. Obwohl diese drei Vorgänge stets ineinandergreifen, birgt jeder von ihnen andere Probleme. Vor allem unterscheiden sich die beiden ersten vom dritten dadurch, daß hier die Ereignisse sich immer neu wiederholen, so daß man Versuche anstellen kann. Die Stammesentwicklung dagegen ist ein fortlaufendes Geschehen; jeder Schritt ist einmalig und nicht wiederholbar. Deshalb sind wir letzten Endes auf indirekte Schlüsse angewiesen; wir müssen rekonstruieren, was früher einmal war. Daran ändert auch die Tatsache nichts, daß man – nach dem »Prinzip der Aktualität« oder der Gleichartigkeit der zugrunde liegenden Mechanismen während der ganzen Vergangenheit – Einzelfragen der Evolution im Versuch nachprüfen kann.

Wenn wir nach den Aufgaben fragen, die verschiedene Lebensvorgänge erfüllen, ist das anders einzustufen. Lebewesen, die »negative Entropie aufbauen«, scheinen den physikalischen Gesetzen zu widersprechen; sie erhalten sich scheinbar in einem instabilen Zustand. Da wir aber sehen, daß Tiere trotz aller Gefahren am Leben bleiben, sich fortpflanzen und sich entwickeln, wundern wir uns, wie sie das fertigbringen. Wäre das Überleben dieser Systeme, seien es Gruppen oder Einzelwesen, der Ausgangspunkt unserer Feststellungen, so gäbe es in der Biologie nur Ursachenforschung. Wir müssen jedoch nach beiden Richtungen blicken: rückwärts, um die Ursachen, und vorwärts, um die Folgen zu sehen; denn nur so sind wir imstande zu erkennen, was diese Folgen zum Überleben beitragen können. Wie Darwin es lehrte, sehen wir die Tiere in ihrer heutigen Form als das Ergebnis der natürlichen Auslese an, die Überlegenes begünstigt. Und wenn wir wissen wollen, wie das geschieht, müssen wir beides ins Auge fassen. Allerdings, ob man nun nach Gründen oder nach Folgen des Geschehens sucht, die Arbeitsweise bleibt dieselbe: Man bemüht sich, die Beziehungen zwischen Ursache und Wirkung zu finden, letzten Endes im Experiment.

In einer Wissenschaft wie der Ethologie, die eher durch Ereignisse, die man beobachten kann, gekennzeichnet ist als etwa durch eine Tierform (z. B. Ornithologie), eine Fragestellung (Physiologie) oder eine Methode (experimentelle Embryologie), ist Aufgeschlossenheit für alle diese Probleme zu erwarten, und dank diesem umfassenden biologischen Interesse kann sich die Verhaltensforschung im Vergleich mit der Masse physiologischer und psychologischer Studien durchaus sehen lassen.

Auf der Suche nach den Ursachen sich kurzfristig wiederholender Ereignisse in der Verhaltensphysiologie sind die von LORENZ ursprünglich geäußerten Vorstellungen teils ausgearbeitet, teils berichtigt und durch neue Fragen erweitert worden. Nach LORENZ sind bestimmte Verhaltensabläufe, wie etwa die Nahrungssuche, aus mehreren Teilhandlungen zusammengesetzt. Die einleitende Phase, die er mit CRAIG (6) Appetenzverhalten nannte, ist gekennzeichnet durch starke innere Antriebe oder »Spontaneität«, durch unregelmäßige Reihenfolge und Veränderlichkeit der Bewegungsweisen sowie dadurch, daß es so lange fortgesetzt wird, bis das Tier in die Reizsituation gelangt, die das nächste Glied der Handlungskette in Gang setzt. So macht ein hungriges Tier sich auf, Futter zu »suchen«, und erst, wenn es tatsächlich etwas Verlockendes bemerkt, schaltet es um auf Beutefang, Verzehren usw. Den Abschluß solch einer Verhaltensfolge bildet gewöhnlich eine vergleichsweise starre, unveränderliche Endhandlung (CRAIG) oder Instinkthandlung (LORENZ), wodurch zugleich die Bereitschaft, dasselbe Verhalten fortzusetzen oder zu wiederholen, mehr oder weniger plötzlich absinkt. Dabei schien es LORENZ besonders wichtig, daß das Tier weitgehend von innen her zu seinem Tun getrieben wird, daß Teilhandlungen, die funktionell zusammengehören, auch ursächlich miteinander verbunden sind, indem sie in bestimmter Weise aufeinander folgen, und daß mit der Endhandlung der Antrieb zu eben dieser Verhaltensfolge erlischt. Hieraus schloß er auf die »aktionsspezifische Energie«, ein mehr oder weniger bildlich gemeinter Sammelbegriff für noch unbekannte Prozesse, die nicht so sehr auf die allgemeine Aktivität als vielmehr auf ganz bestimmte Handlungsfolgen Einfluß haben. Er beobachtete, wie sich die Handlungsbereitschaft ändert: Wenn man dem Tier lange keine Gelegenheit gibt, gewisse Handlungen durchzuführen, dann spricht es mit der Zeit immer leichter auf normalerweise ungenügende Reize an, und wenn sie ihm schließlich doch geboten werden, läuft das betreffende Verhalten, je länger die Wartezeit, desto vollständiger ab. Im äußersten Falle, wenn die notwendigen Außenreize gar zu lange gänzlich fehlen, können die Bewegungen sogar spontan ins Leere ablaufen. LORENZ ging noch einen Schritt weiter, indem er die aktionsspezifische Energie einer bestimmten Gruppe innerer Antriebe gleichsetzte, nämlich den Steuerungsprozessen im Zentralnervensystem, die ihm mit den Automatismen v. HOLSTS verwandt zu sein schienen. Da er die Möglichkeit, daß auch propriozeptive oder sogar äußere Reize für die Triebverminderung beim Ablauf der Endhandlungen verantwortlich sein könnten, nicht in

Betracht zog, führte er diese allein auf den Verbrauch aktionsspezifischer Energie zurück. Eine Modellzeichnung sollte seine Vorstellung anschaulich machen: Ein Bottich mit mehreren Abflüssen füllt sich langsam mit Wasser, d. h. mit aktionsspezifischer Energie. Werden die Verschlüsse (durch auslösende Reize) gelöst, so fließt das Wasser aus (Endhandlung). Unterbleibt das aber, so bahnt sich endlich die aufgestaute Flüssigkeit selbst ihren Weg (Leerlauf).

Obgleich LORENZ seine Hypothese zu eng gefaßt und in diesem Modell übermäßig vereinfacht dargestellt hatte, war es zweifellos außerordentlich wichtig, daß er das Vorhandensein starker spezifischer innerer Antriebe so sehr betonte. Neuere Untersuchungen über den Ruhestrom verschiedener Sinnesorgane, d. h. deren Einfluß auf das Zentralnervensystem ohne äußere Reizung, lassen darauf schließen, daß manche Verhaltensmuster, z. B. regelmäßige Schwimmbewegungen, von solchen unspezifischen Anregungen abhängig sein können. Welcher Art dieser Einfluß ist, bleibt weitgehend offen; wenn er aber gänzlich fehlt, hört das Schwimmen auf (LISSMANN 36). Die Annahme spontan erzeugter zentralnervöser Rhythmen ist nicht unvereinbar mit der Ansicht, daß Hormone, deren Bedeutung für das Verhalten wohlbekannt ist, unmittelbar darauf einwirken können. Wie sich inzwischen herausgestellt hat, gilt das jedoch nicht immer. Fortpflanzungshormone steuern Wachstumsvorgänge, z. B. in Sinnesorganen, die erst dann ihrerseits imstande sind, das Nervensystem zu erregen. Unmittelbare Wirkungen von Hormonen auf das Zentralnervensystem, besonders im Hypothalamus, wurden ebenfalls nachgewiesen (HARRIS, MICHAEL und SCOTT 17). Außerdem haben Neurophysiologen immer mehr Beispiele dafür gefunden, daß Nervengewebe sehr viel mehr tut, als bloß zu warten, bis es zum Tätigsein angeregt wird. Nach heutiger Meinung sind gewisse Zellgruppen ständig aktiv, jedoch meistens so lange gehemmt, bis andere Zentren oder Sinnesreize sie enthemmen, so daß geordnete Bewegungen ablaufen können (vgl. z. B. ROEDER 46). Diese Form der Aktivität wird von verschiedenen, zum Teil extraneuralen Faktoren geregelt. Die »endogenen« Leistungen des Zentralnervensystems werden darum jetzt als Beziehungen, nicht selten Ungleichgewichte zwischen Eingängen und Ausgängen verstanden; kurz gesagt, man untersucht das, was sich innerhalb des Zentralnervensystems abspielt.

Ähnlich hat das Konzept der triebverzehrenden Wirkung der Endhandlung neue Forschungen angebahnt. LORENZ' »hydraulisches« Modell wich in einem wesentlichen Punkt von biologischen Systemen ab, die es verdeutlichen sollte, nämlich in der Fähigkeit zur Selbstregulierung. Die Kybernetik, die erst auf Umwegen über technische Wissenschaften und Physiologie in die Verhaltensforschung Eingang fand, brachte die Erkenntnis, daß, wenn der Ablauf der Handlung »als solcher« die Bereitschaft dazu verringert, irgendeine negative Rückkopplung vorliegen müsse. So fing man an, nun auch in komplizierteren Verhaltenssystemen nach Rückkopplungen im Zusammenhang mit Triebverminderung durch Endhandlungen zu suchen, und fand von Fall zu Fall sehr Verschiedenes vor: Die Sättigung nach der Nahrungsaufnahme ist wenigstens teilweise bedingt durch negative Rückkopplung von diesem oder jenem Abschnitt des Verdauungsapparates (BERKUN, KESSEN und MILLER 2, DETHIER und BODENSTEIN 13). Das Schwinden des Paarungsverhaltens wird beim Stichling nicht etwa durch die Abgabe des Spermas, sondern durch Eireize bewirkt (SEVENSTER-BOL 50), und zwar über eine ungewöhnlich weite Rückkopplungsschleife; denn das Weibchen legt die Eier in Antwort auf Verhaltensweisen des Männchens, die es vor der Spermaabgabe ausführt. Hier richtet sich das Tier nach »reafferenten« Reizen, d. h. solchen, die Auskunft geben über das, was es selbst getan hat. Andererseits endet der Herbstzug der Stare, wenn sie eine gewisse Zeit oder eine gewisse Strecke geflogen sind, jedoch nicht, wenn sie ein bestimmtes Ziel erreichen (PERDECK 45). Bei einem Schmetterling fand BLEST (3), nachdem er alle erdenklichen extraneuralen Meldungen einschließlich derer von Propriozeptoren ausgeschaltet hatte, daß die nach einem Flug verminderte Bereitschaft zu fliegen auf Rückkopplung im Zentralnervensystem selber beruhen müsse – ein Beispiel, das sogar noch besser zu LORENZ' Annahmen paßt als die Befunde von PERDECK.

Von LORENZ angeregt, versucht man weiterhin den Aufbau komplexer funktionell einheitlicher Verhaltensmuster zu analysieren, und auch hierbei entsteht ein Bild, das vielfältiger und abwechslungsreicher gestaltet ist, als ursprünglich vermutet. Die grundlegende Tatsache, daß zusammenwirkende Verhaltensanteile stets in bestimmter Reihenfolge auftreten, ist mit größerer Genauigkeit vielfach bestätigt worden; eine der hierfür üblichen Methoden ist die Faktorenanalyse (WIEPKEMA 67). Die geregelte Abfolge der funktionell miteinander verbundenen Teilhandlungen ließ darauf schließen, daß sie irgendwie auch ursächlich zusammenhängen müssen. Tatsächlich sind sie viel kunstvoller miteinander verknüpft, als zu erwarten schien. Wir stellten uns vor, daß einheitliche Triebe als übergeordnete Instanzen alle von ihnen abhängigen Untergruppen kontrollierten, etwa durch verhältnismäßig einfache Schwellenunterschiede oder verschiedene Beziehungen der einzelnen Anteile zu qualitativ verschiedenen Reizen. Es sind aber netzartig verwobene Wirkungsgefüge, die den großen Verhaltenssystemen zugrunde liegen, mit vielen Rückkopplungen und gegenseitigen bahnenden oder hemmenden Wechselwirkungen auf und zwischen den einzelnen Stufen. So haben die Untersuchungen des Fortpflanzungsverhaltens von Vögeln (LEHRMAN 35, HINDE 21, 22) längst über den bloßen Nachweis der Hormonabhängigkeit hinausgeführt. Diese Botenstoffe regeln Wachstumsvorgänge nicht nur an anderen Orten der Hormonerzeugung, sondern auch in Sinnesorganen und ausführenden Organen, über zahlreiche Rückkopplungen und Verbindungen zwischen den einzelnen Wirkungsketten. Andererseits können die hormonerzeugenden Drüsen auch durch Außenreize angeregt werden, die ihrerseits zum Teil auf frühere Hormonwirkungen zurückzuführen sind. So wird der Brutzyklus von Täubinnen durch Reize beeinflußt, die der balzende Täuberich sendet. Kanarienvögel bauen unter dem Einfluß des weiblichen Geschlechtshormons Östrogen ihr Nest, bis die Mulde fertig ist. Damit endet dieser Abschnitt des Nestbaues, aber zugleich verringert sich auch die Produktion von Östrogen. Dieses und ein zweites Hormon sorgen dafür, daß sich während dieser Zeit am Bauch des Weibchens der Brutfleck entwikkelt, der besonders tastempfindlich ist. Er meldet daher, wenn das Weibchen in der Mulde sitzt, starke Berührungsreize, was dieses veranlaßt, weiche Stoffe, z. B. Federn, zu suchen, um damit das Nest auszupolstern. Das Diagramm, worin HINDE (22, S. 302) die bisher bekannten oder vermuteten positiven und negativen Wechselwirkungen zwischen den Hormonen, den physiologischen und Verhaltensänderungen sowie den Außenreizen zusammenfaßt, zeigt folglich ein vielfach verschlungenes Netzwerk.

Fortpflanzungshormone können demnach auf Umwegen das Verhalten steuern, aber auch direkt, was HARRIS, MICHAEL und SCOTT (17) durch Hormonimplantate ins Gehirn bewiesen. Außerdem können durch elektrische Reizung des Stammhirns schon mit sehr einfachen Rhythmen recht komplizierte Verhaltensmuster hervorgerufen werden, die auf eine hierarchische Gliederung der ausführenden Systeme schließen lassen (v. HOLST und v. ST. PAUL 25).

Es ist schwer abzuschätzen, inwieweit der Begriff der aktionsspezifischen Energie diese Arbeiten gefördert hat. Gewiß wurde dadurch die Aufmerksamkeit auf Fragen der Steuerung von Verhaltensweisen gelenkt, und obwohl es sicher eine zu starke Vereinfachung war, so vieles auf mehr oder weniger autonome zentralnervöse Mechanismen zurückzuführen, spielen sowohl die spontanen wie auch die integrierenden Leistungen des Zentralnervensystems eine noch viel wichtigere Rolle, als damals zu erkennen war. Die Vorstellung von einheitlichen Trieben hat überdies bei der Analyse des Konfliktverhaltens anfangs treffliche Dienste geleistet; denn Balz- oder Drohbewegungen entstehen häufig aus dem Widerstreit zweier übergeordneter Verhaltenssysteme (TINBERGEN 58). Für genauere Untersuchungen wird es jedoch immer notwendiger, den Aufbau solcher funktionell zusammenhängender Gefüge bis ins einzelne zu kennen.

In steigendem Maße versucht man auch, die Verarbeitung von Meldungen der Sinnesorgane besser zu verstehen. Daß die Bereitschaft, auf Außenreize zu reagieren, veränderlich ist, war längst bekannt. Doch erst neuerdings beginnen Physiologen zu verfolgen, was für Nachrichten die Zentren aussenden, von denen die Empfindlichkeit der Sinnesorgane »eingestellt« und sogar ein Teil der Eingänge »herausgefiltert« wird. Solch eine zentrifugale Regulierung der Sinneseingänge durch Hemmung kann gut auf verschiedene Weise und auf verschiedenen Stufen verwirklicht sein. Im Ohr der Katze scheint es eine Zellgruppe in unmittelbarer Nachbarschaft der Sinneszellen zu sein, die durch den »RASMUSSENS Bündel« genannten abführenden Nerven gehemmt werden kann, Hörreize weiterzuleiten (DESMEDT und MONACO 12).

Von gleicher Bedeutung sind die jetzt in größerem Umfange durchgeführten Untersuchungen der Reafferenz, d. h. der Verarbeitung von Meldungen der Sinnesorgane über das, was das Tier tut, so daß es die Folgen seiner eigenen Bewegungen selbst überprüfen kann. Besonders aufschlußreich sind Arbeiten über die Beziehungen zwischen »Befehlen«, die vom Zentrum ausgesandt werden, und den zugehörigen Reafferenzen. Diese haben einen viel größeren Wirkungsbereich, als nur »Triebe« zu vermindern; sie werden sozusagen mit einer »Schablone« verglichen, mit einer »Erwartung«, wie diese Reize beschaffen »sein sollten«. Je nachdem, wie der Vergleich zwischen Erwartung und tatsächlicher Rückmeldung ausfällt, wird über das nächstfolgende Verhalten entschieden. V. HOLST und MITTELSTAEDT (24) haben in einfachen Versuchen gezeigt, daß solch eine Schablone recht ausgeprägte Züge aufweisen kann und daß sie sich mit dem Innenzustand des Tieres ändert. Wir wollen dies etwas genauer betrachten. Wenn ein Tier seine Stellung in bezug auf seine sichtbare Umgebung verändert, indem es entweder sich selbst bewegt oder, unbeweglich, etwas sich bewegen sieht, wandert das Abbild der Außenwelt über die Netzhaut des Auges. Treffen die Reize ein, während es stillhält, so antwortet es mit Korrekturbewegungen (Optomotorik), wodurch es die ursprüngliche Beziehung wiederherstellt. Bewegt es sich aber aus eigenem Antrieb in ruhender Umgebung, so verschiebt sich das Netzhautbild ebenso, jedoch ohne daß das Tier diese Veränderung korrigiert. Bei einer Schwebfliege haben v. Holst und Mittelstaedt nachweisen können, daß in diesem zweiten Falle die optomotorische Reaktion nicht einfach gehemmt wird, sondern das die Fliege beide Male Rückmeldungen von den Augen erhält. Ausgleichsbewegungen folgen jedoch nur dann, wenn diese Nachricht mit der Erwartung nicht übereinstimmt: Falls das Tier stillhält, also nicht mit einer Bildverschiebung rechnet, muß diese Bewegungen außerhalb seiner selbst bedeuten; falls es sich aber selber bewegt, *sollte* das Netzhautbild sich verschieben, und das wird von den Zentren mit einkalkuliert. Mit anderen Worten: bei jeder Bewegung werden die verarbeitenden Zentren über den zu erwartenden »Sollwert« informiert oder, funktionell gesehen, den »Nullwert«, nämlich die Schablone, zu der die Reafferenz haargenau paßt. Die Meldung, die tatsächlich eintrifft, wird mit dem Sollwert verglichen, und Abweichungen zwischen beiden führen die Ausgleichsbewegungen herbei. Der Erwartungswert ist also auf Eigenbewegungen des Tieres abgestimmt. Ähnliche Vorgänge lassen sich auch beim Menschen nachweisen und sind wahrscheinlich sehr weit verbreitet.

Dieses Arbeitsgebiet liegt, ebenso wie manche andere, mitten zwischen Ethologie und Neurophysiologie. Das Gleiche gilt für Forschungen über die Verrechnung einzelner Sinnesdaten zu Meldungen höherer Ordnung, wie sie Sutherland (53), Waterman, Wiersma und Bush (64) für das Formensehen und Hassenstein (18) für das Bewegungssehen durchgeführt haben. So werden die Grenzen zwischen den Fächern allmählich überbrückt, und das war zu erwarten, weil diese Probleme zwar auf verschiedenen Integrationsstufen, jedoch mit grundsätzlich gleichen Methoden angegangen werden, wobei allerdings die Begriffe, Techniken und Redeweisen, die jede dieser Fachrichtungen für ihre Stufe entwickelt hat, im einzelnen verschieden bleiben.

Mit dem Studium der Verhaltensentwicklung sind wir gleichfalls gut vorangekommen, wenn auch zwischen amerikanischen Psychologen und (besonders den deutschen) Ethologen die Meinungen über die Arbeitsweisen und sogar über die Forschungsziele beträchtlich auseinandergehen;

neuere Veröffentlichungen zweier führender Vertreter dieser beiden Gruppen, LORENZ (42) und SCHNEIRLA (47), lassen dies deutlich erkennen. Englische Ethologen stehen ungefähr in der Mitte.

Die Auseinandersetzung begann, als LORENZ (38, 39) anhand zahlreicher Beispiele darlegte, daß Tiere artgemäße komplexe Verhaltensweisen, oft als Antwort auf ganz bestimmte Reizsituationen, auch dann zeigen, wenn sie vorher keinerlei Gelegenheit hatten, sie durch Übung oder von Vorbildern zu erlernen oder sich die auslösenden Reize einzuprägen. Er wandte sich gegen die weitverbreitete Ansicht amerikanischer Psychologen, Lernvorgänge und andere Einwirkungen der Außenwelt während des Wachstums seien die wichtigsten oder sogar einzigen Bestimmungsfaktoren der Jugendentwicklung. LORENZ unterschied zwischen zwei Gruppen, den angeborenen und den erworbenen Verhaltensweisen, und legte das Schwergewicht auf die innere Steuerung der Entwicklung.

Weiterhin ging man in beiden Lagern nach verschiedenen Methoden vor. Die Ethologen bemühten sich nachzuweisen, daß Verhaltensmuster, an deren Ausformung Lernvorgänge einigen Anteil zu haben scheinen, sich oft auch unabhängig davon normal entwickeln. So zeigte GROHMANN (16), daß junge Tauben fliegen können, selbst wenn man ihre »Flugübungen« im Nest verhindert. Auch die Antworten auf innerartliche Signale bedürfen großenteils keiner Erfahrung (Zusammenfassung z. B. bei TINBERGEN 57). Die Psychologen untersuchten natürlich Einwirkungen der Umwelt, und sie stützten sich natürlich auch bevorzugt auf die Ergebnisse, die ihrer Erwartung entsprachen. Während also die Ethologen unbestreitbar auf viel breiterer Front vorgingen, um die verschiedensten Möglichkeiten zu erfassen, drangen die Psychologen tiefer in die Fragen des Lernvermögens ein.

Hiermit eng verbunden sind Unterschiede der Zielsetzung, die sich erst allmählich herausgestellt haben. Schon LEHRMAN (34) führte aus, man solle die gesamte Entwicklung von den frühesten Stadien an untersuchen, und zwar nicht nur hinsichtlich des Lernens, sondern auch in bezug auf andere mögliche Außeneinflüsse. LORENZ sagte (42): »*Da wir keine experimentellen Embryologen*, sondern Verhaltensforscher sind, beginnt unsere Aufgabe nicht mit dem Einsetzen des Wachstums, sondern wenn ... angeborene Mechanismen funktionstüchtig werden« (S. 43, hervorgehoben von N. T.). Mit LEHRMAN und vielen englisch sprechenden Ethologen glaube ich, daß wir uns mit dem gesamten Entwicklungsprozeß befassen *sollten*, daß wir Verhaltensentwicklung nur dann von Grund auf verstehen können, wenn wir auch alle Methoden der experimentellen Embryologie darauf anzuwenden versuchen.

Angesichts dieser Uneinheitlichkeit der Neigungen, Absichten und Methoden ist eine förderliche Diskussion nicht möglich, ohne vorher die Ausdrucksweise zu klären.

Stichlingsmännchen, die von Artgenossen isoliert aufgezogen wurden, richten als Erwachsene normales Kampfverhalten ausschließlich gegen arteigene Männchen (CULLEN 9). Das ist nach LORENZ eine »angeborene Reaktion«. Streng genommen heißt das hier, daß kein erwachsenes Männchen als Vorbild, kein »Lehrer« sie beeinflußt haben kann und daß der Stichling weder zum Üben noch zum Erlernen der auslösenden Reize Gelegenheit hatte. Es ist demnach eine *nicht-erlernte* Reaktion; sie ist, wie BEACH (1) schon vor langer Zeit bemerkte, negativ definiert. Wer die gesamte Entwicklung ins Auge faßt, bezeichnet als angeboren nur das, was ohne jede Einwirkung der Außenwelt zustande kommt, was nicht zu irgendeiner Zeit und auf irgendeiner Stufe durch solche Einwirkungen erworben worden sein kann. Nun weiß man z. B., daß sich bei Kaulquappen die Stäbchen der Netzhaut (eine der beiden Formen lichtempfindlicher Zellen) nur dann vollwertig ausbilden können, wenn sie rechtzeitig dem Licht ausgesetzt werden (KNOLL 30). Gewiß kann man das nicht Lernen nennen. Es ist jedoch ein Umweltreiz nötig, damit dieser Teil des Sehapparates richtig zustande kommt. Im engsten Sinne darf man folglich von diesem Zeitpunkt an weder bei Kaulquappen noch bei den Fröschen irgendeine ihrer Antworten auf Sehreize als angeboren bezeichnen, selbst wenn nichts hinzugelernt wird. Solange man die frühesten Entwicklungsstadien nicht kennt, ist es unmöglich, solche Einflüsse auszuschalten; wie mir scheint, wurzelt an dieser Stelle die Überzeugung vieler Psychologen und englisch sprechender Ethologen, daß eine so scharfe Unterteilung in angeborenes und erworbenes Verhalten nicht weiterführt, es sei denn, man gibt dem Wort angeboren genau den Sinn, den LORENZ ihm beilegt.

In anderen Fällen ist gegen diese Bezeichnung nichts einzuwenden. Wenn zwei Gruppen von Tieren in derselben Umgebung aufwachsen (eine Forderung, die allerdings oft schwer zu erfüllen ist) und jeweils verschiedene Verhaltensweisen entwickeln, dann müssen diese Unterschiede im wahrsten Sinne des Wortes angeboren sein, genauer gesagt: sie gehen auf genetische Unterschiede zurück, und der Entwicklungsforscher strebt ja letzten Endes an zu erfahren, wo und wie die erblichen Informationen zu henden Ergebnissen führen. Dasselbe gilt, wenn Tiere in verschiedener Umgebung Ähnlichkeiten entwickeln.

Die Zweiteilung ist, wie LORENZ feststellte, auch dann vollkommen berechtigt, wenn man sich fragt, woher das Tier seine Informationen bezieht, von innen oder von außen. Die Männchen vieler Entenarten müssen sich frühzeitig auf arteigene Weibchen »prägen«. Die Weibchen hingegen bevorzugen Männchen der eigenen Art, selbst wenn man sie mit Artfremden aufzieht (SCHUTZ 49). Selbstverständlich ist die innere Programmierung ihrerseits das Ergebnis eines Versuchs- und Erfolgsverfahrens der Umwelt, das der Evolution ihre Richtung gibt und das wir natürliche Auslese nennen.

Ungeachtet all dieser Widersprüche passen die Forschungen beider Fachgebiete gut zusammen. Der oben erwähnte Befund, daß Kaulquappenaugen sich nur im Licht normal entwickeln, stammt von einer Zoologin; die Genetik des Verhaltens wird großenteils in amerikanischen Laboratorien für Psychologie untersucht. Die Unstimmigkeiten müssen daher hauptsächlich in der Redeweise und in den vorherrschenden Interessen liegen: Den Psychologen sind die Einflüsse der Umwelt, den Ethologen die Innenfaktoren besonders wichtig.

Wie geht es nun weiter? Aus der Beschreibung der Jugendentwicklung verschiedener Tiere kann man entnehmen, wie sich das »Getriebe« des Verhaltens mit der Zeit verändert. Indem man Tiere unter verschiedenen Bedingungen aufzieht, kann man erkennen, welche Umweltfaktoren auf die Entwicklung Einfluß haben und welche nicht. Bei der darauf folgenden Analyse der zugrunde liegenden Vorgänge scheiden sich die Geister. Man sollte sich nicht damit begnügen nachzuweisen, was keinen Einfluß hat, sondern die Vorgänge im Inneren des Tieres selbst untersuchen, was nur durch Eingriffe möglich ist; das scheinen mir die Verfechter des »angeborenen« Verhaltens oft zu vergessen. Andererseits vergessen augenscheinlich diejenigen, die für »erworbenes« Verhalten streiten, daß das Erwerben einschließlich des Lernens nicht etwa Neuschöpfung bedeutet; es wird vielmehr durch die Auseinandersetzung mit der Umwelt etwas, das vorher schon in Betrieb war, (oft vorteilhaft) verändert. So bringen die Katzenmutter und ihre Kinder eine Anzahl von Verhaltensweisen mit, die wechselweise immer besser aufeinander abgestimmt werden (SCHNEIRLA, ROSENBLATT und TOBACH 48). Weitere Beispiele liefert der Vogelgesang. Buchfinkenmännchen, die in ihrer Jugend keine Gelegenheit hatten, ältere erfahrene Männchen singen zu hören, entwickeln niemals den normalen

Finkenschlag, sondern einen einfacheren schwätzenden Gesang (THORPE 55).

Wie schon am Kaulquappenbeispiel erkennbar, ist es ferner sehr wichtig, die Entwicklungs- und die Integrationsstufen deutlich auseinanderzuhalten.

Was diese Tatsachen für unsere Frage bedeuten, ist vielleicht am besten durch folgenden Vergleich anschaulich zu machen. Gesetzt den Fall, ich baue mir für Forschungszwecke eine Apparatur und beauftrage eine Fabrik, mir eine Metallplatte mit den und den Maßen zuzuschneiden; vor dem Einbauen biege ich sie mir selber noch in die gewünschte Form. Stammt dieses Gerät nun aus eigener Herstellung oder aus der Fabrik? Und vollends die Platte: Könnte man von ihr mit Fug und Recht behaupten, sie sei entweder in der Fabrik oder von Hand gefertigt?

Einige wenige Beispiele müssen genügen, um anzudeuten, inwiefern wir hoffen können, den Entwicklungsvorgang eines Tages wirklich zu verstehen. Jedenfalls gibt es viel mehr Möglichkeiten, als nach der Einteilung in angeborene oder erworbene Verhaltensweisen zu erwarten war. Das soll nicht etwa bedeuten, all die nachdrücklichen Hinweise auf die innere Programmierung hätten nichts gefruchtet – im Gegenteil, ich glaube, daß sie sogar für unser Verständnis des menschlichen Verhaltens außerordentlich bedeutsam sind, vor allem seit LORENZ sie durch den Begriff des »angeborenen Lernmechanismus« (s. unten) erweitert hat. Es bleibt jedoch die Tatsache, daß wir uns bis heute über einen vernünftigen Arbeitsplan und die zugehörige Fachsprache nicht einig geworden sind.

Die mit Recht berühmten Versuche SPERRYS und seiner Mitarbeiter (vgl. z. B. SPERRY 52) haben gezeigt, wie aussichtsreich es ist, unmittelbar in Entwicklungsvorgänge einzugreifen. Normalerweise wachsen bei Wirbeltieren die sensorischen Nerven, die Meldungen von der Haut weiterleiten sollen, vom Rückenmark aus zu den Hautstellen hin, die sie versorgen werden. Nimmt man einem Froschkeimling verhältnismäßig früh ein Stückchen prospektiver Rückenhaut heraus und verpflanzt es auf seine Bauchseite, so entwickelt es sich dort bei der Kaulquappe zu einem dunklen Flecken, der beim ausgewachsenen Frosch alle Kennzeichen der Rükkenhaut aufweist. Pflanzt man umgekehrt ein Stückchen prospektiver Bauchhaut in die Rückenhaut ein (bzw. tauscht beide gleichzeitig miteinander aus), so entsteht am Rücken ein heller Flecken Bauchhaut. Falls die Übertragungen stattgefunden haben, ehe die sensorischen Nerven bei der Haut angelangt sind, treffen sie nun auf die Transplantate. Wenn man später den Frosch an einer der verpflanzten Hautstellen berührt, streicht er mit dem Hinterfuß darüber wie jeder andere Frosch auch, jedoch mit dem Unterschied, daß er sich den Bauch wischt, wenn man den hellen Flecken am Rücken betupft, und den Rücken, wenn die dunkle Stelle am Bauch berührt wird. Daraus geht unzweifelhaft hervor, daß die Eigenart der Haut, selbst wenn sie am falschen Ort gewachsen ist, die spätere Funktion des Nerven bestimmt und den Reflexbogen, zu dem er gehört. Das Entwicklungsstadium, in dem der Nerv seine Aufgabe zugeteilt bekommt, steht demnach, auf das ganze Tier bezogen, unter innerer Kontrolle, hinsichtlich des Nervensystems aber nicht, da ihm ja die Haut erst die nötigen Außenreize übermittelt. SPERRY vermutet, daß ähnliche Ausformungsprozesse sich schubweise auch im Zentralnervensystem selber abspielen.

Die Entwicklung von Jungtieren ist von jahreszeitlichen Umstimmungen wie dem Fortpflanzungszyklus nicht scharf abzugrenzen. Deshalb möchte ich hier noch einmal auf die Arbeiten von HINDE und LEHRMAN verweisen, die sich mit einer anderen Gruppe innerer Faktoren befassen, mit den Hormonen. Vor allem HINDES Untersuchungen zeigen, wie sehr es sich lohnt, die Zusammenarbeit einzelner Körperteile, die sich Schritt für Schritt aufbaut, sowie die zahlreichen gegeneinander, miteinander und zurück wirkenden Beziehungen innerhalb des Systems und mit der Außenwelt aufzuschlüsseln.

Es ist besonders reizvoll zu verfolgen, wie die nicht-erlernten Anteile komplexer Verhaltensmuster im Zusammenspiel mit der Umwelt geordnet und ausgefeilt werden. Unter Erfahrungsentzug aufwachsende Tiere führen einzelne Bestandteile einer Handlungskette oft mehr oder weniger richtig aus, brauchen aber die natürlichen Dinge, auf die sie gemünzt sind, um den folgerichtigen Ablauf und Geschicklichkeit zu erwerben. Eichhörnchen z. B. können trefflich Nüsse knacken. Sie drehen die Nuß so, daß sie an einer vorgebildeten Furche entlang nagen können, wo die Schale verhältnismäßig dünn ist und bald aufbricht. Einzeln und ohne Nüsse aufgezogene Eichhörnchen nagen und beißen zwar auch emsig daran herum, wenn man ihnen schließlich welche gibt, aber ganz unregelmäßig bald hier, bald dort, und so dauert es sehr lange, bis sie schließlich zum Ziele kommen (EIBL-EIBESFELDT 15).

Freilich sind solche Beobachtungen erst ein Anfang. Man müßte nun durch Eingriffe am Tier untersuchen, wie die innere Reifung vonstatten geht, und durch Veränderungen der Umwelt, welche Eigenschaften im einzelnen bedeutsam sind und wie sie in das Verhaltensgetriebe eingreifen, das sie verändern; z. B. ist es sehr wichtig, genau festzustellen, was diese oder jene Antwort verstärkt (Zusammenfassung bei HINDE 22).

Dieser Frage sind Ethologen und Psychologen nachgegangen, jeder auf seine Weise und beide mit dem Ergebnis, daß gerade dort, wo Lernen und andere Umwelteinflüsse notwendig sind, mit Auswahl gelernt wird. Die Vorstellung, daß alle Folgen einer Handlung belohnend und »belehrend« wirken, ist als gängiges Prinzip nicht mehr haltbar. Immer mehr Tatsachen lassen erkennen, daß verschiedene Arten sogar unter ziemlich gleichen Bedingungen Verschiedenes lernen und daß verschiedene Tätigkeiten desselben Tieres durch verschiedenartige Umweltreize verändert werden. Während bei sehr vielen Tieren das »Erkennen« des Geschlechtspartners, die selektive Antwortbereitschaft sich von selbst versteht, müssen die Stockerpel lernen, wie eine Stockente aussieht (SCHUTZ 49). Doch diese Enten wählen, wie schon gesagt, stets arteigene Erpel, selbst wenn man sie mit Artfremden aufzieht.

Veranlagungen, etwas Bestimmtes zu lernen, findet man sehr häufig, z. B. auch bei den Buchfinkenmännchen, die nicht beliebige Gesänge erlernen, sondern nur solche, die in gewissen Eigenschaften dem Finkenschlag entsprechen. Man muß also annehmen, daß die Jungen eine »Erwartung« mitbringen, die sie zeitweilig für die passenden Reize besonders aufnahmefähig macht. Es muß ein angeborener Lernmechanismus (LORENZ 42), eine »Schablone« (THORPE 56) vorliegen, womit das Tier seine Eindrücke vergleicht. Allerdings sollte man diese Vorstellung keineswegs auf »angeborene« Lernmechanismen beschränken, weil die Schablone ihrerseits erlernt sein kann. Weitere Untersuchungen der Gesangsentwicklung bei Vögeln haben nämlich gezeigt, daß bei manchen Arten die Jungen in einer frühen kritischen Phase sich das, was sie die Alten singen hören, einprägen müssen, so daß sie später ihre eigenen Laute dieser »Blaupause« angleichen können (KONISHI 31).

Wie wir sehen, verlaufen in Untersuchungen zur Verhaltensentwicklung und über die Ursachen kurzfristiger Zyklen die Gedankengänge genau parallel; außerdem greifen beide Gebiete immer enger ineinander. Als Antwort auf die starke Betonung der Außeneinflüsse ging LORENZ zunächst daran, Übersicht zu schaffen, und betonte seinerseits die innere Programmierung. Daß er eine Gruppe von Verhaltensweisen angeboren nannte, war allerdings, wie ich glaube, hinderlich, von dieser vorläufigen und zu jener Zeit sehr nützlichen Einteilung wieder loszukommen, um zur eingehenden Analyse von Entwicklungsvorgängen überzugehen. Es ist aber unbedingt festzuhalten, daß er durch seine eigenen Arbeiten und die seiner Schüler sehr wohl auf mancherlei Wechselwirkungen zwischen innen und außen aufmerksam gemacht hat. Was bei der inneren Programmierung vorgeht, fängt man eben erst an zu untersuchen. Die bisherigen Schlußfolgerungen sind nur durch negative Beweise, durch Ausschließen von Möglichkeiten gestützt. Doch sollte man auch diese Befunde nicht unbedenklich beiseite schieben. Man könnte z. B. wie LEHRMAN nach KUO (32) behaupten, die passive Bewegung des Kopfes durch den Herzschlag habe dem Hühnchen im Ei das Picken »beigebracht«, das es bald nach dem Schlüpfen richtig ausführt. Wie aber sollen irgendwelche Umwelteinflüsse einem Entlein beigebracht haben, in ganz bestimmter Weise und richtig orientiert mit dem Flügel zu schlagen, und zwar genau so bemessen, als wäre der Flügel schon so groß, wie er erst dann sein wird, wenn das Junge diese Kampfbewegung wirklich braucht? Kätzchen, die THOMAS und SCHALLER (54) einzeln im Dunkeln aufzogen, spielten mit der ersten Mauseattrappe, die sie sehen durften, sogleich wie üblich Beutefang. Fern von Artgenossen herangewachsene Stichlinge balzen und kämpfen normal mit dem jeweils passenden Partner (CULLEN 9). Junge Amseln, die ausschließlich von weißen Dingen Futter erhielten, sperrten trotzdem bevorzugt nach schwarzen (TINBERGEN und KUENEN 62). Zilpzalp und Feldschwirl äußern (im Gegensatz zum Buchfinken) nach isolierter Aufzucht einen normalen, wenn auch nicht sehr reichhaltigen Gesang (HEINROTH und HEINROTH 20). Alle Tatsachen sprechen dafür, daß sich diese Verhaltensweisen nach einem inneren Plan entwickeln. Wer aber (wie ich es in SCHNEIRLAS Arbeiten immer noch spüre) im voraus damit rechnet, wenn er nur fleißig sucht, auch schon auf frühen Stadien stets Einwirkungen von außen zu finden, der versperrt sich selbst den Blick dafür, daß schlechterdings nicht alles von dort her kommen kann. Beide Arbeitsweisen, sowohl Erfahrungsentzug wie bloße Veränderungen der Umwelt, sind darum nicht geeignet, die Entwicklungsvorgänge selbst aufzuzeigen oder gar zu analysieren, wie es SPERRY getan hat, allerdings zunächst nur auf verhältnismäßig niederen Stufen. Den ganzen Hergang werden wir nur dann begreifen, wenn innere und äußere Ereignisse und ihre Wechselwirkungen bekannt sind.

Selbstverständlich sind solche Befunde von größter Bedeutung für das

Verständnis unserer eigenen Verhaltensentwicklung. Die erforderlichen Versuche macht man aus ethischen Gründen niemals an Menschen. Es wäre unverantwortlich, aus freien Stücken in der Weise und in dem Ausmaß, wie es nötig ist, die Entwicklung eines Menschenkindes zu stören. Das Äußerste, das wir erwarten können, sind klinische Befunde (vgl. z. B. Bowlby 4), die man, wo immer möglich, sammeln und mit Ergebnissen von Tierversuchen vergleichen sollte. Aus ethologischer Sicht ist es durchaus nicht erwiesen und sogar höchst unwahrscheinlich, daß Veränderung der Umwelt, also Erziehung im weitesten Sinne das Verhalten stärker beeinflussen könnte, als es die erbliche Variationsbreite erlaubt, wenn auch deren Grenzen uns weitgehend unbekannt sind. Einstweilen können wir nicht behaupten, wir wüßten über unsere angeborene Verhaltensausstattung Bescheid. Aber ganz gewiß sind wir auch nicht beliebig wandelbar, etwa so, daß unsere Kampfbereitschaft durch Erziehung völlig ausgeschaltet werden könnte. Solche Fragen müssen offenbleiben, bis sie zuverlässig geprüft sind. Die moderne Verhaltensforschung ist wenigstens zum Teil eben deshalb von Wert, weil sie uns das Rüstzeug für solche Untersuchungen liefert.

Im Gegensatz zur Physiologie und Entwicklung ist die Stammesgeschichte des Verhaltens noch ein unbestrittenes Forschungsgebiet der Zoologen. Psychologen und Physiologen hat es bisher nicht angelockt, aber mit Ökologie, Genetik und Evolutionsforschung im allgemeinen, d. h. anderen biologischen Wissenschaften, gibt es viele Berührungspunkte. Die klassischen Methoden der Vererbungslehre werden jetzt auch auf Verhalten angewandt. Man findet Zusammenhänge zwischen genetischen, körperlichen und Verhaltensunterschieden bei verschiedenen Zuchtstämmen, Populationen, Unterarten und Arten. Man verfolgt Erbgänge von Verhaltensmerkmalen in Kreuzungsversuchen durch eine, zwei oder mehrere Generationen, und so fort. Diese Arbeiten stehen jedoch noch am Anfang, obwohl man schon viele solche Beziehungen auf verschiedenen Organisationsstufen gefunden hat. Die Wissenslücke zwischen der erblich festgelegten »Blaupause« und dem sichtbaren Verhalten ist noch sehr groß und kann nur durch mühevolle Analyse der Verhaltensmechanismen und ihrer Entwicklung ausgefüllt werden.

Gleichzeitig versucht man herauszufinden, wie die natürliche Selektion Verhaltensweisen umformt und wie das Verhalten seinerseits neue Angriffspunkte für die Auslese schafft.

Zur ersten Frage sind mehrere Ansätze bereits erprobt, z. B. künstliche

Zuchtwahl, die wir in größtem Ausmaße an unseren Haustieren treiben, wobei allerdings sachlich brauchbare Belege nur sehr spärlich vorhanden sind. Verfeinerte Meßmethoden und Versuchstiere mit rascher Generationenfolge, vor allem die Taufliege *Drosophila*, machen es möglich, innerhalb eines Zeitraumes von wenigen Jahren die Folgen künstlicher Selektion zu ermitteln. Ein Beispiel dafür ist die zunehmende sexuelle Isolierung, d. h. immer seltenere Vermischung zwischen verwandten Stämmen, ein Grundvorgang der Entstehung immer größerer Mannigfaltigkeit, der vielfach durch Abwandlungen des Paarungsverhaltens eingeleitet wird. Die Ausbreitung der Arten führt oft zur Aufsplitterung in Bevölkerungsgruppen, die sich geringfügig voneinander unterscheiden und in den Randgebieten eigene Wege der Entwicklung einschlagen können, teils weil eine nicht ganz einheitliche Ausgangspopulation von der Norm etwas abweichende Formen enthielt und diese abgesprengt wurden, teils weil in der neuen Umgebung andere Eigenschaften als früher von der Selektion begünstigt werden. Kommen solche Bevölkerungsgruppen später wieder miteinander in Berührung, so können sie sich vielleicht noch miteinander vermischen. Meistens sind sie aber in ihrem Erbgut schon so weit voneinander verschieden, daß die Bastarde weniger lebenstüchtig sind als beide Elternformen. Folglich werden von nun an diejenigen Vertreter beider Gruppen, die sich miteinander kreuzen, von der Auslese dafür »bestraft«, indem ihre Nachkommen im Vergleich zu denen der reinen Stämme benachteiligt werden. Diese aus Freilandbeobachtungen gewonnene Erkenntnis hat man in Versuchen nachgeprüft und erwartungsgemäß gefunden, daß in Mischpopulationen, aus denen man immer wieder die Bastarde entfernt, sich die Neigung zur Reinhaltung der Stämme verstärkt, und zwar durch wachsende Unterschiede im Paarungsverhalten (CROSSLEY 7).

Die Fragen, ob die einzelnen Arten in ihrem Verhalten wirklich ganz besonders gut zu ihrer besonderen ökologischen Nische passen, welche Selektionsdrucke dies bewirken und wie das Tier damit fertig wird, werden gleichfalls in stärkerem Maße bearbeitet (vgl. z. B. CAIN 5, TINBERGEN 60), ähnlich wie die nach dem Überlebenswert und dem Angepaßtsein des Verhaltens an sich; nur die Zielsetzung ist verschieden. Taxonomische und geographische Untersuchungen lassen erkennen, wie Populationen sich ausgebreitet, aufgeteilt und manchmal danach wieder getroffen haben. Nimmt man die Ökologie hinzu und prüft vor allem, ob die Besiedlung neuer oder Veränderungen innerhalb der angestammten Lebensräume auch Veränderungen im Aufbau und Verhalten der Bevölkerung bewirken, so gewinnt man einen Eindruck von der Wirkungskraft der Selektion.

Es wird ferner z. B. durch Austauschversuche geprüft, ob Verhaltensunterschiede zwischen verschiedenen Arten nachweislich auf Anpassung beruhen, was zu fordern ist, wenn sie das Werk der Auslese sein sollen. Man stellt fest, wie gut sich eine normale Population einer Art durchsetzt im Vergleich zu einer anderen, die in einem ihrer Merkmale in Richtung auf eine fremde Art vom Üblichen abweicht. Die zahlreichen Möwenarten z. B. unterscheiden sich darin, daß zwar die meisten, wenn ein Küken geschlüpft ist, die leere Eischale beseitigen, andere sie aber im Nest liegen lassen. Wie wir wissen, dient das Wegtragen der Schalen dem Schutz der Brut. Eier und Küken sind durch ihre Tarnzeichnung vor Raubfeinden, die mit den Augen suchen, verborgen, während die leere Schale, die innen und an den Bruchkanten weiß ist, es diesen leichter macht, die Brut zu finden und zu plündern (TINBERGEN et al. 61). Möwen, die sie nicht wegtragen, brauchen das offenbar nicht, z. B. die Dreizehenmöwe, die auf schmalen Felsvorsprüngen an Steilabhängen brütet, wo kaum ein Feind die Nachkommenschaft gefährdet.

Nach allem, was bisher in dieser Richtung erarbeitet wurde, ist jede Tierart wunderbar genau auf ihre besonderen Notwendigkeiten abgestimmt, natürlich stets entsprechend ihrer stammesgeschichtlichen Entwicklungsstufe. Daß wir über diese Dinge einstweilen nur verhältnismäßig wenig wissen und daß die Gestaltungskraft der Auslese immer noch unterschätzt wird, hat mehrere Gründe. Zum einen sind es nur verhältnismäßig wenige Biologen, die sich damit befassen. Die physikalischen Wissenschaften sind so stark im Aufschwung, daß viele begabte junge Forscher sich eher der Physiologie, Biophysik und Biochemie zuwenden. Zum anderen kennen wir die vielen Möglichkeiten der Auslese an freilebenden Tieren nur wenig, und drittens verlangt es die Analyse, daß wir uns jeweils eine Verhaltensweise und einen Umweltfaktor vornehmen müssen; daraus gewinnt man dann sehr leicht den Eindruck, das Tier müsse seine Aufgabe doch eigentlich viel besser lösen können, als es das tut. Sooft aber größere Zusammenhänge untersucht worden sind, hat sich noch jedesmal herausgestellt, daß es verschiedenen Bedürfnissen zugleich gerecht werden muß und daß die notwendigen Maßnahmen in entgegengesetzte Richtungen zielen. Um ein einfaches Beispiel zu nennen: Viele Jungvögel sind schützend gefärbt; Tarntrachten helfen aber nur dann, wenn der Träger sich nicht bewegt. Andererseits brauchen die Jungen Futter, und um das zu finden, müssen sie sich bewegen. Da gibt es keine andere Lösung als einen Kompromiß, z. B. indem sie getrost ihr Futter suchen, jedoch in dem Augenblick erstarren, wenn die Alten einen Feind bemerken und warnen. Gewiß fänden sie mehr Nahrung, wenn sie sich niemals drücken müßten, und wären besser geschützt, wenn sie sich nie bewegten; aber beides ist unmöglich. Folglich muß die Auslese, die das Gesamtergebnis und nicht Einzelleistungen belohnt, zu Zwischenlösungen führen. Das heißt, um Anpassungen wirklich zu verstehen, ist es nötig, alles, was man über einzelne Verhaltensweisen und einzelne Außenfaktoren erfahren kann, im Zusammenhang zu sehen und zu deuten.

Das Verhalten selber schafft immer neue Möglichkeiten für die natürliche Selektion. Jede Bevölkerungsgruppe erkundet ständig neue Lebensräume, und das ist vielleicht sogar ihr wichtigster Beitrag zur Stammesentwicklung. Schwebende Larven von Meerestieren, die »Verbreitungsstadien« vieler Landbewohner (etwa die Spinnchen, die mit ihren Fäden im Winde treibend als Altweibersommer von sich reden machen) werden Jahr für Jahr in großer Zahl aus dem günstigsten Gebiet hinaus verfrachtet. Bei Arten, die Reviere besitzen, müssen die Jungtiere oft aus schon besetztem Gelände weichen und sich anderswo ansiedeln. Die meisten solcher Pioniere sterben. Doch immer wieder einmal ändern sich die Bedingungen am neuen Ort oder in den Tieren selber, so daß die Invasion gelingt; und sooft das geschieht, erzwingt das eroberte Neuland weitere anpassende Evolution. Das berühmteste Beispiel hierfür geben die Galapagos-Finken, eine ganze Gruppe außerordentlich verschiedener Arten, die sich aus ihrer gemeinsamen südamerikanischen Stammform auf diesen Inseln entwickelt haben (Lack 33).

Höchst eindrucksvolle Beispiele für stammesgeschichtlichen Wandel aufgrund des Verhaltens finden wir immer dort, wo der Selektionsdruck auf ein Tier durch ein anderes Tier ausgeübt wird, also zwischen Räuber und Beute oder innerhalb der Art zwischen Männchen und Weibchen oder Eltern und Jungen. Innerhalb einer Art, wo es gewöhnlich auf sichere Verständigung ankommt, ist es meistens schwer zu entscheiden, ob das Signal den Anstoß dazu gab, daß der Empfänger eine besondere Empfindlichkeit dafür entwickelte, oder ob eben diese Empfindlichkeit dazu geführt hat, daß der Sender das dazu passende Signal ausbildete, sei es eine Bewegung, ein Laut, der Duft eines Drüsensekretes oder ein Abzeichen in leuchtenden Farben. In Einzelfällen kann man jedoch auch diese Zusammenhänge klären. Bei einem maulbrütenden Fisch hat das Männchen auf der Afterflosse eine Reihe heller Flecken, die verblüffend genau die Eier dieser Art »darstellen«. Beim Ablaichen sammelt das Weibchen die Eier sogleich in seinen Mund; es muß aber auch Sperma aufnehmen, um sie zu besamen. Zu diesem Zwecke breitet das Männchen seine Ei-»Attrappen« vor ihr aus, und in ihrem Eifer, auch diese »Eier« zu schnappen, nimmt sie den Samen mit auf (WICKLER 66). Hier hat sich eindeutig das Signal in Anpassung an die optisch gelenkte Reaktion des Weibchens auf die Eier entwickelt, die ihrerseits den Eiern angepaßt ist. Viele Beispiele zeigen, daß das Verhalten des Räubers das Beutetier zwingt, Verteidigungsmaßnahmen zu »erfinden«. Eine recht einfache Lösung ist die der tarnfarbigen Tiere, sich nicht zu bewegen (da Bewegung als ein starker Reiz die Tarnwirkung zunichte machen würde); ausgeprägter ist schon das »Verleiten«, womit viele bodenbrütende Vögel Feinde vom Nest weglocken. In diesem Kräftemessen zwischen beiden kann aber auch das Beutetier die Entwicklung von Merkmalen des Räubers lenken; z. B. haben manche räuberische Arten zur Anlockung ihrer Beute Gebilde hervorgebracht, die deren Futtertieren täuschend ähnlich sind.

IV

Indem ich versuchte, den Werdegang der Ethologie wenigstens in groben Zügen zu umreißen, habe ich möglicherweise den Beitrag dieser jungen Wissenschaft im Vergleich zu den Fortschritten benachbarter Disziplinen nicht ganz richtig eingeschätzt. Der Austausch zwischen den verschiedenen Fachrichtungen in der Literatur und vor allem im persönlichen Gespräch war so vielfältig und intensiv, daß ein einzelner kaum fähig ist, einen guten und einigermaßen objektiven Bericht zu geben. Manche Ansichten und Arbeitspläne haben sich auch unter der Hand, ohne daß man es recht wußte, gewandelt; es lag sozusagen in der Luft und wurde erst viel später faßbar. Dennoch darf man wohl behaupten, daß die Verhaltenswissenschaften in den vergangenen 60 Jahren anderen Naturwissenschaften nähergekommen sind und daß die Ethologie diese Annäherung gefördert hat. Zweifellos wurde anfangs manches übermäßig vereinfacht, war der Widerstand gegen die gängigen Meinungen heftig und manches andere unzulänglich; zweifellos war man in anderen Fächern schon von sich aus auf dem Wege zu strengerer Sachlichkeit und umfassenderer Planung. Aber die Ethologie brachte neues Leben hinein, sie förderte und beschleunigte den

Zusammenfluß aus vielen Richtungen zu einem gemeinsamen breiten Strom echter biologischer Forschung.

Diese Entwicklung dürfte bedeutsame Folgen haben. Arbeitsweisen und Begriffe der neuen biologischen Verhaltensforschung bewähren sich an Tieren so gut, daß man sie auch auf Menschen anwenden sollte, was sogar in Anfängen bereits geschieht. Kaum einer wird bestreiten wollen, daß es besorgniserregende Anzeichen für Störungen unseres eigenen Verhaltens gibt, besonders im sozialen Bereich, und wir müssen uns dringend bemühen, deren Ursachen zu finden. Höchstwahrscheinlich ist unser Anpassungsvermögen der immer rascher fortschreitenden kulturellen Umgestaltung unseres Daseins nicht mehr gewachsen. Die genetische Evolution braucht viel mehr Zeit. Das Verhalten jedes einzelnen ist nicht beliebig veränderlich, sondern nur innerhalb seiner ererbten Grenzen, und diese sind immer noch so bemessen, wie es einer längst überholten Lebensweise entsprach. Die Vorstellung, daß Menschen durch Erziehung alles werden könnten, was man von ihnen erwartet, ist abwegig. Und selbst wenn sie einigermaßen zutreffend wäre, fänden wir in unserer Unkenntnis der natürlichen Voraussetzungen noch lange nicht die besten Mittel, die Entwicklung junger Menschen zu fördern.

Diese Überlegungen müssen in unsere Betrachtung mit einbezogen werden, weil die weitere Entfaltung unserer Wissenschaft sehr leicht durch eine, sagen wir, sozial negative Rückkopplung, durch einen »toten Gang« behindert werden könnte. Wenn man erst einmal die Möglichkeit erkennt, unser eigenes Verhalten sachlich zu begreifen und dadurch, vielleicht in ferner Zukunft, zu steuern, kann das den Widerstand gegen diese Form der Analyse des menschlichen Wesens verstärken. Und wer weiß, ob solch ein Widerstand sich, wiederum durch Erziehung, unterdrücken ließe? In jedem Falle werden die Forschungen, deren Verlauf ich anzudeuten versuchte, weitreichende Folgen haben, auch für das Selbstverständnis des Menschen.

Literatur

1 Beach, F. A. (1955): The descent of instinct. Psychol. Rev. 62, 401–410.
2 Berkun, M. M., M. L. Kessen und N. E. Miller (1952): Hunger-reducing effects of food by stomach fistula versus food by mouth measured by a consummatory response. J. comp. physiol. Psychol. 45, 550–554.

3 Blest, A. D. (1957): The evolution of protective displays in the Saturnioidea and Sphingidae (Lepidoptera). Behaviour 11, 257–309.
4 Bowlby, J. (1960): Ethology and the development of object relations. Int. J. Psycho-Analysis 41, 313–317.
5 Cain, A. J. (1964): The perfection of animals. Viewpoints Biol. 3, 37–63.
6 Craig, W. (1918): Appetites and aversions as constituents of instincts. Biol. Bull. 34, 91–107.
7 Crossley, S. A. (1963): Diss. Oxford; s. a. Tinbergen 59.
8 Cullen, E. (1957): Adaptations in the Kittiwake to cliff-nesting. Ibis 99, 275–302.
9 – (1961): The effect of isolation from the father on the behaviour of male Three-spined sticklebacks to models. Tech. (Final) Rep. on Contract AF 61(052)-29, USAFRDC.
10 Darwin, C. (1859): On the Origin of Species by Natural Selection. London.
11 – (1872): The Expression of Emotions in Man and Animals. London.
12 Desmedt, J. E., und P. Monaco (1961): Mode of action of the efferent olivocochlear bundle on the inner ear. Nature, Lond. 192, 1263–1265.
13 Dethier, V. G., und D. Bodenstein (1958): Hunger in the blowfly. Z. Tierpsychol. 15, 129–140.
14 Eccles, J. C. (1953): The Neurophysiological Basis of Mind. Oxford University Press.
15 Eibl-Eibesfeldt, I. (1963): Angeborenes und Erworbenes im Verhalten einiger Säuger. Z. Tierpsychol. 20, 705–754.
16 Grohmann, J. (1939): Modifikation oder Funktionsreifung? Z. Tierpsychol. 3, 132–144.
17 Harris, G. W., R. P. Michael und P. P. Scott (1958): Neurological site of action of stilboestrol in eliciting sexual behaviour. Ciba Foundation Symposium on the Neurological Basis of Behaviour. London, 236–251.
18 Hassenstein, B. (1961): Wie sehen Insekten Bewegungen?. Naturwissenschaften 48, 207–214.
19 Heinroth, O. (1911): Beiträge zur Biologie, namentlich Ethologie und Psychologie der Anatiden. Verh. Vth. Int. orn. Congr., 589–702.
20 – und M. Heinroth (1928): Die Vögel Mitteleuropas. Berlin.
21 Hinde, R. A. (1965): The integration of the reproductive behaviour of female canaries, in: Sex and Behaviour, ed. F. A. Beach, 381–416. New York.
22 – (1966): Animal Behaviour. New York.
23 Holst, E. von (1939): Entwurf eines Systems der lokomotorischen Periodenbildungen bei Fischen. Z. vergl. Physiol. 26, 481–528.
24 – und H. Mittelstaedt (1950): Das Reafferenzprinzip. Naturwissenschaften 37, 464–476.
25 – und U. von St. Paul (1960): Vom Wirkungsgefüge der Triebe. Naturwissenschaften 47, 409-422.
26 Huxley, J. S. (1914): The courtship habits of the Great Crested Grebe (*Podiceps cristatus*). With an addition to the theory of sexual selection. Proc. Zool. Soc. Lond., 491–562.
27 – (1923): Courtship activities in the Red-throated Diver (*Colymbus stellatus* Pontopp). Together with a discussion on the evolution of courtship in birds. J. Linn. Soc. 35, 253–292.
28 – (1963): Lorenzian ethology. Z. Tierpsychol. 20, 402–409.
29 Jennings, H. S. (1923): The Behavior of Lower Organisms. New York.
30 Knoll, M. D. (1956): Über die Entwicklung einiger Funktionen im Auge des Grasfrosches. Z. vergl. Physiol. 38, 219–237.
31 Konishi, M. (1965): The role of auditory feedback in the control of vocalization in the White-crowned sparrow. Z. Tierpsychol. 22, 770–783.
32 Kuo, Z. Y. (1932): Ontogeny of embryonic behaviour in Aves. IV. J. comp. Psychol. 14, 109–121.
33 Lack, D. (1947): Darwin's Finches. London.
34 Lehrman, D. S. (1953): A critique of Konrad Lorenz's theory of instinctive behaviour. Q. Rev. Biol. 28, 337–363.
35 – (1961): Gonadal hormones and parental behaviour in birds and infrahuman mammals, in: Sex and Internal Secretions, ed. W. C. Young. Baltimore.
36 Lissman, H. W. (1946): The neurological basis of the locomotory rhythm in the spinal Dogfish (*Scyllium canicula, Acanthias vulgaris*). II. J. exp. Biol. 23, 162–176.

37 LORENZ, K. (1927): Beobachtungen an Dohlen. J. Orn., Lpz. 75, 511–519.
38 – (1931): Beiträge zur Ethologie sozialer Corviden. J. Orn., Lpz. 79, 67–120. Neudruck ([17]1974) in: Über tierisches und menschliches Verhalten, Bd. I, 13–69. München (Piper).
39 – (1935): Der Kumpan in der Umwelt des Vogels. J. Orn., Lpz 83, 137–213; 289–413. Neudruck ([17]1974) in: Über tierisches und menschliches Verhalten, Bd. I, 115–282. München (Piper).
40 – (1937): Über die Bildung des Instinktbegriffes. Naturwissenschaften 25, 289–300, 307–318; 324–331. Neudruck ([17] 1974) in: Über tierisches und menschliches Verhalten, Bd. I, 283–342. München (Piper).
41 – (1939): Vergleichende Verhaltensforschung. Zool. Anz. Suppl. 12, 69–102.
42 – (1965): Evolution and Modification of Behaviour. Chicago.
43 MORGAN, L. (1896): Habit and Instinct. London.
44 PAVLOV, J. P. (1926): Die höchste Nerventätigkeit (Das Verhalten) von Tieren. München.
45 PERDECK, A. C. (1964): An experiment on the ending of autumn migration in Starlings. Ardea 52, 133-140.
46 ROEDER, K. C. (1962): Neural mechanisms of animal behaviour. Am. Zool. 2, 105–115.
47 SCHNEIRLA, T. C. (1966): Behavioral development and comparative psychology. Q. Rev. Biol. 41, 283–302.
48 –, J. S. ROSENBLATT und E. TOBACH (1963): Maternal behavior in the cat, in: Maternal behavior in Mammals, ed. H. RHEINGOLD. New York.
49 SCHUTZ, F. (1965): Sexuelle Prägung bei Anatiden. Z. Tierpsychol. 22, 50–103.
50 SEVENSTER-BOL, A. C. A. (1962): On the causation of drive-reduction after a consummatory act. Archs. néerl. Zool. 15, 175–236.
51 SHERRINGTON, C. S. (1906): Integrative Action of the Nervous System. London.
52 SPERRY, R. W. (1959): The growth of nerve circuits. Sci. Amer. 201, 68–76.
53 SUTHERLAND, N. S. (1962): The methods and findings of experiments on the visual discrimination of shape by animals. Exp. psychol. Soc. Monogr. 1.
54 THOMAS, E., und F. SCHALLER (1954): Das Spiel der optisch isolierten, jungen Kaspar-Hauser-Katze. Naturwissenschaften 41, 557–558.
55 THORPE, W. H. (1961): Bird Song. London.
56 – (1963): Learning and Instinct in Animals. London.
57 TINBERGEN, N. (1953): Social Behaviour in Animals. London.
58 – (1964): Aggression and fear in the normal sexual behaviour of some animals, in: The Pathology and Treatment of Sexual Deviations, ed. J. ROSEN, 3–23. Oxford University Press.
59 – (1965): Some recent studies of the evolution of sexual behaviour, in: Sex and Behaviour, ed. F. A. BEACH, 1–34.
60 – (1965): Behavior and natural selection, in: Ideas in modern biology, ed. J. A. MOORE, 521–552. New York.
61 – et. al. (1962): Egg shell removal by the Black-headed Gull, *Larus ridibundus*. A behaviour component of camouflage. Behaviour 19, 74–118.
62 – und D. J. KUENEN (1939): Über die auslösenden und die richtunggebenden Reizsituationen der Sperrbewegung von jungen Drosseln. Z. Tierpsychol. 3, 37–60; Neudruck in: Das Tier in seiner Welt, Bd. 2, 17–54.
63 VERWEY, J. (1930): Die Paarungsbiologie des Fischreihers. Zool. Jahrb. Allg. Zool. Physiol. 48, 1–120.
64 WATERMAN, T. H., G. A. G. WIERSMA und B. M. H. BUSH (1964): Afferent visual responses in the optic nerve of the crab, *Podophthalmus*. J. Comp. Cell. Physiol. 63, 133–155.
65 WHITMAN, C. O. (1919): The Behavior of Pigeons. Carnegie Institute, Washington, Publication 257, Bd. 3, 1–161.
66 WICKLER, W. (1962): Zur Stammesgeschichte funktionell korrelierter Organ- und Verhaltensmerkmale. Z. Tierpsychol. 19, 29–64.
67 WIEPKEMA, P. R. (1961): An ethological analysis of the reproductive behaviour of the Bitterling. Archs. néerl. Zool. 14, 103–199.

(Aus dem Zoologischen Institut der Universität Oxford)

16 Auf der Suche nach den Wurzeln menschlichen Verhaltens im Tierreich

(1946)[1]

Oft hört man sagen, der Mensch sei im Tierreich einzigartig. Diesen Begriff »einzigartig« müssen wir klären, ehe wir uns unserem Thema zuwenden können. Er hat in diesem Zusammenhang zweierlei Bedeutung. Einerseits besagt er: Der Mensch ist auffällig verschieden von allen Tieren; er gleicht keinem von ihnen. Das ist natürlich richtig, aber es gilt ebenso für andere Lebewesen; denn in diesem Sinne ist jede Art, sogar jeder ihrer Vertreter einzigartig. Man faßt aber diesen Ausdruck noch enger: Der Mensch ist so andersartig, von Tieren so »wesentlich« verschieden (was immer das heißen mag), daß diese Kluft nie und nimmer überbrückt werden kann; er ist etwas vollständig Neues. In dieser Fassung ist die Bezeichnung wissenschaftlich wertlos. Sie verrät einen gewissen Dünkel und kann ihn noch bestärken. Sie führt zur Selbstgefälligkeit, aber – da es doch aussichtslos scheint, der eigenen Herkunft nachzuspüren – auch dazu, die Hände in den Schoß zu legen. Man nimmt bereits das Ergebnis vorweg, ohne zu forschen; man verschanzt sich hinter einem Vorurteil.

Wir gehen von der ersten Bedeutung aus, welche besagt, daß der Mensch ganz sicher etwas Besonderes, aber doch auch ein Tier ist. Man möchte in ORWELLscher Wendung sagen: »Alle Tiere sind einzigartig, aber der Mensch ist noch einzigartiger als alle übrigen.«

Ich habe mir hier vorgenommen, zu ergründen, auf welche Weise wir herausfinden können, wie »eigen« der Mensch denn wirklich ist, und immer wieder wird es durchklingen, daß unser Wissen trotz allem, was wir schon kennen oder vermuten, außerordentlich gering ist. Ich schicke deshalb gleich voraus, daß ich nicht mehr zu tun vermag, als vorsichtig die Fühler auszustrecken und mich in diesem unerschlossenen Gebiet ganz sachte vorzutasten.

1 Unveröffentlichter Vortrag, gehalten am 27. Oktober 1946 in der Reihe »Sozialforschung und Biologie« der Universität Oxford.

Wir wollen zuerst unseren Stoff abgrenzen. Die Einzigartigkeit des Menschen liegt nicht in seinem Körper, der im ganzen sehr ähnlich gebaut ist wie bei anderen Säugern und Ähnliches leistet. Deshalb kann man für medizinische Zwecke Funktionen, z. B. der Nieren, des Herzens, der Augen und Ohren und sogar der Nervenzellen, von Tieren untersuchen und daraus auf den Menschen schließen.

Dessen Einzigartigkeit äußert sich in seinem Verhalten, und das ist begründet in seinem Gehirn, das Außerordentliches leistet. Natürlich haben auch andere Körpermerkmale damit zu tun. Doch weder der Besitz von Händen noch die aufrechte Körperhaltung genügt, um, wie man es früher versuchte, die Sonderstellung des Menschen zu erklären.

Kein Biologe, niemand, der von der Stammesgeschichte etwas weiß, kann bezweifeln, daß sich der Mensch aus Vorfahren entwickelt hat, die anderen Säugetieren ähnlicher waren, als wir es heute sind. Unser ganzes Sein und Tun muß sich also sehr allmählich Schritt für Schritt entwickelt haben aus dem, was unsere Vorfahren waren und taten. Der Mensch muß aus affenartigen Formen entstanden sein, ebenso wie nahverwandte Tierarten unserer Zeit jeweils aus einer gemeinsamen Stammform hervorgegangen sind.

Wie können wir die fortschreitende Aufspaltung zurückverfolgen? Wir müssen versuchen, eine Reihe von Vorgängen nachzuvollziehen, deren jeder in seiner Eigenart einmalig war. Jeder von ihnen hat sich in der Vergangenheit nur einmal zugetragen und ist deshalb der unmittelbaren Beobachtung entzogen, im Gegensatz zu heutiger und künftiger Evolution. Dennoch kann man indirekt ermitteln, wie sich diese Entwicklung wahrscheinlich vollzogen hat. Für körperliche Veränderungen finden wir als Belege Fossilien, die wir datieren und in zeitlicher Reihenfolge ordnen können. Danach dürfen wir z. B. mit Sicherheit behaupten, daß Wale von Landbewohnern abstammen und daß die Flügel der Fledermäuse umgestaltete Vorderbeine sind. Hummer haben riesige Scheren, mit denen sie ihre Nahrung ergreifen und zerkleinern. Doch ihren Vorfahren dienten dieselben Gliedmaßen zum Gehen; sie haben sich erst später ihrer neuen Aufgabe angepaßt. Aus diesem Beispiel erhellt zugleich, was wir unter »neu« verstehen, etwa in der Bemerkung, der Mensch sei etwas vollkommen Neues. Kein Entwicklungsschritt hat jemals so etwas wirklich hervorgebracht, sondern immer nur abgewandelt, was schon vorhanden war. Wenn wir, subjektiv, von einem »neuen« Merkmal sprechen, meinen wir damit: Es unterscheidet sich stark von dem bei anderen Tieren Gewohnten, so stark, daß diese Verschiedenheit uns mehr beeindruckt als die Ähnlichkeit.

Aber zurück zu den Methoden: Selbst ohne Fossilfunde von Walen wüßten wir doch, daß sie ursprünglich Landtiere gewesen sind, und zwar durch zweierlei Vergleiche. (1) Obgleich sie auf den ersten Blick Fischen ähnlich sehen, stimmen sie in der Mehrzahl ihrer Merkmale mit Säugetieren überein. (2) Weil die meisten Säugetiere Landbewohner und Wale so abseitige Formen sind, ist es sehr viel wahrscheinlicher, daß sie von Landsäugetieren abstammen als umgekehrt. Entsprechende Folgerungen kann man für die Fledermäuse ziehen, für die Hummer, ja in der ganzen vergleichenden Biologie.

Da die vergleichende Methode im allgemeinen zu denselben Ergebnissen führt wie die Paläontologie, kann man sie an deren zuverlässigeren Ergebnissen gewissermaßen eichen und sie dann selbständig verwenden, vor allem wenn Fossilien spärlich sind oder fehlen. Verhalten können diese sich nie, weshalb wir in der Ethologie nur auf Vergleiche angewiesen sind. Im ganzen bewährt sich das gut. Halten wir z. B. bestimmte Arten für nahe verwandt, weil erstens ihre Verhaltensweisen, zweitens ihre Körpermerkmale ähnlich sind und drittens auch Fossilfunde dafür sprechen, so passen diese Aussagen meist gut zusammen. Das heißt, wenn wir unser Verhalten aus dem Tierreich ableiten wollen, müssen wir vergleichen; wir haben einfach kein besseres Verfahren.

Selbstverständlich gelingt das um so leichter, je geringer die Unterschiede sind. Der Abstand des Menschen ist aber sogar von seinen nächsten Verwandten sehr groß und folglich unsere Aufgabe sehr schwierig.

Es gibt auch noch andere Tücken. Übereinstimmungen zwischen verschiedenen Arten können nämlich auf zwei Wegen entstehen. Findet man sie bei nahe verwandten Arten, so handelt es sich meistens um abgewandelte Eigenschaften eines gemeinsamen Ahnen. Pferdehufe z. B. unterscheiden sich deutlich von anderen Säugetierfüßen, sind ihnen aber doch ähnlich, und ganz sicher haben sie sich aus gewöhnlichen fünfzehigen Gliedmaßen entwickelt. Fledermausflügel sind umgewandelte Vorderbeine. Außerdem gleichen sie aber den Flügeln einiger ausgestorbener Reptilien, und das bei gänzlich unabhängiger Entwicklung »konvergent«, in Anpassung an dieselbe Leistung. Oder, um wenigstens noch ein Beispiel zu nennen: Kiemen und Lungen haben sich unabhängig, konvergent, in vielen Tiergruppen herausgebildet.

Entsprechend gibt es auch konvergente Verhaltensmuster, z. B. das

Schwimmen der Wale, Fische und einiger Libellenlarven. Wenn ich Verhaltensweisen des Menschen mit denen anderer Tiere vergleiche, ist es darum durchaus möglich, daß Ähnlichkeiten, die ich dabei finde, nicht auf Verwandtschaft, sondern auf Konvergenz beruhen, daß sie nur oberflächlich ähnlich scheinen. Je ferner die untersuchten Arten dem Menschen stehen, desto größer ist diese Gefahr.

Das ärgste Hindernis besteht jedoch in der Ausdrucksweise, da wir unser eigenes Verhalten mit anderen Worten beschreiben und deuten als das von Tieren, und zwar auf dreierlei Weise:

1. Wir sprechen, wenn auch recht obenhin, von den Bewegungen, die ein Mann ausführt, wenn wir sagen: »Er lief, so schnell er konnte«, oder: »Er lächelte ihr zu.«

2. Oft beschreiben wir, statt Bewegungsweisen, subjektive Erlebnisse: »Er wurde sehr zornig«, oder: »Er hat sich verliebt.«

3. Wir deuten das Ergebnis von Bewegungen: »Er stürzte in Deckung«, oder: »Sein Hauptziel war, die Opposition zum Schweigen zu bringen.« Meistens umfaßt die Schilderung sogar mehrere solche Eindrücke zugleich (»Sie brachte ihn durch ihr herablassendes Lächeln in Verwirrung«), und wir müssen erst trennen, was objektive Beschreibung, was Deutung der Absichten und subjektiver Eindrücke ist.

Wenn wir das Verhalten von Tieren untersuchen, richten wir uns nach dem ersten Beispiel und beschreiben möglichst genau gesehene Bewegung; denn obgleich die meisten von uns *glauben*, daß auch Tiere subjektive Erlebnisse haben, gibt es kein wissenschaftliches Verfahren, um festzustellen, wieviel ihnen davon bewußt wird. Ebensowenig wissen wir, in welchem Maße sie fähig sind, die Folgen dessen, was sie tun, vorauszusehen und ihr Verhalten darauf abzustimmen.

Wollen wir die Verhaltensweisen von Menschen und Tieren vergleichen, so müssen wir uns zuerst auf eine gemeinsame Sprache einigen; denn wie schon gesagt, besteht die Umgangssprache aus einem Gemisch von Worten, die teils objektiv beschreibend sind, teils subjektive Deutungen und Zielvorstellungen enthalten. Dies ist tatsächlich ein entscheidender Grund unserer Unkenntnis.

Wir müssen also mit folgenden Schwierigkeiten rechnen: Die einzig brauchbare Methode, das Vergleichen, kann nur zu indirekten Schlüssen führen. Der Abstand des Menschen von Tieren ist so groß, daß man oft nicht einmal erraten kann, was und wo etwas »im Tierreich wurzelt«. Wir müssen zwischen echten Übereinstimmungen aufgrund gleicher Herkunft und konvergenten, voneinander unabhängig entstandenen Ähnlichkeiten unterscheiden. Wir haben noch keine Fachsprache für die Beschreibung menschlichen Verhaltens entwickelt.

Und wo fangen wir an? Es ist ganz außerordentlich schwierig zu entscheiden, welche Verhaltensweisen für unsere Art besonders kennzeichnend und damit zur Untersuchung geeignet sind. Das Beste ist noch, einige Gesichtspunkte auszuwählen, über die wenigstens einigermaßen einheitliche Vorstellungen herrschen. Da wir aber noch gar so sehr im Dunkeln tasten, wäre es sinnlos, menschliche Verhaltensweisen zu besprechen, deren Ursprung wir nicht einmal ahnen. Ich habe mich deshalb für einige Fragen entschieden, die Ihnen vielleicht etwas langweilig, jedenfalls nicht gerade brennend wichtig erscheinen. Es kommt mir aber nicht so sehr darauf an zu zeigen, daß es solche Vorstufen tatsächlich gibt; ich möchte vielmehr davon sprechen, wie wir *methodisch* vorgehen könnten und sollten.

Nehmen wir uns zuerst etwas verhältnismäßig Einfaches vor: Es wird immer wieder darauf hingewiesen, daß der Mensch, nachdem er sich ähnlich wie alle anderen Tiere allmählich durch anpassende genetische Veränderungen zu seiner Art entwickelt hat, jetzt in eine neue Phase eingetreten sei, die HUXLEY als die »psycho-soziale Evolution« bezeichnet. Ich sage lieber »kulturelle« Evolution. Sie beruht auf der Weitergabe angesammelten Wissens und dadurch bedingter phaenotypischer, d. h. aus individueller Erfahrung erworbener Verhaltensänderungen durch die Generationen. Vom Cro-Magnon-Menschen unterscheiden wir uns deutlich durch unsere heutige Lebensweise. Aber genetisch haben wir uns kaum verändert; fast alle neueren Errungenschaften verdanken wir der Tradition. Wir können nicht nur jeder für sich mehr lernen als Tiere, sondern dieses ständig anwachsende Wissensgut in der Generationenfolge speichern. Wieviel sind wir Tieren in dieser Hinsicht voraus?

Viel wissen wir darüber noch nicht, doch immerhin soviel, daß Affen und Menschenaffen, unsere nächsten Verwandten, neu erworbene Verhaltensweisen anderen überliefern. Schimpansen wissen meistens nicht, wie man eine Kokosnuß öffnet; doch ELDER beobachtete, daß manche sie auf harter Unterlage zerschmettern und daß unerfahrene Artgenossen es ihnen absehen können. Entsprechende, sehr eingehende Beobachtungen wurden an japanischen Rotgesichtmakaken gemacht, bei denen man sogar von »Subkulturen« spricht. Bemerkenswert ist vor allem, daß keineswegs jeder von jedem etwas anzunehmen bereit ist. Kinder lernen mehr von ihren Müttern und Rangniedere mehr von Ranghohen als umgekehrt. Und wie steht es bei uns? Lernen wir von jedem und zu jeder Zeit gleich gut? Schulbuben, die ihren Lehrer nicht achten und nicht leiden mögen, wollen von ihm nichts lernen, und Sprachforscher haben herausgefunden, daß Wandlungen der Sprachen und andere Kultureinflüsse sich um Machtzentren herum auszubreiten pflegen, im Mittelalter von großen Städten ausgehend und heutzutage von überlegenen Nationen.

Das Verhalten der Primaten ist uns leider noch ziemlich fremd (manche Insekten, Fische und Vögel kennen wir viel besser), und es ist mühsam, verläßliche Angaben über Vorstufen der Kultur zu erhalten. Deshalb können wir noch nicht ermessen, wie weit die psycho-soziale Evolution bei nicht-menschlichen Primaten fortgeschritten ist. Da wir aber nun von ihr wissen, ist es wohl möglich, daß wir noch mehr Formen menschenähnlicher Traditionen bei Tieren und andererseits noch mehr einfache Vorbedingungen des Lernens auch bei uns selber finden.

Überlieferungen gibt es jedoch nicht nur bei Affen, sondern auch bei den verschiedensten tieferstehenden Tieren. Zum Beispiel müssen manche Vögel den Artgesang vom Vater lernen. Dafür gibt es ein lustiges, sicher belegtes Beispiel: Ein Dompfaff, der von einem Paar Kanarienvögel aufgezogen wurde, machte sich den Kanariengesang zu eigen. Er lebte später außer Hörweite von seinen Pflegeeltern, verpaarte sich mit einem Dompfaffweibchen, und alle seine Söhne sangen wie Kanarienvögel, ebenso die Enkel, die einer dieser Söhne aufzog, obwohl weder sie noch ihr Vater jemals einen Kanarienvogel hatten singen hören. Auch dies ist Tradition, nur mit dem Unterschied, daß sich bei Tieren der Wissensstoff nicht ansammeln kann wie bei uns.

Graugänse bleiben fast ein Jahr lang als Familie beisammen, bis eine neue Brut beginnt. Wenn die Alten einmal irgendwo einem Fuchs begegnet sind, locken sie fortan ihre Jungen von solchen Plätzen fort. LORENZ schützte sie in der Nähe seines Instituts durch einen Zaun, der jeden Fuchs fernhielt. Aber die Gänse, deren Urahnen einmal unliebsame Erfahrungen gemacht hatten, hüteten noch viele Generationen lang ihre Jungen vor der vermeintlichen Gefahr.

Man muß sich fragen, inwieweit das Lernvermögen des Menschen sich von dem der Tiere wirklich unterscheidet. Sie können und müssen ja zum

Teil sehr vieles lernen; manche suchen oder schaffen sich sogar durch dafür bestimmte Verhaltensweisen erst die Gelegenheit, das Nötige zu erfahren. Sie sind »neugierig«, d. h. sie beschäftigen sich mit gewissen Dingen, Raumverhältnissen oder anderen Tieren in einer Weise, die ihnen wichtige Sinneseindrücke darüber vermittelt, kurz gesagt, sie erkunden. Sobald sie dann Bescheid wissen, können sie etwas anderes tun. Ratten erkunden sehr ausgiebig. Sie machen sich mit jeder Veränderung ihrer Umgebung vertraut. Artgenossen, die als Gruppenmitglieder oder Geschlechtspartner einander begegnen, lernen sich kennen, und danach richten sie sich fernerhin in ihrem Verhalten. Bienen und Wespen machen »Orientierungsflüge«, wenn sie ihr Nest oder ihre Höhle verlassen, und prägen sich dabei die räumlichen Beziehungen zwischen diesem Ort und auffälligen Punkten in der Umgebung ein, nach denen sie heimfinden können.

Manche Tiere geben das, was sie erkundet haben, an Jungtiere oder Gruppenmitglieder weiter, doch wiederum ohne daß sich diese Überlieferung ständig vermehrt.

Es ist also durchaus berechtigt zu fragen, ob und in welchem Maße unser eigenes Erkundungsverhalten bis hinauf zu seiner höchsten Form, der wissenschaftlichen Forschung, wirklich etwas Neues sei oder nur eine Steigerung einfacherer Formen der Neugier. Wie jeder weiß, läßt die Neigung zu erkunden mit dem Älterwerden nach, wahrscheinlich nicht weil die Leistungsfähigkeit des Gehirns sich so stark vermindert, sondern weil der Antrieb, Neues zu erfahren, schwindet.

Inwiefern unser Verhalten durch die Gesellschaft geformt wird und wie stark sich erbliche Anlagen in der psycho-sozialen Entwicklung durchzusetzen vermögen, das alles sollten wir neu überdenken. Viele von Ihnen werden in der Tageszeitung *The Observer* die Antwort-Zuschriften auf den NEWSOM-Brief gelesen haben, in dem eigene Erziehungswege für Frauen vorgeschlagen wurden. NEWSOMS Antrag ging von den Überlegungen aus, daß die Gesellschaft sicherlich an Frauen andere Anforderungen zu stellen habe als an Männer und daß beide Geschlechter wahrscheinlich nicht nur körperlich, sondern auch in ihrem Verhalten einschließlich der Lernfähigkeit erblich verschieden sind; die besonderen Interessen von Buben und Mädchen könnten durchaus auf genetische Unterschiede zurückzuführen sein. Wenn das zutrifft, sollte man sie verschieden erziehen, damit sie sich voll entfalten und innerhalb der Gesellschaft zufriedene, innerlich ausgefüllte Menschen werden können.

Die Ansichten der Briefschreiber führten weit auseinander. Das Beunruhigende daran war, daß man von ungeklärten Voraussetzungen ausging und nach Gutdünken oder sogar gefühlsbetont Stellung nahm. Wir müssen aber erst einmal wissen, in welchem Ausmaß und in welchen Hinsichten wir mit erblich verschiedenen Lernbereitschaften bei Kindern rechnen müssen. Da wir das aus ethischen Gründen an Menschen nicht untersuchen können, sollte man Tiere unter genau gleichartigen Bedingungen aufwachsen lassen und prüfen, ob sich die Lernleistungen von Männchen und Weibchen unterscheiden. Klinische Befunde lassen jedoch schon jetzt darauf schließen, daß es solche Unterschiede bei Jungen und Mädchen tatsächlich gibt.

Wie mir scheint, stehen wir hier vor einer wichtigen Aufgabe, die schon in naher Zukunft zu weitreichenden Entscheidungen führen kann; doch die nötigen Kenntnisse fehlen uns noch. Nur wenige haben bisher die Folgerung daraus gezogen, daß wir diesen Teil des menschlichen Verhaltens erst erforschen müssen, ehe wir versuchen, darauf einzuwirken.

Wir gehen jetzt zu etwas anderem über. Viele Menschen glauben, Tiere seien inneren wie äußeren Reizen gewissermaßen ausgeliefert und nicht imstande, die Beziehung zwischen Ursache und Wirkung zu erfassen. Es lohnt sich, einmal darüber nachzudenken, ob sie nicht doch einfache Zusammenhänge erkennen und was im einzelnen uns Menschen veranlaßt, solche Beziehungen zu sehen.

Lassen wir einmal geistreiche wissenschaftliche Kausalbetrachtungen beiseite und überlegen, wie wir alltäglich zu solchen Folgerungen kommen. Wenn ein Ereignis A immer dem Ereignis B vorausgeht und B niemals eintritt, ohne daß A stattgefunden hat, dann schließen wir daraus, daß A die Ursache von B ist. Doch der Zufall kann täuschen. Dagegen schützen wir uns in der Wissenschaft, indem wir solche Folgen viele Male nacheinander beobachten. Im Alltag sind wir nicht so vorsichtig; schon wenige A-B-Folgen genügen, manchmal sogar eine einzige, um uns von ihrem ursächlichen Zusammenhang zu überzeugen.

Dazu folgende Geschichte: Konrad LORENZ und ich sahen zu, wie meine dreijährige Tochter sich abmühte, ihren kleinen Roller gegen die Wand zu lehnen. Beim ersten Versuch kippte er um, ebenso beim zweiten und dritten. Dann richtete sie ihn noch einmal auf, gab ihm, ungeduldig geworden, ärgerlich einen Stoß – und er stand! Sie hätten das strahlende Gesichtchen sehen müssen: Mit dem *Stoß* hatte sie es geschafft! Ich konnte meinem Freund gegenüber die Bemerkung nicht unterdrücken: »Siehst

Du, sie ist genau so dumm wie . . . wie ein Erwachsener.« Ich glaube, Sie verstehen, worauf es hier ankommt.

Mancher von Ihnen wird sich gleich mir erinnern, wie viele Menschen das Radio für die (angebliche) Verschlechterung des Wetters verantwortlich machten; dann war das Fernsehen, noch später die Atombombe schuld. Alle diese Behauptungen, ob sie nun berechtigt waren oder nicht, bezogen sich bestenfalls auf so etwas wie einen Schritt von A nach B, auf ein zufälliges und meistens ein besonders einprägsames Zusammentreffen.

Selbst in der Forschung gehen wir oft von solchen Ereignisfolgen aus, doch wir achten darauf, die Beobachtungen unter gleichmäßigen Bedingungen mehrmals zu wiederholen und Zufälle auszuschließen.

Daß Tiere auf A reagieren, weil sie danach B erwarten, ist vielfach erwiesen; denn genau das geschieht bei einer Konditionierung nach Pawlow: Wenn man regelmäßig, kurz bevor ein Hund gefüttert wird, z. B. eine Glocke läutet, dann antwortet er schon bald auf diesen »bedingten Reiz« ebenso wie auf die Reize, die vom Futter selbst ausgehen. Er benimmt sich genau wie ein Mensch, der aus mehrfacher Beobachtung der Folge A-B gelernt hat, daß B die Wirkung von A bzw. A die Ursache von B ist. Können wir das mit unserer »Einsicht« in solche Zusammenhänge vergleichen? Es ist gut denkbar, daß auch hierbei die verschiedene Redeweise grundlegende Übereinstimmungen verschleiert. Würden wir unser eigenes Verhalten oder, einfacher, das unserer Mitmenschen mit denselben Worten beschreiben wie das des Hundes, anstatt durch subjektive Begriffe wie Wissen oder Einsicht, dann schiene uns der Abstand nicht so groß. Jedenfalls sollte man auch hier fragen: Ist unser Verhalten im Grunde dasselbe wie das von Tieren, wenn es sich auch auf einer anderen Ebene abspielt, oder ist es grundsätzlich anders? Ich will nicht behaupten, daß man den Übergang leicht finden kann; ich möchte nur immer wieder betonen, wie dringend wir zuverlässige Vergleiche und eine gemeinsame Fachsprache brauchen.

Noch etwas anderes gilt weithin als ein entscheidender Unterschied. Man sagt: Tiere handeln blindlings, zwangsläufig, in Antwort auf innere und äußere Zustände und Reize, durch die ihre Antworten unmittelbar ausgelöst werden. Der Mensch dagegen handle nach Voraussicht und nach freiem Willen. Gibt es Entsprechendes bei Tieren? Wie jeder von sich selber weiß, können wir, ehe wir etwas tun, uns vorstellen, was sich im einen oder anderen Falle daraus ergibt. Wir brauchen unseren Vorsatz nicht auszuführen, um zu wissen, was er für Folgen haben wird; wir können es uns vorher denken und aufgrund unserer Erwartung beschließen, was geschehen soll. Welchen Mechanismen wir diese Fähigkeit verdanken, ist unbekannt, aber die Tatsache steht außer Frage. Auch »Erwartung« ist jedoch ein subjektiver Ausdruck. Läßt er sich in sichtbares Verhalten übersetzen?

Erste Schritte in dieser Richtung sind getan, und ich möchte einige Beobachtungen schildern, die hierzu etwas aussagen können.

Viele Insekten verfügen über die sogenannte optomotorische Reaktion. Wenn sie stillsitzen und ihre Umgebung sich bewegt, im Versuch etwa ein drehbarer Pappzylinder mit senkrechten schwarzen und weißen Streifen, dann drehen sie sich mit, so daß sie ihre Stellung in bezug auf ihre sichtbare Umgebung beibehalten. Auf diese Weise sind z. B. Fluginsekten wie Schwebfliegen imstande, selbst bei starkem Wind auf der Stelle zu bleiben. Der entscheidende Reiz ist die Verschiebung des Abbildes der Umwelt auf der Netzhaut des Auges. Wenn umgekehrt in ruhender Umgebung das Tier sich selber in Bewegung setzt, erzeugt dies eine Bildverschiebung in entgegengesetzter Richtung. Die optomotorische Reaktion müßte es nun gleich zur Umkehr zwingen. Das geschieht aber nicht. Das Tier kann sich trotz dieser Wahrnehmungen frei bewegen, nach früherer Meinung, weil bei Eigenbewegungen diese Reaktion unterdrückt wird. Wie v. Holst und Mittelstaedt zeigten, ist das jedoch nicht richtig. Sie drehten den Kopf einer Fliege 180° um die Längsachse des Tieres (was die Fliege ohne Schaden selbst tun kann) und befestigten ihn in dieser Lage. Nun verschiebt sich das Netzhautbild genau entgegengesetzt zur vorgesehenen Richtung, und sooft das Tier sich bewegt, fängt es wild an zu kreiseln. Das heißt, es reagiert optomotorisch, jedoch in der verkehrten Richtung, so daß sich die Bildverschiebung nicht aufhebt, sondern verstärkt, und alles nur um so schlimmer wird. Wenn aber die Optomotorik nicht unterdrückt wird, wie kann das Insekt sich dann normalerweise frei bewegen? Die einzig mögliche Erklärung lautet, daß es bei Eigenbewegungen die Bildverschiebung erwartet, aber nicht registriert, solange deren Richtung und Geschwindigkeit dazu passen. Die ruhende Fliege ist »darauf eingestellt«, am Ort zu bleiben und ihre Lage zu korrigieren, falls das Netzhautbild wandert; die andere ist »darauf eingestellt«, ihre Lage oder besser ihre Bewegung nicht zu korrigieren, solange die Rückmeldungen von der Außenwelt besagen: Bildverschiebung im »erwarteten« Sinne. Auf welche Weise diese Einstellung oder Erwartung im Zentralnervensystem zustande kommt, können wir bisher nur vermuten, doch offensichtlich gibt es sie.

Dieses Beispiel mag im Vergleich zum Menschen weit hergeholt scheinen, weil unsere Erwartungen viel mehr umfassen und weit in die Zukunft reichen. Aber das Folgende wird Sie vielleicht überzeugen.

Eine führende Glucke, die am Boden pickt, veranlaßt ihre Küken, ebenfalls zu picken und Futter aufzunehmen. Dasselbe erreicht ein Hühnerkopf aus Pappe, der Pickbewegungen ausführt. Der englische Zoologe TURNER dressierte ein Küken, in einer Ecke A seines Auslaufs verstecktes Futter zu suchen. Danach ließ er in einer anderen Ecke B eine Hühnerkopfattrappe picken, und zwar nach zwei Sorten Körnern, braunen und grünen. Wenn sie nach den braunen pickte, lief das Küken zur Ecke A und suchte sich dort aus einer Futtermischung die braunen Körner heraus; es hatte gelernt, bei A solche Körner zu »erwarten«, anders ausgedrückt, es war durch Reize, die es bei der Mutterattrappe wahrgenommen hatte, darauf »eingestellt«, bei A nach braunen Körnern zu suchen und sie zu verzehren. Es mußte sich demnach im Inneren des Kükens irgend etwas ereignet haben, das es veranlaßte, im Hinblick auf Zukünftiges zu handeln, mit bestimmten Folgen seines Tuns zu rechnen. Dies ist durchaus kein Einzelfall; man könnte viele ähnliche Beispiele nennen. Freilich bleibt auch hierbei offen, ob unsere Erwartungsfähigkeit aus solchen Anfängen entstanden ist, und wiederum muß ich darauf verweisen, daß wir zum unmittelbaren Vergleich das Verhalten von Menschen und Tieren einheitlich beschreiben müssen.

Wir können dasselbe von der anderen Seite betrachten und uns fragen, was »überlegt« und was automatisch als Antwort auf Innen- und Außenreize getan wird, inwieweit wir selber nach kühler Voraussicht die Folgen unseres Handelns abzuschätzen pflegen. Den Ursprung finden wir vielleicht am besten dort, wo Menschen »gegen besseres Wissen« etwas tun, was von vornherein nicht gut ausgehen kann. Unter einem starken Drang, der mit dem Verstande nicht zu zügeln ist, können Menschen jeglicher Einsicht entgegen handeln. Als Insasse eines Gefangenenlagers habe ich erlebt, daß unter normalen Umständen moralisch sehr hochstehende Männer bei verzehrendem Hunger ihren ebenso hungernden Kameraden Lebensmittel stahlen. Und wir brauchen nur Kriminologen zu fragen, um zu erfahren, wieviel Verbrechen aus sexuellen Motiven begangen werden, oft mit verheerenden Folgen für den Täter, und zwar nicht nur unter solchem Zwang im engsten Sinne, sondern auch schon in dem übermäßigen Verlangen, einer Frau Eindruck zu machen.

Das alles mag alltägliches Gerede sein. Ist aber die Bedeutung solcher

Tatsachen in vollem Umfange klar? Unter den unbewußten Antrieben ist wohl der gefährlichste die Kampfbereitschaft, mit der wir uns deshalb etwas näher befassen wollen. Aggressionen werden oft – und wenn es um die Ordnung des menschlichen Zusammenlebens geht, mit Recht – als etwas Unsoziales, Verderbliches angesehen. Aber das ist, wenigstens bei Tieren, nur die eine Seite. Kampfverhalten in den verschiedensten Formen gehört zur normalen Ausstattung sehr vieler Tiere. Es sprechen außerdem viele Anzeichen dafür, daß es »angeboren« ist, derart daß es sich auch bei solchen Tieren normal entwickelt, die in ihrer Jugend keinerlei Möglichkeit hatten, es zu erlernen. Wie Untersuchungen der biologischen Bedeutung der Angriffsbereitschaft ergeben haben, dient sie stets der Erhaltung der Art. Sie ist zweifellos nützlich, z. B. als ein Mittel (zugleich mit ihrem Widerpart, der *Furcht* des Angegriffenen), die Siedlungsdichte zu regeln und Übervölkerung zu verhindern, wobei häufig abgegrenzte Reviere als Eigenbesitz eine Rolle spielen. Bei den meisten territorialen Arten werden diese Reviere von Einzeltieren oder Brutpaaren verteidigt, bei anderen, wie etwa Wölfen und ihren Verwandten oder bei manchen Primaten, von Gruppen oder Sippen, die sie gemeinsam bewohnen.

Es ist aber dafür gesorgt, daß innerhalb einer Art das Kämpfen nur ausnahmsweise zum Tode und selten zu Verletzungen führt, und zwar zum Teil durch ein wohlausgewogenes Angriffs- und Fluchtsystem. Oft zieht sich ein Tier schon zurück oder hält den nötigen Abstand, wenn es angegriffen oder bedroht wird, anstatt auch seinerseits zu kämpfen. Als eine weitere Sicherung dienen bestimmte Haltungen, durch die ein unterlegenes oder in die Enge getriebenes Tier seine Unterwürfigkeit kundtut, sogenannte Demutsgebärden. Das Erstaunliche daran ist, daß sie das Angriffsverhalten unmittelbar hemmen, den Angreifer also besänftigen oder beschwichtigen können.

Vergleichende Verhaltensforscher sind nicht bereit zu glauben, der Mensch habe keine ererbten Neigungen zu kämpfen, und sie sind nicht davon überzeugt, daß man durch geeignete Erziehung vollkommen friedfertige Wesen heranbilden kann. Wir sollten diese Frage eingehend prüfen. Einstweilen nehmen wir an, daß der Mensch gleich seinen nächsten Verwandten ein ursprüngliches, unbewußtes Bedürfnis hat, Gruppenreviere zu verteidigen und sich für einen Partner oder für Rang und Ansehen mit seinesgleichen auseinanderzusetzen.

Ehe wir daran denken können, Aggressionen zu dämpfen und in ungefährliche Bahnen zu lenken, ist es von größter Wichtigkeit festzustellen, wie tief sie im menschlichen Wesen verankert sind. Bei Tieren, zu deren Normalverhalten das Kämpfen gehört, läßt es sich vorübergehend unterdrücken. Doch mit der Zeit staut es sich auf und kann zu wütenden Ausbrüchen führen: Sie kämpfen sich selbst zu Tode oder morden Ehepartner und Junge.

Außer Beschwichtigung gibt es noch weitere Mittel, die Angriffslust unschädlich zu machen. Oft läßt ein Tier, das einen überlegenen Gegner vor sich hat, seine Kampferregung an etwas anderem aus, nicht nur an den noch Schwächeren (wie mancher heimkehrende Familienvater nach Ärger mit dem Chef an Frau und Kindern), sondern auch an leblosen Dingen, an Holz oder Laub. Wir sollten festzustellen versuchen, in welchem Maße wir unsere Aggressionen umlenken und sogar höheren Zwecken dienstbar machen können, z. B. durch gemeinsame »Angriffe« auf die Natur: Überwindung des Meeres (wie etwa in Holland), Eroberung des Weltraums, Kampf gegen Krankheit und Zerstörung.

Unsere Angriffsbereitschaft ist deshalb so gefährlich geworden, weil man die Menschen gruppenweise aufhetzt, sie mancherlei Bewährungsproben aussetzt, um ihre Angst zu verringern, und auch, weil man ihnen einreden kann, was Schlimmeres geschehen würde, wenn sie sich nicht wehrten. Das alles wird durch Massenmedien enorm begünstigt. Außerdem haben weitreichende Waffen das Beschwichtigungsverhalten unwirksam gemacht. Es ist viel leichter, vom Flugzeug aus eine Atombombe abzuwerfen oder eine Rakete zu zünden, als einen Mann oder ein Kind mit eigener Hand zu erwürgen; man erlebt ja nicht unmittelbar, was für Unheil dadurch geschieht.

Ich bin auf diese Frage etwas ausführlicher eingegangen, weil sie uns so dringend angeht. Doch was geschieht? Warum setzen wir nicht mehr Kräfte ein, um auf breiter Front die Aggression wissenschaftlich zu erforschen? Warum versuchen wir nicht einmal, die bescheidenen Kenntnisse, die wir haben, anzuwenden?

Solche Untersuchungen sollten wirklich in großem Umfange durchgeführt werden; denn unsere Unwissenheit ist erschreckend. LORENZ hat die Meinung geäußert, selbst wenn es uns gelingen sollte, ganz und gar friedfertige Menschen heranzuziehen, dann sei damit überhaupt nichts gewonnen. Im Tierreich ist nämlich mit der Kampfbereitschaft, vor allem von Gruppen, etwas sehr Wertvolles verbunden: Echte Freundschaft scheint sich hauptsächlich in Gesellschaften auszubilden, die gemeinsam anderen Gruppen feindlich gegenüberstehen. In welchem Maße sind Angriffslust und die Neigung, freundschaftliche Bande zu knüpfen, miteinander verwoben? Wir wissen es nicht, sollten aber versuchen, es zu ergründen. Ich selbst vermute, daß Lorenz mit einem kühnen Satz von einer Stufe, der genetischen, zu einer anderen übergesprungen ist, zu phaenotypischer Kontrolle.

Sie haben, wie ich hoffe, meine bescheidenen Ausführungen nicht mißverstanden. Alles, was als höchste Leistungen allein des Menschen geschätzt wird, Sprache, Kunstempfinden, Ethik und Religion, habe ich beiseite gelassen, nicht weil ich glaube, daß sich hierfür keine Vorstufen im Tierreich fänden, sondern weil unsere Vorstellungen von ihrer Herkunft noch ungewisser sind als bei den Fähigkeiten, von denen wir sprachen. Es liegen jedoch einleuchtende Ansichten über die Ursprünge auch dieser höchsten Leistungen vor. Mein Hauptziel war, unsere erschreckende Unkenntnis in vollem Umfange vor Ihnen auszubreiten und gleichzeitig darzustellen, daß die Biologie aussichtsreiche *Methoden* für ein vergleichendes Studium des menschlichen Verhaltens anbieten kann. Um unser Erbe aus dem Tierreich zu begreifen – das wir mitbekommen haben müssen, da wir aus Tieren entstanden sind –, ist es notwendig, in der Humanethologie dieselben Verfahren anzuwenden, die sich in der Verhaltensforschung an Tieren längst bewähren. Die Abneigung dagegen ist sicherlich in unserer tief eingewurzelten Scheu davor zu suchen, uns selber der wissenschaftlichen Betrachtung zu unterziehen. Bei voller Anerkennung dessen, was schon vorliegt, ist jedoch nicht zu bestreiten, daß die biologische Erforschung des menschlichen Verhaltens einstweilen nicht mehr ist als ein Programm; doch es ist durchführbar, und es eilt.

(Aus dem Zoologischen Institut der Universität Oxford)

17 Vergleichend-ethologische Betrachtung des frühkindlichen Autismus [1]

(1972)

Man muß die psychische Entwicklung des Kleinkindes ebenso beobachten wie FABRE *seine Insekten – indem man auf die Suche geht, sie überraschend in ihrer natürlichen Umwelt zu sehen, und sich dabei verborgen hält, um sie nicht zu stören.*
Maria MONTESSORI (1936): The Secret of Childhood. Edition Orient Longmans, Bombay, S. 45

Es hat wenig Sinn, Abnormitäten zu untersuchen, ehe wir das Normalverhalten kennen, von dem sie abzuleiten sind.
Peter B. MEDAWAR (1967): The Art of the Soluble. Methuen, London, S. 109.

I. Einleitung

Das Krankheitsbild, das heute als »frühkindlicher Autismus« weithin bekannt ist, wurde 1943 von L. KANNER (17) erkannt und beschrieben. Über die diagnostischen Kriterien sind sich die Experten noch nicht völlig einig. Die von der Arbeitsgruppe unter CREAK (7) ursprünglich aufgestellten neun Punkte, durch die das damals sogenannte »schizophrene Syndrom im Kindesalter« gekennzeichnet ist, werden jedoch in ihrer von O'GORMAN (19) etwas abgewandelten Form ziemlich allgemein anerkannt. Wie das Wort Autismus besagt, wirkt der Patient unzugänglich und schließt sich anderen Menschen nicht an. Trägheit und Überaktivität wechseln zeitweilig miteinander ab. Während der aktiven Phasen führt das Kind oft stereotyp wiederholte, scheinbar sinnlose Handlungen aus. Sinnesreize beantwortet es häufig nicht, obwohl es sich bei anderen Gelegenheiten als hochempfindlich erweist. Das Lernen ist im allgemeinen verzögert und vor allem das Sprechen nicht entwickelt oder verkümmert. Oft kommt es zu Wutausbrüchen.

Während zu KANNERS Zeit der Autismus etwas Seltenes zu sein schien,

1 Eine Kurzfassung von: E. A. TINBERGEN und N. TINBERGEN (1972): Early Childhood Autism – an ethological Approach. In: Advances in Ethology. Z. Tierpsychol., Beiheft 10, S. 1–53. Berlin (Parey).

wird heute schon allein in England rund 6000 Kindern diese Diagnose gestellt. Der Zuwachs mag teilweise auf ein besseres Erkennen der Symptome zurückzuführen sein, wahrscheinlich ist aber auch mit einer echten Zunahme zu rechnen.

Autistische Kinder erwecken den Eindruck, daß sie verzweifelt unglücklich sind; ebenso sind es die Eltern. Und obgleich sich ein Teil dieser Kinder erholt, bleiben doch viele auch als Erwachsene stark behindert. Gleichzeitig besteht aber auch der Verdacht, daß viele Autisten überdurchschnittliche Fähigkeiten besitzen und daß ihre Wiederherstellung sozusagen auf Abruf bereitliegt. Darum bemüht man sich eindringlich, die Ursachen der Krankheit zu erforschen, jedoch bisher ohne zu einem einheitlichen Ergebnis zu kommen. Im Gegenteil, die Ansichten gehen weit auseinander. Manche Autoren sind überzeugt, daß es sich um organische oder genetische Störungen handelt, jedenfalls nicht um Aufzuchtschäden (WING 30). Andere rechnen mit Umwelteinflüssen (BETTELHEIM 1), und wieder andere führen diese Erscheinungen in erster Linie auf allgemeine Übererregung zurück (S. J. HUTT et al. 14, HUTT und HUTT 13) oder auf äußere Überreizung (STROH und BUICK 24). Schließlich werden auch Sprachstörungen als primäre Ursache angesehen (RUTTER et al. 23). Es ist daher nicht verwunderlich, daß man der Angelegenheit unschlüssig gegenübersteht und daß sich die Behandlungen in ihren Zielen und Methoden wie auch in ihren Erfolgen weit voneinander unterscheiden.

Obgleich wir selber nicht hauptberuflich mit solchen Fragen zu tun haben, beschäftigen sie uns, seit vor Jahren S. J. und C. HUTT uns ihr Anliegen vortrugen, den Autismus in ethologischer Arbeitsweise zu untersuchen, und hauptsächlich seit sie (HUTT und HUTT 16, S. 147) 1970 schrieben: ». . . außer dem Abwenden des Gesichtes zeigen diese Autisten bei Begegnungen mit anderen Menschen alle Verhaltensanteile, die man dann auch bei nicht-autistischen Kindern sieht.« Da wir das Abwenden des Gesichtes von normalen Kindern sehr gut kannten, veranlaßte uns diese Bemerkung, manche unserer Beobachtungen an gesunden und autistischen Kindern noch einmal zu überdenken und sie in einer Weise zu analysieren, die sich beim Studium des Sozialverhaltens höherer Tiere vielfach bewährt hat. Das schien vor allem deshalb berechtigt, weil autistische Kinder wenig oder gar nicht sprechen, so daß man ebenso wie bei Tieren gezwungen ist, den unsprachlichen Ausdruck ihrer Gemütsbewegungen zu entschlüsseln.

Beim Durchdenken unserer Erfahrungen aus vielen Jahren mit normalen Kindern und mit Autisten, soweit wir solche aus Begegnungen und aus der Literatur kannten, wurde uns klar, daß man aus den Umständen, unter denen gesunde Kinder manchmal teilweise oder sogar vollständig das Kanner-Syndrom zeigen, auf die Ursachen dieser Erscheinung schließen könne. So kamen wir allmählich zu einer Hypothese, die zwar im Grunde nur eine Erweiterung früher schon geäußerter Ansichten ist, sich aber sehr erheblich von der heute verbreiteten Meinung unterscheidet. Diese Hypothese schien uns nicht nur ein besseres Verständnis wenigstens einiger Formen des Autismus zu versprechen, sondern auch neue Wege der Behandlung zu erschließen. Als wir einen ersten Entwurf unserer Ausführungen bei Fachleuten in Umlauf brachten, erhielten wir neben vielen ablehnenden Antworten doch einige, aus denen hervorging, daß es Bearbeiter (besonders Clancy und McBride 6 und Richer mündl.) gibt, die ganz ähnlich denken wie wir. Außerdem sprach manches dafür, daß Heilungsversuche nach ihren und unseren Vorstellungen sich gut bewähren, jedoch nur an wenigen Orten durchgeführt werden. So beschlossen wir, unsere Beobachtungen und Folgerungen zu veröffentlichen, in der Hoffnung, dadurch weitere Untersuchungen anzuregen.

II. Begegnungen mit Fremden

Während mehr als 30 Jahren haben wir beide immer wieder Begegnungen zwischen Tieren zahlreicher Arten analysiert und auch viele Kinder beim Zusammentreffen mit anderen Menschen, sowohl Erwachsenen wie Kindern, beobachtet. Ganz allmählich ging E. A. T. dazu über, sooft es ihre Zeit erlaubte, solche Begegnungen planvoller und genauer zu untersuchen. Hierdurch haben wir beide gelernt, im Umgang mit den (meistens noch kleinen) Kindern bestimmte Regeln einzuhalten, und damit erreicht, daß solche, die anfangs schwache, jedoch unverkennbare Symptome von Kanners Syndrom zeigten, rasch zu normalem und oft sogar ausgeprägtem sozialem Verhalten übergingen. Manche Beobachtungen, die wir beschreiben wollen, sind für Kenner gewiß nicht neu, doch wie uns scheint, wird ihre Bedeutung für das Verständnis dessen, was bei solch einer Begegnung geschieht, oft unterschätzt, selbst von Kinderpsychologen, Psychopathologen und auch Ethologen, mit denen wir gelegentlich darüber sprachen.

Nach Erfahrungen von E. A. T. sind drei verhältnismäßig gleichförmig wiederkehrende Gelegenheiten zum Beobachten vortrefflich geeignet: (1) Mutter und Kind im Supermarkt, wenn sich das Kind, das im Einkaufswagen sitzt, plötzlich dem unbekannten Betrachter gegenübersieht; (2) eine Fahrt im Omnibus mit einem Sitzplatz nahe bei Mutter und Kind; (3) der Besuch bei oder von einer Familie mit kleinen Kindern. In all diesen Fällen ist man dem Kinde vollständig oder doch verhältnismäßig fremd. Es bemerkt einen fast immer und muß sich mit der gegebenen Lage (die man erheblich beeinflussen kann) irgendwie auseinandersetzen. Außerdem kann man unter gewissen Vorsichtsmaßregeln von nahem sehen, wie das Kind reagiert. Bei jeder solchen Untersuchung gelingt es dem Beobachter mit der Zeit immer besser, Wichtiges zu erfassen und festzuhalten, und obwohl wir unsere Wahrnehmungsfähigkeit in dieser Hinsicht schon lange üben, sind wir überzeugt, daß man es damit noch weiterbringen kann und muß. Das empfiehlt sich sowohl für quantitative Analysen wie auch für weitere Versuche.

Wenn der Beobachter in einer dieser Situationen einem Kind begegnet (wobei er dessen Verhalten sowie alle übrigen Umstände genau beachten und ständig überwachen muß), lächelt er, oder er sieht es einfach an. Die Antworten darauf wechseln ganz außerordentlich, von eindeutig positiver Zuwendung, z. B. mit unverhohlenem Lächeln, oder Annäherung und freundlicher Kontaktaufnahme bis zum Schließen der Augen, Abwenden des Kopfes oder sogar des ganzen Körpers und Weggehen, oft um sich bei der Mutter anzukuscheln; manchmal kommt Daumenlutschen hinzu. Zwischen diesen beiden Extremen gibt es zahllose Übergänge, die häufig so fein abgestuft sind, daß man sie zwar mit der Zeit auf einen Blick erfaßt, sich aber mächtig anstrengen muß, um aus der eigenen Wahrnehmung zu erfahren, was man denn eigentlich gesehen hat – ein Vorgang, der zum Beobachten und zum Beschreiben natürlich immer dazugehört. Darüber hinaus wird unsere Aufgabe durch die fortwährenden Veränderungen des kindlichen Verhaltens erschwert. Sie sind entscheidend wichtig. Man muß sehr genau achtgeben, um sie sich einzuprägen und vor allem das eigene Verhalten schnell und richtig darauf abzustimmen. Selbstverständlich muß man sich auch darüber im klaren sein, daß man selber eine Doppelrolle spielt: als Beobachter und als ein Teil der Reizsituation, auf die das Kind anspricht. Man ist gewissermaßen Versuchsleiter und Außenfaktor oder »Attrappe« in einer Person.

Ist als erstes der Blickkontakt hergestellt, indem das Kind zum Fremden hinblickt, *der es ansieht*, so können mancherlei Zeichen freundlicher Zuwendung folgen: geringe Veränderungen des Augenausdrucks oder der Körperhaltung, die man als aufmerksam, entgegenkommend usw. zu deuten lernt; ein ganz schwaches Hochziehen der Mundwinkel, das meist nur Sekundenbruchteile dauert; fortgesetzter Blickkontakt usw. Manchmal sind diese Zeichen schon von Anfang an gut ausgeprägt, oder sie verstär-

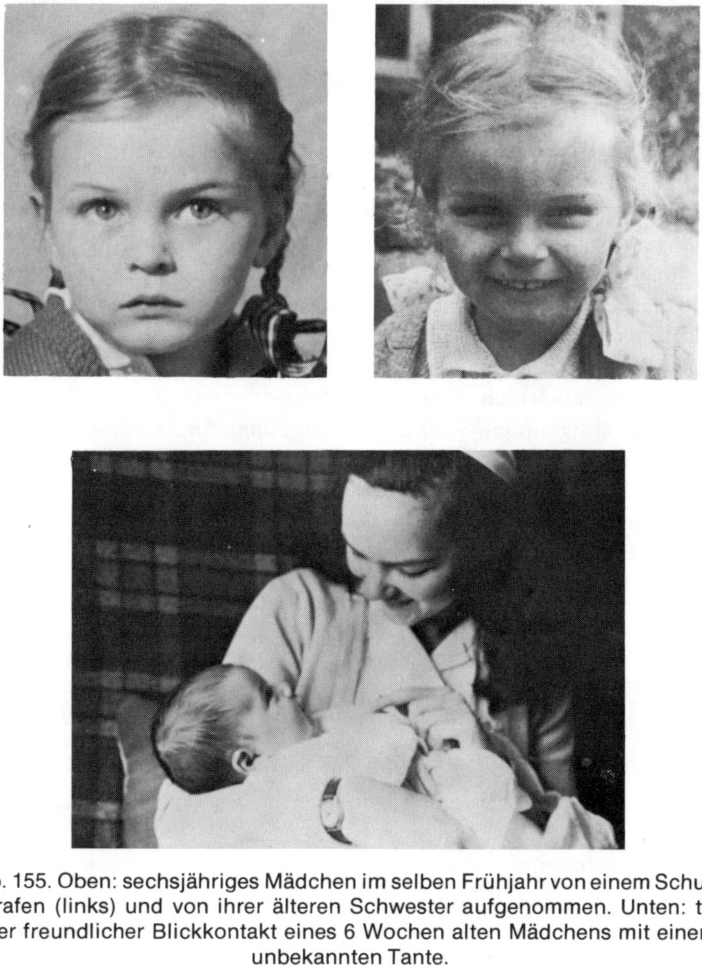

Abb. 155. Oben: sechsjähriges Mädchen im selben Frühjahr von einem Schulfotografen (links) und von ihrer älteren Schwester aufgenommen. Unten: typischer freundlicher Blickkontakt eines 6 Wochen alten Mädchens mit einer ihr unbekannten Tante.

ken sich. Das Lächeln wird zum Strahlen, das Kind läuft zum Beobachter hin und beginnt, sichtlich gelöst, vergnügt und spielerisch auf ihn einzugehen – Verhaltensweisen, die ausgesprochen rührend und belohnend wirken.

In anderen Fällen führt der erste erkundende Blick zu abweisender Haltung, wiederum mit einer Vielfalt z. T. nur leicht angedeuteter Ausdrucks- und Bewegungsweisen. Die schwächste Form ist ein bestimmter Augenausdruck, der schwer zu beschreiben, aber (wie man aus Romanen weiß) vielen Menschen bekannt ist. Da heißt es »leer« oder »verloren« oder »in sich verschlossen«. Es ist ein ungewisser ausdrucksloser Blick, der häufig *hinter* die Augen des Erwachsenen gerichtet ist – etwas sehr Wesentliches, das man leicht übersieht. Nehmen wir für einen Augenblick vorweg, was für einen gewaltigen Einfluß die Antwort des fremden Beobachters auf dieses erste kleine Zeichen ausübt: *Falls er das Kind weiterhin anblickt*, wird es nun die Augen teilweise oder ganz schließen, und zwar manchmal so langsam, daß es scheint, als hätten die Lider einen sehr weiten Weg zurückzulegen. Werden die Augen vollständig geschlossen, so sind die Lider ganz glatt, nicht im mindesten zugekniffen, faltig oder runzlig, wie geschlossene Augenlider sonst, außer im Schlaf, auszusehen pflegen.

Das bleibt jedoch nicht lange so. Früher oder später wird das Kind seine Augen vorsichtig öffnen. Sieht man es dann immer noch an, so wiederholt sich das ganze, wobei je nach dem Zustand des Kindes und dem Verhalten des Erwachsenen die negative Reaktion sich verstärkt oder langsam vermindert und in das oben beschriebene aufgeschlossene Verhalten übergeht. Stärkere Ablehnung äußert sich im Wegsehen, Abwenden des Kopfes, Augenschließen und Weggehen oder Sich-Anschmiegen an die Mutter.

III. Das Ordnen der eigenen Wahrnehmungen

Schon in der Beschreibung haben wir eine große Anzahl der Form nach sehr verschiedener Verhaltensanteile klassifiziert, und zwar in folgender Weise:

Die beobachtbaren Äußerungen werden in zwei große Klassen eingeteilt, in (positive) Zuwendung und (negative) Ablehnung. Ungefähr gleichwertige Begriffe sind »verbindend« oder »entgegenkommend« bzw. »zurückhaltend« oder »abweisend«. Diese und ähnliche Zweiteilungen sind begründet durch Korrelationen innerhalb der beiden Klassen: von (1) dem erkennbaren Unterschied zwischen Zuwendung und Ablehnung mit (2) drei anderen zum Zeitpunkt der Einordnung voneinander unabhängigen objektiven Kriterien, nämlich (a) der *Form* des Verhaltens (z. B. sind die verschiedenen Grade des Augenschließens oder des Kopfwendens einander objektiv ähnlich), (b) ihrer *folgerichtigen Verknüpfung* entweder mit Annäherung oder mit Rückzug (die ein geübtes Gehirn mit überraschender Genauigkeit registriert, die aber dennoch mit den heute üblichen Sequenzanalysen nachgeprüft werden müssen) und (c) der *Funktion*: Sie haben entweder eine Verstärkung oder eine Verminderung, sogar den Abbruch sozialer Kontakte zur *Folge*, weil sie als Signale wirken, die den anderen ermuntern oder entmutigen, die Verbindung aufzunehmen. Natürlich ist es der enge Zusammenhang zwischen a, b und c, der jede der beiden Verhaltensklassen außerordentlich gut angepaßt erscheinen läßt, so daß sie im geselligen Umgang ihre Aufgabe richtig erfüllen.

Zweitens umfaßt unsere Einteilung auch die verschiedenen Stufen innerhalb jeder der beiden Klassen, von schwachen bis zu starken Äußerungen. Ein bloßes Augenschließen wird daher als ein schwächeres Zeichen der Ablehnung gewertet als das Sich-Abwenden. Auch dies ist keine willkürliche Ordnung, obwohl sie zunächst intuitiv so empfunden wird. Vielmehr beruht sie auf gewissen Beziehungen, z. B. zwischen Umfang, Stärke, Dauer oder Geschwindigkeit des betreffenden Verhaltensablaufs, auf dessen Stelle in der am häufigsten beobachteten Ereignisfolge zu rein positivem oder rein negativem Verhalten hin, auf der für die Auslösung erforderlichen Reizstärke u. a. m.

Daß man sich über die Kriterien für solche Einteilungen klar wird, scheint uns eine wichtige Voraussetzung für den Gebrauch dieser Methode zu sein; sonst wäre sie wissenschaftlich wertlos. Zwar wird uns oft entgegnet, es seien willkürliche oder subjektive Ordnungsprinzipien, doch scheint uns keiner dieser Vorwürfe berechtigt. Wir alle handeln ja täglich im Umgang mit anderen Menschen nach eben diesen Einteilungen und würden überall Anstoß erregen, wenn wir es nicht täten. Wir glauben, daß die hier vorgeschlagenen Methoden (und die verwendeten Beziehungen selbst) einer kritischen Prüfung standhalten werden und daß sie sich für die Untersuchung des Sozialverhaltens von Menschen wie von Tieren gleich gut eignen (vgl. die einschlägigen Kapitel in Lehrbüchern z. B. von MANNING 18 und HINDE 11).

IV. Das Aufschlüsseln der Beziehungssysteme

Obgleich wir uns zunächst ausschließlich mit dem Verhalten des Kindes befassen, ist zu bedenken, daß wir damit nur einen Teilbereich aus einem hochkomplizierten, in unserem Falle dreieckigen Beziehungssystem ausgesondert haben. Wie schon gesagt, spielt das Verhalten des Fremden eine ebenso wichtige Rolle wie der augenblickliche Zustand des Kindes. Dazu kommt die Mutter, die bewußt oder unbewußt, jedoch oft mit untrüglicher Sicherheit geringste Zeichen der Verlegenheit an ihrem Kinde wahrnimmt und es auf mancherlei Weise beruhigt, z. B. indem sie es schützend umfaßt, ihm über das Haar streicht, es anlächelt und so fort. Wenn sie selbst den Unbekannten bemerkt, schaltet die Mutter sich ebenfalls ein, je nachdem mit einem abweisenden, einem freundlichen oder verstehenden Blick. Schließlich ist es für uns, vor allem für eine Frau mit mütterlichem Empfinden, überraschend schwer, die Augen auf ein negativ gestimmtes Kind zu heften, weil die Beobachterin sich dabei (und, wie wir sehen werden, mit Recht) grausam vorkommt. Hieraus ergibt sich eine weitere technische Schwierigkeit im ohnehin schon heiklen Verfahren, die schwer zu umgehen ist. Man könnte zwar als Beobachter und als Fremden zwei Personen einsetzen; sie würden allerdings beide mit dem Kind mitempfinden. Das aber ist bei unserem Vorgehen nicht nur unvermeidlich, sondern zugleich entschieden förderlich, da es die eigene Wahrnehmungsfähigkeit erhöht. Wir sind sogar davon überzeugt, daß manche Beobachtungen und selbst Heilungsversuche durch Fachkräfte mißlingen, weil die Not des Kindes sie erschreckend gleichgültig läßt. Jedenfalls ist nicht zu leugnen, daß der Beobachter dadurch, daß er auf die Zeichen des Unbehagens anspricht, gehemmt wird, das Kind absichtlich noch mehr zu bekümmern. Hier müssen wir uns darein fügen, daß aus moralischen Gründen der Forschung am Menschen Grenzen gesetzt sind. Mit Tieren sind wir weniger beengt, und deshalb ist es berechtigt, eine Begegnung zwischen Vögeln als Beispiel heranzuziehen, wobei der eine dem anderen fremd und zwangsläufig ihm gegenüber etwas »grausam« ist.

Vorher wollen wir jedoch von vielen ähnlichen Beobachtungen an Kindern einige wenige schildern. Sie überzeugten uns davon, daß Hutt und Hutt (16) mit gutem Grunde die vielen Übereinstimmungen im Verhalten autistischer und normaler Kinder betonen und daß die Betrachtung der besonderen Umstände, die solches Benehmen hervorrufen können, manche Aufschlüsse gibt.

1. Wir hatten einmal Gelegenheit, ein zweijähriges Mädchen im Sprechzimmer eines sehr umsichtigen Kinderarztes zu sehen. Es war eines unserer eigenen Kinder, was vielleicht den Nachteil der Voreingenommenheit in sich birgt, andererseits aber den Vorteil, daß man dessen übliches Verhalten sehr genau kennt. In Gegenwart des Arztes zeigte die Kleine plötzlich sehr zu seinem Kummer und (wir sind beschämt, es zu sagen) nur zu *unserer* Überraschung völlige Abkehr und im Wechsel damit äußerste Rastlosigkeit, stereotype Bewegungen und mancherlei Anzeichen quälender Angst. Sobald sie das Sprechzimmer verlassen hatte und sich auf dem Heimweg befand, war sie normal und umgänglich wie zuvor. Zweifellos kennen viele praktizierende Ärzte und sicher auch viele Eltern dieses als eine sehr häufige Erscheinung.

2. Dasselbe Kind wurde fünfjährig für zwei Wochen zur Beobachtung ins Krankenhaus gebracht, wo es das Bett nicht verlassen durfte. Sooft wir unsere Tochter besuchten, war sie ein Bild stummer Verzweiflung, abwechselnd still in eine Ecke verkrochen oder in ruheloser Bewegung. Ihre Stereotypien wirkten ebenso trostlos wie das endlose Schleifenlaufen gekäfigter Wölfe, und, was wir auch sagten, glitt ohne erkennbare Reaktion an ihr ab.

Dieses Kind war zwar immer ängstlich, aber sonst »normal«. Als Erwachsene ist sie ganz ausgeglichen, mit den Händen ungewöhnlich geschickt – sie spielt beruflich ein Streichinstrument –, überdurchschnittlich begabt für Sprachen, deren sie mindestens drei gut beherrscht, unternehmend in Überseereisen auf eigene Faust und, mit 25 Jahren, eine erfolgreiche Lehrerin, auch wenn die Schüler 20 Jahre älter sind als sie selbst.

3. Ein anderes Kind, ebenfalls uns nahe verwandt und seit der Geburt immer wieder einmal für 1 bis 14 Tage mit uns zusammen, fiel schon sehr früh dadurch auf, daß es zuweilen maßlos ungeschickt, zu anderen Zeiten aber, wenn ihm etwas gefiel, zu außerordentlich feinen Handgriffen fähig war. Mit 5 Jahren hatte der Junge noch Schwierigkeiten, in seines Vaters Rocktaschen hineinzufinden, und am Klettergerüst war seine 18 Monate jüngere Schwester ihm weit überlegen. Dafür konnte er aber, als er noch nicht 4 Jahre alt war, die Grammophonnadel unfehlbar sicher in die Rillen einer sich drehenden Schallplatte mit einer klassischen Symphonie einsetzen, *und zwar an der Stelle, wo er eine bestimmte Phrase erwartete, was sein vorheriges Summen erkennen ließ.* Erst wenige Monate alt, sprach er ungewöhnlich stark auf Laute und besonders auf Musik an. Als er mit 5 Jahren eine kaum bekannte Haydn-Symphonie zum erstenmal von einer

Platte hörte, sagte er richtig »Haydn«, obwohl seine beiden musikkundigen Eltern für Mozart stimmten. Der Bub ist jetzt 6 Jahre alt und immer noch ängstlich. Wenn etwas ihm ein bißchen ungewohnt vorkommt, zieht er sich oft von anderen zurück, und das Sonderbarste an dieser Geschichte ist, daß nach der ersten Woche in der Schule der Lehrer die Vermutung aussprach, das Kind sei taub!

Wie alle, die sich damit befassen, wissen, ist dieses sich Abschirmen gegen einen Teil der anstürmenden Sinneseindrücke bei Autisten eine häufige Erscheinung – man vergleiche z. B. diese Beschreibung aus einer Zeit, als wir die einschlägige Literatur nur wenig kannten, mit RIMLAND (21, S. 10 und 12). Im Schrifttum wird von »Wahrnehmungsstörungen« gesprochen und betont, daß sie bald hier, bald dort auftreten. Das ist nach unseren Ergebnissen gewiß nicht richtig; denn stets betrifft die »Störung« ganz bestimmte Reizeingänge.

In Beobachtungen dieser Art, zu denen sich immer wieder einmal Gelegenheit bietet, erweisen sich die Abweichungen vom Normalen bei gesunden und autistischen Kindern als Bestandteile des Meideverhaltens. Gleichzeitig erkennt man, welche besonderen äußeren Umstände es sind, die dazu führen, nämlich soziale und/oder physische Bedingungen, die dem Kind fremd sind. Meistens handelt es sich um schüchterne oder ängstliche Kinder, und wir wissen, daß manche Psychologen und Psychiater nicht glauben wollen, wie beängstigend das Ungewohnte sein kann; doch wer den Ausdruck der Gemütsbewegungen genau verfolgt, wie wir es kurz anzudeuten versuchten, hegt keinen Zweifel, und wer die Angepaßtheit von Verhaltensweisen kennt, ist nicht überrascht. Bei Menschen wie bei den nicht-menschlichen Primaten mit ähnlichen, wenn auch nicht gleichen Mutter-Kind-Beziehungen (z. B. Rhesusaffen, vgl. HINDE und SPENCER-BOOTH 12) fängt das heranwachsende Kind in einem bestimmten Alter an, sich von der Mutter zu lösen und seine Umwelt zu erkunden. Gerade auf dieser Entwicklungsstufe erweist sich die sogenannte Achtmonatsangst als ein ganz wesentlicher Bestandteil des angepaßten Verhaltens; denn das Kleinkind *muß* allem Fremden mit Vorsicht begegnen, und es *muß* jederzeit bereit sein, bei der Mutter Schutz zu suchen, sobald auch nur der Schatten einer Gefahr droht. Es scheint uns daher zwingend anzunehmen, daß bei ängstlichen Kindern das KANNER-Syndrom zeitweilig auftritt, wenn ihnen eine Situation unheimlich ist, und daß die Sinneseindrücke, vor denen sie sich verschließen, für sie furchterregend sind. Da wir von Ereignissen ausgehen, die wir beobachten können (und die unsere einzige unmittelbare Informationsquelle sind), sehen wir zwischen schüchternen Kindern und Autisten nur graduelle Unterschiede. Wenn wir nun sagen, daß sich Kinder »zeitweilig autistisch« verhalten, dann ist das nichts weiter als reine Beschreibung dessen, was wir sehen, und wir hoffen, daß hieraus ein besseres Verständnis wenigstens einiger Fälle des »echten«, dauerhaften Autismus erwächst.

V. Stimmungskonflikte

Bevor wir unsere Analyse weitertreiben, möchten wir kurz ein anderes Gebiet beleuchten, das mit ethologischen Methoden viel besser zu erschließen wäre, als es bisher geschieht: die Stimmungskonflikte. Deren Untersuchung hat in der Ethologie zu dem wichtigen und gut gesicherten Ergebnis geführt, daß viele Bewegungsweisen, die Mitteilungsfunktionen erfüllen, durch Stimmungskonflikte des Senders verursacht werden.

Unter den mannigfachen geselligen Beziehungen, die Ethologen an Tieren untersuchen, sind solche, die Bindungen schaffen, besonders aufschlußreich, allen voran die Paarbildungsweisen einehiger Arten, die bewirken, daß am Ende Männchen und Weibchen völlig miteinander vertraut sind. Wir wollen dies in aller gebotenen Kürze an Vögeln erläutern, die wir aus eigener Arbeit sehr gut kennen, an der Silbermöwe und ihren Verwandten. Doch die allgemeinen Schlüsse, die wir daraus ziehen, sind auch für andere Arten gültig.

Bei diesen Möwen müssen die künftigen Partner nach und nach mehrere Stadien durchlaufen. Das erste Stadium, während dessen sie sich, lange bevor es zu Paarungen kommt, aneinander binden, soll uns hier beschäftigen; es folgt ihm eine längere Verlobungszeit. Daß die Vögel zueinander möchten, zeigen ihre zahlreichen Annäherungsversuche; anfangs sind diese jedoch stark erschwert durch zwei andere Verhaltenssysteme, die jedes für sich vorteilhaft sind: Angriff und Flucht. Das Männchen beantwortet das Herankommen des Weibchens überwiegend feindlich, weil seine Angriffsbereitschaft zu Beginn der Brutzeit stark ansteigt und das Weibchen als ein artgleicher Eindringling im Revier zum Teil dieselben Reize sendet wie ein Rivale. Sein Angriffsverhalten verrät zwar die Neigung, sich dem Weibchen zu nähern bzw. es näherkommen zu lassen, und auch ein wenig Fluchtbereitschaft. Dennoch hält es das Weibchen fern, das sehr empfindlich auf jeden Ausdruck seiner Feindseligkeit reagiert. Ihr merkt man an,

Abb. 156. Oben: Heringsmöwen-Weibchen (links) im Konflikt zwischen Annäherung und Rückzug; Wegsehen vom künftigen Partner. Unten: Heringsmöwen-Weibchen (rechts) nähert sich dem Männchen; das Seitlich-Vorbeigehen und die Buckelstellung kennzeichnen ein etwas späteres Stadium der Paarbildung.

daß sie ängstlich ist. Sie möchte offensichtlich zu ihm hin, hält aber doch Abstand oder flüchtet sogar. Auf das Verhalten des Weibchens kommt es uns hier an.

Wichtig ist zweierlei: das fortwährende Schwanken der Stimmungen beider Partner und die wechselseitige Signalwirkung ihrer Bewegungen. Die Stimmung pflegen wir durch das Verhältnis der Äußerungen beider Antriebssysteme zu beschreiben, was nach bestimmten Methoden auch ohne den Ablauf vollständiger Verhaltensmuster möglich ist (vgl. z. B. TINBERGEN 25 und MANNING 18). Auf unsere Möwen angewendet, ergeben sie, daß die vielfältigen Verhaltensäußerungen des Weibchens auf die gleichzeitige Aktivierung zweier Systeme zurückzuführen sind, die sich ganz oder teilweise widersprechen – in unserem Beispiel Annäherung an das Männchen und Flucht vor ihm.

Diese Deutung wurde in einigen anderen Fällen ergänzt und bestätigt (vgl. z. B. BLURTON JONES 2 und TUGENDHAT 29).

Wenn wir auch noch nicht genau verstehen, warum es zu all den verschiedenen Bewegungsweisen kommt, aus denen das Konfliktverhalten sich zusammensetzt, ist es jedenfalls sicher, daß »allgemeine Erregung« allein nicht genügt, um solche Zustände »gemischter« oder »ambivalenter« Stimmungen zu erklären; denn in Wirklichkeit sind mehrere ziemlich genau abgrenzbare Verhaltenssysteme aktiviert. Damit soll nicht gesagt sein, es sei keine allgemeine Übererregung daran beteiligt. Sie ist vielmehr von HUTT et al. (14) bei autistischen Kindern im EEG nachgewiesen sowie von HERMELIN und O'CONNOR (10) vorausgesetzt worden; außerdem fand DELIUS (9) Hinweise darauf, daß sich auch Tiere in zwiespältiger Stimmung übermäßig erregen. Es sind jedoch damit bei weitem nicht alle sichtbaren Tatsachen erfaßt. Auch die Deutung, es handle sich ganz allgemein um Reizüberflutung, ist zu einfach. Entscheidend dürfte das Maß der Reizeingänge sein, die geeignet sind, ganz bestimmte Verhaltensweisen hervorzurufen. Deshalb glauben wir, man könnte die von STROH und BUICK (24) erprobte Behandlung durch Reizverminderung noch verbessern, indem man feststellt, welche Eingänge im einzelnen als unangenehm empfunden werden und wie man sie am besten von angenehmen wie Essen oder Pflegehandlungen trennt.

Kehren wir zu den Möwen zurück: Das Weibchen schwankt ständig zwischen »kühnem« Entgegenkommen und angedeutetem oder wirklichem Rückzug, wobei es aber zugleich ganz allmählich umgestimmt wird. Die Fluchtbereitschaft sinkt, und die Neigung dazubleiben nimmt zu, bis es zur Körperberührung und dann schließlich zur Paarung kommt.

Mit Hilfe von ständig verfeinerten Beobachtungsmethoden konnten wir immer besser gesicherte Voraussagen machen, die oft genug die Allgemeingültigkeit unserer Folgerungen bestätigt haben, obgleich es (seltener werdend) in Einzelheiten immer noch Überraschungen gibt. Der ganze außerordentlich komplizierte Verlauf ist in einem Film von Tinbergen und Falkus (28) festgehalten. Keine Beschreibung in Worten kann auch nur annähernd so überzeugend wie diese Aufnahmen dartun, was alles geschieht.

Für unser jetziges Anliegen ist es höchst bedeutsam, daß bei solchen Begegnungen jedes der beiden Verhaltenssysteme in jedem der beiden Partner durch ganz bestimmte Innen- und Außenfaktoren geregelt wird und daß die Schwankungen beider Systeme in gewissen Bewegungen Ausdruck finden, die für den anderen Mitteilungswert haben. Es genügt darum nicht, nur das Weibchen im Auge zu behalten; man muß auch berücksichtigen, wie sich das Verhalten des Partners und die übrige Umwelt verändern, um an dem Gesamtbild den Wert der eigenen Voraussagen zu prüfen. Dieses vorsichtige Sich-Herantasten durch Beobachten und Deuten macht vielleicht weniger Eindruck als wohlvorbereitete Laborversuche und das Messen physiologischen Geschehens; für die Untersuchung des Verhaltens ist es jedoch das nächstliegende und sinnvollste Verfahren, die Bewegungsweisen und die äußeren Umstände, die darauf Einfluß haben, bis ins einzelne zu erforschen.

VI. Die Anwendung auf Kinder

Die Anwendung dieser Methode auf Menschenkinder bleibt, abgesehen von einigen hoffnungsvollen Ansätzen[1], weit hinter der an Tieren zurück. Als wir sie bei Begegnungen zwischen Kindern und Fremden in den drei schon beschriebenen Situationen erprobten, ergab sich für uns der zwingende Eindruck, daß solch ein Kind in einen ganz ähnlichen Stimmungskonflikt gerät wie das Silbermöwenweibchen zu Anfang der Paarbildung, mit dem Unterschied, daß die Annäherungsversuche der Kinder natürlich nicht sexuell motiviert sind. Ihr Verhalten läßt deutlich erkennen, daß sie sich zu dem oder der Unbekannten hingezogen fühlen; denn sie suchen

1 Vgl. z. B. das von N. G. Blurton Jones herausgegebene Buch (1972).

den Blickkontakt, möchten offensichtlich näherkommen und unmittelbar Beziehung aufnehmen[1]; aber gleichzeitig haben sie Angst davor.

Diese Neigung auszuweichen äußert sich, wie schon gesagt, durch Abstandhalten oder gar Fortgehen, Vermeiden des Blickkontaktes durch Senken der Lider, Abwenden des Kopfes oder des ganzen Körpers und durch vielerlei andere mit- und nacheinander auftretende Bewegungsweisen. Die Sinneseindrücke, wogegen das Kind sich verschließt, sind von Fall zu Fall verschieden. Meistens scheinen es überwiegend Sehreize zu sein, bei manchen aber auch Laute oder Berührungen, jedenfalls solche, die dem Kind Furcht einflößen. Wie wir noch einmal betonen möchten, ist es unbedingt notwendig, klar zu erkennen, daß die entscheidenden Reizeingänge weder allgemeiner Art noch bestimmten Sinnen zugeordnet, sondern *verhaltens*-spezifisch sind. Offensichtlich sind die Reize ausschlaggebend, die unmittelbar das Meideverhalten auslösen bzw. hemmen oder die Annäherung oder beides. Wie wir aus Versuchen wissen, kann ein Kind, das scheinbar taub ist, zugleich höchst aufmerksam auf andere, nicht an es gerichtete Laute, wie das leise Ticken einer Uhr oder Vogelrufe, achten und sich davon angezogen fühlen. Ein Kind, das von uns wegsieht, kann dabei sehr genau sein Spielzeug in allen Einzelheiten mit den Augen mustern. Das heißt, wer von »Wahrnehmungsstörungen«, »Überreizung« und »allgemeiner Übererregung« spricht, vernachlässigt nicht nur eine Menge sehr bedeutsamer Tatsachen, sondern er widerspricht ihnen sogar.

Zusammenfassend stellen wir fest: In den hier besprochenen und vielen anderen Fällen sind autistische Kinder durchaus bereit, sogar begierig, gesellige Bindungen einzugehen, aber durch Angst gehemmt, es zu tun. Bei gesunden und zeitweilig autistischen Kindern sind diese anfänglichen Konflikte (wie bei dem Möwenweibchen) bald gelöst; der Fremde muß nur zweierlei beachten: Er darf nichts tun, was Meiden auslöst, und er muß Annäherung und Kontaktaufnahme freundlich unterstützen. Die außerordentlich wechselhaften Verhaltensweisen solch eines Kindes, die seine Stimmungsschwankungen verraten (und vom Erwachsenen ständiges Mitgehen fordern), werden teils von außen, teils von innen hervorgerufen, wobei allerdings oft schwer zu beurteilen ist, ob die Außenwelt wirklich gleichbleibt. Die Erwachsenen, einschließlich der beruflich Zuständigen,

1 Das Bedürfnis nach Sozialkontakt wird übermächtig, wenn man z. B. beim Versteckspiel absichtlich zu lange damit wartet, das Kind zu finden; es verlangt dann heftig nach dem Zusammensein.

übersehen oft, daß schon geringste Verhaltensänderungen des einschüchternden Gegenübers sich auf die Betroffenen auswirken können und dadurch den weiteren Verlauf so oder so bestimmen. Für ein vorübergehend oder ständig befangenes Kind genügt unter Umständen schon ein unverhohlener Blick, um seine Angst zu steigern, selbst wenn man lächelt, während bei einem weniger schüchternen Kind dasselbe Zeichen die Zuwendung verstärkt. Im Grunde handelt es sich dabei um einfache Schwellenverschiebungen. Was die soziale Auseinandersetzung so schwierig macht, ist die sich fortwährend ändernde Reaktionsweise des Kindes, und diese ist der entscheidende Maßstab, nicht die »objektive« Umwelt. Oft liegt es am Beobachter selbst, der die schwankenden Stimmungen nicht richtig einschätzt, wenn ihm das Verhalten der Kinder sonderbar vorkommt.

VII. Experimentelle Prüfung

Schlußfolgerungen, die wir aus Beobachtungen wie den bisher beschriebenen ziehen, sind nicht mehr als Deutungen von Ereignissen, die etwa klinischen Befunden entsprechen. Wir gehen nun zu Versuchsergebnissen über, die wir gewonnen haben, indem wir über lange Zeit beim Zusammentreffen mit anfangs sehr zurückhaltenden Kindern uns stets nach bestimmten Regeln verhielten. *Hierdurch erreichten wir ausnahmslos sehr bald eine starke und dauerhafte soziale Bindung.* Um unser Vorgehen richtig einzuschätzen, muß man sich vergegenwärtigen, daß für ein Kind, solange es noch ablehnend ist, schon bloßes Ansehen beängstigend wirkt, selbst wenn man es anlächelt, und erst recht stärkere Bezeugung der Freundlichkeit wie Näherkommen, Ausrufe und alles, was sonst die Schranke der Sicherheit durchbrechen könnte. Man muß in jedem Augenblick dem Kinde seine Konflikte nachempfinden und sich selber danach richten, indem man gerade eben vermeidet, Rückzugsneigungen zu verstärken, und vorsichtig sein Vertrauen zu gewinnen versucht. Dabei kann man, wie gesagt, nicht einfach eine vorgegebene Folge abhandeln, sondern man muß jeweils ganz bestimmte Dinge tun, damit das Kind nicht ausweicht, und andere ebenso bestimmte Dinge, um seine Kontaktbereitschaft zu fördern. Es ist auch zu bedenken, daß nicht nur Sehreize beteiligt sind. Die meisten ablehnenden Kinder sind sogar durch gewisse Formen der Berührung und lautlichen Verständigung leichter zu gewinnen als durch Blickkontakt, der, während sich die Bindung schon entwickelt, immer noch furchterregend bleibt. Natürlich kommen weitere Seheindrücke hinzu. Bei einem Kleinkind ist es wichtig, am Boden zu hocken, so daß man sich in gleicher Augenhöhe befindet. Verbindend wirkt auch, wortlos etwas mitzumachen, woran das Kind gerade Freude hat, und nach Möglichkeit mit ihm zu lachen. In jedem Alter ist gemeinsames Lachen über jemanden oder etwas eines der stärksten Mittel, sich aneinander zu binden.

Immer wenn wir eine Familie mit kleinen Kindern besuchen oder sie uns, achten wir nach einem raschen ermunternden Blick überhaupt nicht mehr auf das oder die Kind(er). Gleichzeitig versuchen wir, im Verlauf des Gesprächs den Eltern freundliche Antworten zu entlocken. Währenddessen kann man aus dem Augenwinkel erstaunlich viel vom Verhalten des Kindes miterleben.

Gewöhnlich faßt es den Unbekannten ins Auge, um ihn vorsichtig zu mustern, und schon jetzt kann man es wagen, ab und zu rasch hinzusehen. Wenn es aber diesem Blick ausweicht, muß man sogleich wegschauen. Es wird dann bald von selber näherkommen und, sichtlich bestrebt, eine Bindung anzuknüpfen, den Gast berühren, meistens indem es ihm fragend die Hand aufs Knie legt. Dies ist ein entscheidender Punkt: Man darf es jetzt *nicht* ansehen (was es stark zurückwerfen kann), sondern soll behutsam seine Hand mit der eigenen berühren. Dieses Spiel wird fortgesetzt, doch sobald das Kind unsicher scheint, zeitweilig unterbrochen, bis das nächste Zeichen der Bestätigung erlaubt ist: ein leichter Druck oder ein rasches Anrühren und Wiederwegziehen der Hand. Oft muß das Kind darüber lachen, und dann sollte man mit ihm lachen, doch immer noch, ohne es anzusehen. Es wird alsbald mutiger werden; Körperkontakt und ungerichtete Lautäußerungen festigen das Band. Jetzt ist es so weit, daß man vorsichtig und ganz allmählich den ersten tastenden Blickkontakt aufnehmen kann, lächelnd natürlich, aber zunächst jeweils nur für einen kurzen Augenblick. Besonders hilfreich schien es uns, wenn wir, das Gesicht hinter den Händen verborgen, uns dem Kinde zuwandten (vielleicht mit der Frage: »Wo ist denn der Andreas?« oder wie es heißen mag), rasch zwischen den Fingern hindurchsahen und gleich wieder die Augen bedeckten. Sehr wahrscheinlich ruft das ein Lächeln hervor oder sogar Lachen, und nicht selten gibt das Kind den Anstoß dazu (vgl. z. B. Stroh und Buick 24). Bald wird das Kind dieses Spiel fordern, wird immer längeres Ansehen dulden, selber darauf eingehen und buchstäblich mit

Geschrei auf enger Spielgemeinschaft bestehen. Man erlebt förmlich ein Wiedererwachen seiner Neigung zur Geselligkeit. Während dieses ganzen Vorgangs (in Wirklichkeit einer langen Reihe feinstabgestimmter Versuche) ist es notwendig, die vielfältigen Ausdrucksweisen des Kindes zu *verstehen* (denn nur so kann man es richtig lenken) und selber ein ebenso umfangreiches Repertoire zur Verfügung zu haben, um jeweils die passendste Antwort geben zu können. Man leert seine Zauberkiste bis auf den Grund und wählt die Kunststücke, soweit irgend möglich, nach dem Geschmack des Kindes.

Ist die Verbindung erst einmal hergestellt, so läßt sie sich mit erstaunlich geringem Aufwand erhalten. Wenn etwa das Kind ein Bild vorzeigt, das es gemalt hat, ist es oft schon mit einer Bemerkung wie: »Das hast du aber schön gemacht!« vollkommen glücklich und kehrt zu seinem Spiel zurück[1]. Es geht sogar noch einfacher: Da viele Kinder ihren persönlichen (scheinbar sinnlosen) Kontaktlaut entwickeln, genügt es meistens schon, wenn man in ihrer Sprache Antwort gibt, jedenfalls miteinander Stimmfühlung hält.

Diese Versuche, die am fortschreitenden Erfolg unaufhörlich neu ausgerichtet werden, brachten ausnahmslos rasch und dauerhaft günstige Ergebnisse. Natürlich beginnt man bei jedem Kind an einer anderen Stelle und kommt nicht überall gleich schnell voran; auch die mehr oder weniger vertraute Umgebung spielt eine Rolle. Bei vielen Kindern dauert es jedenfalls länger als einen Tag, und dann empfiehlt es sich, am Morgen stets eine Stufe tiefer anzufangen, als man am Abend vorher aufgehört hat. Wir haben überhaupt den Eindruck, daß der ganze Ablauf beschleunigt wird, wenn man sich ständig zurückhält und wartet, bis das Kind selber den Wunsch nach engerer Fühlung erkennen läßt.

Wir haben das Verfahren auch an Hunden erprobt; denn trotz der Verschiedenheit der Verhaltensweisen begibt sich im Grunde dasselbe: Während man sich freundlich mit dem Besitzer unterhält, ohne den Hund zu beachten, legt dieser einem wahrscheinlich nach einiger Zeit den Kopf oder die Pfote aufs Knie, und wenn man dann nicht zu bald hinsieht, sondern ihn streichelt und mit ihm spricht, wird er (obwohl die sicherlich

1 In seinem bedeutenden Buch über Bindungen scheint Bowlby (4) die Wirkung solch flüchtiger und von ferne gegebener Bestätigungen zu unterschätzen, worauf auch Rheingold und Eckerman (20) aufmerksam machten. Die Bindung kann sogar durch Stellvertreter aufrechterhalten werden, z. B. wenn eine berufstätige Mutter ihrem Kinde, das früher als sie nach Hause kommt, einen Leckerbissen bereitstellt.

ebenso wichtigen Duftreize fehlen) mit gleicher Dringlichkeit Beachtung erheischen wie ein Kind und gleich ihm sein Spielzeug vorführen.

Unsere Deutung gilt, wie wir meinen, nicht nur für Kleinkinder, sondern für sämtliche Altersstufen. Wir müssen hier aus räumlichen Gründen darauf verzichten, es näher auszuführen, möchten aber bemerken, daß Säuglingen, obgleich sie anders reagieren, weder Furcht noch Anschlußbedürfnis fehlen. Einem Baby auf dem Arm oder im Körbchen lächelt man zu und redet es mit hoher, weicher Stimme an, um ihm Freundlichkeit zu erweisen. Im Gegensatz zu den Berichten mancher Mütter ist Abwenden des Gesichtes nicht »von Geburt an« Ausdruck der Ängstlichkeit, jedenfalls dann noch nicht sicher als solcher zu erkennen. Wickelkinder, die vor einem Aufschrei, oder weil etwas hinfällt, erschrecken, machen sich steif mit hohlem Rücken, brüllen usw. Wir haben es erlebt, daß Säuglingsschwestern mit Neugeborenen Fallenlassen-und-Auffangen »spielten« (»weil sie so ulkig die Ärmchen ausbreiten«), ein Schock, der wohl traumatisierend wirken kann. Wir halten es auch für sehr wahrscheinlich, daß das ungehemmte Schreien mancher Frauen im Kreißsaal ein Kind im Mutterleib ungünstig beeinflußt. Allenthalben mehren sich die Beweise für Erfahrungen vor der Geburt (vgl. Carmichael 5).

Wie schon erwähnt, verändern sich Furchtäußerungen und Bindungsverhalten mit dem Beginn des Krabbelalters, wenn die »Achtmonatsangst« einsetzt, erheblich, und dementsprechend verändert sich auch das Verhalten der Mutter. Sie achtet wachsamer auf jedes kleinste Mißgeschick und paßt sich den Bedürfnissen des Krabbelkindes an, auch im Spiel, indem sie seitlich neben ihm am Boden kauert, mehr die Hände oder das Spielzeug des Kleinen betrachtet als sein Gesicht und vieles andere mehr. Verhaltensmuster, die beiderseits die Bindung festigen, haben gewiß eine außerordentlich gut angepaßte »tiefere Grundlage«, die genau erforscht werden sollte. Ansätze hierzu bieten Untersuchungen des Mutter-Kind-Verhaltens von Tieren, besonders von Primaten (vgl. z. B. Crook 8).

Manches läßt darauf schließen, daß es zum Verständnis von bloß zeitweilig wie auch von krankhaft autistischen Kindern nicht genügt, nur sie selber zu kennen. Gewiß mögen einige aufgrund ihrer genetischen Konstitution leichter einzuschüchtern sein als andere (vgl. z. B. Keeler in Rimland 21 und Rutter 22), auch die Bindungsbereitschaft ist möglicherweise erblich verschieden; daß aber, wie es im Bericht der Eisenberg-Kommission heißt (vgl. Wing 30), Autismus vom Verhalten der Eltern gänzlich unabhängig sei, ist nicht nur eine voreilige Behauptung, sondern verkehrt die Tatsachen ins Gegenteil. Allerdings müssen wir unbedingt über die Eltern-Kind-Beziehung des Menschen mehr Erfahrungen sammeln.

Soweit das überhaupt geschieht, wird etwas unserer Ansicht nach sehr Wichtiges nicht genügend beachtet: Die Überbeanspruchung im heutigen Dasein führt dazu, daß viele Mütter unabsichtlich sich entweder übertrieben viel oder reichlich wenig um ihre Kinder kümmern, daß sie ihnen allzuoft Ungewohntes zumuten und/oder dulden oder gar fordern, daß Besucher den Kindern ein Übermaß an Aufmerksamkeit schenken. Eine vergleichende Untersuchung des Eltern-, besonders des Mutterverhaltens moderner westlicher Stadtbevölkerungen mit dem von Vertretern anderer Völkerschaften, die ein geruhsameres Leben führen, würde vermutlich belehrende Einblicke eröffnen.

VIII. Begegnungen zwischen Kindern

Wir schicken ein Beispiel von normalen Kindern voraus, um die zugrunde liegende Stimmung und die Signalwirkung des Anstarrens und Angestarrtwerdens vorzuführen: E. A. T. gegenüber saßen im Omnibus zwei Mütter nebeneinander. Die eine hatte zwei Kinder von schätzungsweise 3 und 4 Jahren bei sich, die andere ein etwas älteres Mädchen auf ihrem Schoß. Beide sahen über die Kinderköpfe hinweg ins Weite, ohne die Beobachterin wahrzunehmen. Die beiden Geschwister unterhielten sich gut: Immer wieder neigten sie sich vor, bis eines das andere mit der Pelzverbrämung seiner Anorakkapuze kitzelte. Sooft sie kichernd ihren Spaß daran hatten, richteten sie sich danach langsam auf und blickten einander still mit innigem Vergnügen an, bis zur nächsten Runde. Das Mädchen auf dem Schoß der anderen Mutter war voller Anteilnahme. Sie beugte sich weit vor und wendete den Kopf, um ja nichts von dem Schauspiel zu versäumen. Als die Geschwister beim Auseinanderweichen dies bemerkten, richteten sie sich ein wenig höher und blickten starr auf die Fremde. Sie lächelte zuerst, wich aber dann unter den starren Blicken zweier Augenpaare zurück, bis sie sich gegen die Mutter lehnte. Dabei verging ihr das Lächeln. Während des Rückzugs beugten sich die Geschwister so weit zu ihr hinüber, wie sie konnten; dann übersahen sie das andere Mädchen und nahmen ihr Spiel wieder auf. Dieses konnte jedoch nicht widerstehen, abermals hinzublicken. Die beiden sahen diesmal beim Auseinandergehen sogleich in ihre Richtung und veranlaßten sie, schneller als vorher zu weichen. Das wiederholte sich etwa sechsmal, und nun vermied es die Außenseiterin, den beiden anderen zuzusehen. Sie war völlig verschüchtert. Bald entdeckte sie zufällig die Beobachterin, beantwortete deren freundlichen Gesichtsausdruck mit einem widerstrebenden Lächeln und wechselte weiterhin ab zwischen unterdrücktem Lächeln zu ihr und verstohlenen, aber gespannten Blicken zu den beiden Kindern. Wir bemerken ausdrücklich, daß sie immer schon zurückwich, *bevor* die beiden anderen sich zu ihr hinüberbeugten. Es waren die feindselig auf sie gerichteten Augen, die sie ängstigten.

Diese Form der Auseinandersetzung ist nicht etwa auf Kinder oder unsere Art beschränkt, sondern bei gesellig lebenden Primaten weitverbreitet und sogar ritualisiert: Wenn z. B. zwei hochrangige Paviane (beides Männchen oder Männchen und Weibchen) beisammensitzen und ihnen ein Dritter unerwünscht ist, blicken sie mit ruckartigen Kopfwendungen und wechselndem Gesichtsausdruck bald sich gegenseitig an, bald gemeinsam abweisend auf den Fremden, was die Doppelaufgabe erfüllt, beide aneinander zu binden und den Dritten fernzuhalten. Bei Menschen dürfte dieses Verhalten in allen Kulturen zu finden sein.

IX. Ursachen, Vorsorge und Heilung

Wie aus dem Gesagten hervorgeht, sind wir der Meinung, daß autistische und zeitweilig überängstliche normale Kinder sich nicht nur im Zwiespalt zwischen Anschlußbedürfnis und Furcht befinden, sondern daß auch die Umwelt dabei stets einen größeren Einfluß ausübt, als man gemeinhin glaubt. Nach Rutter (22, 23) werden jetzt wahrscheinlich eine Anzahl verschiedenartiger Störungen unter dem Begriff Autismus zusammengefaßt, denen zum Teil auch genetische oder somatische Hirnschäden zugrunde liegen können. Das halten auch wir für möglich, doch gibt es kaum Beweise. Zweifellos sind aber genetisch oder phaenotypisch ängstliche Kinder stärker gefährdet als andere, und viele der Betroffenen könnten wahrscheinlich unter weniger belastenden Bedingungen unbeeinträchtigt bleiben. Die scharfe Trennung zwischen dauernd und zeitweilig autistischen Kindern widerspricht nicht unserer Vorstellung von gleitenden Übergängen; wenn nämlich unsere Annahme, daß die soziale Umwelt mit ausschlaggebend sei, wenigstens teilweise zutrifft, dann kann es nur sehr wenige Kinder geben, die zwischen »normal« und »autistisch« in der

Schwebe bleiben, weil sowohl der gesellige Anschluß wie die Abwendung davon sich selbst verstärkende Vorgänge sein müssen. Es werden daher zwangsläufig von der ursprünglichen Stufenleiter nur die zwei Endpunkte übrigbleiben.

Aus dem Verständnis der Ursachen ergeben sich unmittelbar Maßnahmen zu ihrer Verhütung. Sicher ist es sehr wichtig, daß die Eltern alle Anzeichen von Scheu verstehen und ihr eigenes Verhalten daran anzupassen lernen, so daß Angst abgebaut und das Vertrauen geweckt wird. Hiervon ausgehend, Vorschläge für bestimmte Behandlungsweisen zu machen, ist natürlich gewagt. Als erstes sollte man wohl dafür sorgen, daß sich das Kind gewissen Ordnungen fügt; denn kleine Autisten scheinen sich oft zu wahren Haustyrannen aufzuschwingen, weil jeder in der Familie alles daransetzt, Wutausbrüche (die sich vermutlich aus Anwandlungen übermäßiger Angst entwickeln) zu verhindern. Zweitens dürfte die bloße Umkehr der Entstehungsgeschichte nicht unbedingt der geeignete Weg zur Besserung sein. Eine dritte Schwierigkeit ergibt sich aus der Ungewißheit darüber, welche Züge des Krankheitsbildes ursächlich an erster Stelle stehen und welche zweitrangig hinzugekommen sind. Sprachstörungen, Stereotypien und allgemeine Übererregung halten wir für sekundäre Symptome, die sich aus der Konfliktstimmung ergeben. Sprechunterricht (mit teilweise für das Kind beängstigenden Übungen), Erziehung in Umgangsformen über das Fassungsvermögen des Patienten hinaus und insbesondere Elektroschockbehandlungen sind darum wenig erfolgversprechend, wahrscheinlich sogar geeignet, endgültig Verwirrung zu stiften. Solche Maßnahmen haben sich auch offenkundig nicht bewährt, sondern nach allem, was wir bisher darüber wissen, hilft es am besten, wenn man sich geduldig bemüht, dem Kind das Gefühl der Sicherheit wiederzugeben (vielleicht nachdem man es zunächst ruhig, unpersönlich zum Gehorsam anhält), und auch die Mutter in die Behandlung mit einschließt. Auf diese Weise scheint H. Clancy (Clancy und McBride 6) sehr gute Ergebnisse zu erzielen, und das ist auch nach unserer Auffassung zu erwarten. Wir selbst haben kaum Erfahrung, konnten aber beobachten, daß einige erfolgreiche Therapeuten, denen wir zusehen durften, genau das taten, was unsere Hypothese fordert. Außerdem haben wir einige Male die Reaktionen von Autisten auf uns selber geprüft, indem wir uns entweder schwach einschüchternd oder gemäß der oben beschriebenen »Zähmung« freundlich entgegenkommend verhielten.

In einem besonders eindrucksvollen Falle sprang ein autistischer Junge seiner Pflegerin vom Schoß, durchquerte einen Raum mit etwa 12 geistesgestörten Kindern, darunter zwei weiteren Autisten, lehnte sich gegen N. T., ging bald auf dessen Handberührungsspiele ein und hörte auf mit seinem pausenlosen Zähneknirschen, das uns buchstäblich in den Ohren wehtat, solange er auf dem Schoß der Pflegerin saß. Er war mit ihr vertraut, und sie meinte es gut, *konnte es aber nicht lassen, ihn mütterlich-liebevoll anzulächeln* (wie der Betreuer in HUTT und HUTT 16, Abb. 9–12).

Erst ganz allmählich ist es uns klargeworden, daß vielen Menschen, die sich mit Kindern beschäftigen, sogar beruflich als Psychologen und Psychiater, nicht bekannt ist, wie furchterregend aufgedrungene Freundlichkeit sein kann. Wahrscheinlich hat man aus diesem Grunde unser Verfahren der Besänftigung, das so einfach ist und von Laien so oft unbewußt benutzt wird, niemals planmäßig ausprobiert.

X. Schlußfolgerung

In dieser Arbeit haben wir uns von der Überzeugung leiten lassen, die wir mit vielen Ethologen teilen, daß die Anwendung gewisser Methoden, die sich bei Untersuchungen an Tieren bewähren, viel zum Verständnis des menschlichen Verhaltens beitragen kann. Auf den Spuren jener bedeutenden Vorkämpferin der Kinderpsychologie, Maria MONTESSORI, sind wir im Hinblick auf unser besonderes Anliegen in der Richtung weitergegangen, die HUTT und HUTT (16) uns wiesen, und haben darüber nachgedacht, welche Beobachtungen und einfache Versuche uns über die Ursachen des unsprachlichen Verhaltens gesunder und autistischer Kinder Aufschluß geben könnten, um daraus abzuleiten, wie und warum sich Autismus entwickelt. Wir fanden sehr deutliche Hinweise darauf, daß viele autistische Kinder unter Streß leiden, der auf dem ungelösten Konflikt zwischen Schüchternheit oder Angst und dadurch gehemmtem Anschlußbedürfnis beruht. Bei so veranlagten Kindern kann dieser Streßzustand sehr wohl durch äußere Bedingungen herbeigeführt werden, unter denen das Verhalten der Eltern eine hervorragende Rolle spielt. Die Behauptung, nicht der elterliche Einfluß, sondern genetische oder erworbene Hirnschäden müßten die alleinigen Ursachen sein, halten wir für unbewiesen. Wir möchten hinzufügen, daß es nicht als Vorwurf aufzufassen ist, wenn wir sagen, daß das Elternhaus die Entwicklung des Autismus begünstigen könne. In vielen uns bekannten Fällen, in denen sich nach unserer Meinung das

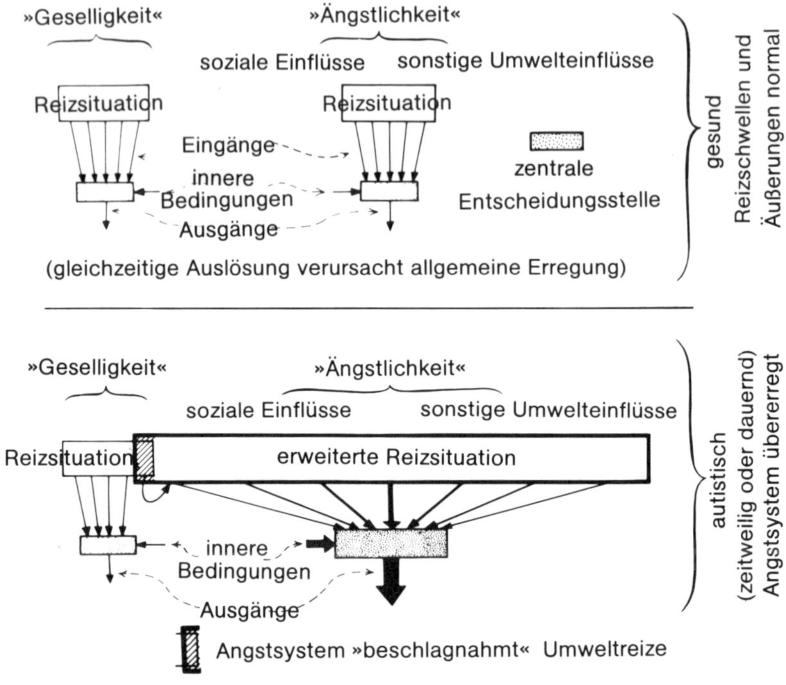

Abb. 157. Stark vereinfachtes Einweg-Fließ-Diagramm der Stimmungslagen gemäß unserer Hypothese. Rückkopplungen, Efferenzkopien, Beziehungen zwischen Geselligkeit und Ängstlichkeit (und dieser beiden mit Erkunden, Angriffsbereitschaft, Nahrungsaufnahme usw.) sind weggelassen. Einzelheiten der Reizsituationen, der inneren Bedingungen und der Ausgänge sind nicht berücksichtigt, sekundäre Erscheinungen (wie Verlust oder Rückbildung der Sprache, Stereotypien) ausgelassen. Die Ausdehnung der »wirksamen Reizsituation« (= Senken der betreffenden Reizschwelle) schwankt mit dem Grad verhaltensspezifischer Erregung wie auch mit der allgemeinen Konfliktspannung; bei normalen Kindern nimmt diese zeitweilig, bei autistischen dauerhaft überhand und wird zugleich immer stärker furchtbetont. Ob das Geselligkeitssystem unverändert bleibt oder ob infolge der Hemmung die Erregung ansteigt, lassen wir offen, obwohl das »Zurückpendeln«, sobald der Sozialkontakt hergestellt ist, für die zweite Deutung spricht. Zu beachten ist der schraffierte Bereich im unteren Diagramm: Die Eingänge in das überempfindliche Ängstlichkeitssystem sind zum Teil dem entnommen, was normalerweise in das Geselligkeitssystem eingehen würde; so kommt es, daß bei einem überängstlichen Kinde sogar ein freundliches Gesicht Furcht erregen kann.

Elternpaar, und besonders die Mutter, nicht ganz richtig verhielt, stand sie selber unter Streß, z. B. weil sie eine Berufstätigkeit mit hohen geistigen Anforderungen und ihre Mutterpflichten miteinander zu verbinden versuchte[1].

Wenn wir die Zeichen richtig deuten, ist die Zunahme des kindlichen Autismus, die wir für echt und nicht durch verbesserte Diagnosen für vorgetäuscht halten, eine Folge des wachsenden sozialen Streß.

Nach gegenwärtigem Wissensstande stimmen die Behandlungsweisen, die zu mehr oder weniger vollkommener Genesung führen, mit den hier vorgetragenen Ansichten gut überein.

Es ist uns wohl bewußt, daß unsere Hypothese und unsere Stellungnahme zu den verschiedenen therapeutischen Maßnahmen, die man zur Zeit erprobt, noch nicht unbedingt gültig sind. Dennoch haben wir uns zu ihrer Veröffentlichung entschlossen, weil Fachkräfte bestätigen, daß sie dieser Erscheinung noch immer ziemlich ratlos gegenüberstehen, weil die hier vorgeschlagenen Methoden noch kaum angewendet worden sind und vor allem weil die betroffenen Kinder alle Hilfe, die wir ihnen geben können, verzweifelt nötig haben.

XI. Danksagungen

Für anregende Briefwechsel und Gespräche haben wir den folgenden Kollegen sehr zu danken: Dr. N. G. Blurton Jones, Dr. John Bowlby, Dr. F. Hall, Dr. C. Hutt, Dr. S. J. Hutt, Dr. L. Kanner, Dr. G. J. van Lookeren Campagne, Dr. G. O'Gorman, Mr. J. Riecher, Dr. G. Stroh und Dr. L. Wing. Die Möglichkeit, einige autistische Kinder zu beobachten und darüber zu diskutieren, verdanken wir Mr. J. Riecher, Mrs. B. Furneaux und Mrs. B. Roberts. Dr. N. G. Blurton Jones gewährte uns freundlicherweise Einblick in die noch unveröffentlichten Manuskripte einiger Kapitel des von ihm herausgegebenen Buches »Ethological Studies of Child Behaviour«.

1 Ausgeglichenheit, Fröhlichkeit und Wärme, Eingehen der Eltern auf kindliche Späße und Spiele scheinen wesentliche Voraussetzungen für ein gesundes Aufwachsen zu sein.

Literatur

1 BETTELHEIM, B. (1967): The Empty Fortress: Infantile Autism and the Birth of Self. London (Collier-Macmillan).
2 BLURTON JONES, N. G. (1959): Experiments on the causation of the threat postures of Canada geese. 11th Rep. Wildfowl Trust, 46–52.
3 – (ed.) (1972): Ethological Studies of Child Behaviour. London (Cambridge University Press).
4 BOWLBY, J. (1969): Attachment and Loss. Bd. 1, Attachment. London (Hogarth Press).
5 CARMICHAEL, L. (1970) in: Carmichael's Manual of Child Psychology, ed. P. MUSSEN, Kap. 6, 447–563.
6 CLANCY, H., und G. MCBRIDE (1969): The autistic process and its treatment. J. Child Psychol. Psychiat. 10, 233–244.
7 CREAK, M. (Chairman) (1961): The schizophrenic syndrome in childhood. Progress Report of a Working Party. Br. med. J. 2, 889–890.
8 CROOK, J. H. (1970): The socio-ecology of primates, in: Social Behaviour in Birds and Mammals, ed. J. H. CROOK. London-New York (Academic Press), 103–159.
9 DELIUS, J. D. (1967): Displacement activities and arousal. Nature, Lond. 214, 1259–1260.
10 HERMELIN, B., und N. O'CONNOR (1968): Measures of the occipital alpha rhythm, in normal, subnormal and autistic children. Br. J. Psychiatry 114, 603-614.
11 HINDE, R. A. (1970): Animal Behaviour. 2. Aufl. New York (McGraw-Hill).
12 – und Y. SPENCER-BOOTH (1971): Effects of brief separation from mother on Rhesus monkeys. Science, N. Y. 173, 111–118.
13 HUTT, C., und S. J. HUTT (1968): Stereotypy, arousal and autism. Psychol. Forschung 33, 1–8.
14 –, S. J. HUTT, D. LEE und C. OUNSTED (1964): Arousal and childhood autism. Nature, Lond. 204, 908–909.
15 – und C. OUNSTED (1970): Gaze aversion and its significance in childhood, in: Behaviour Studies in Psychiatry, eds. S. J. HUTT und C. HUTT. Oxford (Pergamon Press), 103–121.
16 HUTT, S. J., und C. HUTT (1970): Direct Observation and Measurement of Behaviour. Springfield/Ill. (Charles C. Thomas).
17 KANNER, L. (1943): Autistic disturbances of affective contact. Nerv. Child 2, 217–250.
18 MANNING, A. (1972): An Introduction to Animal Behaviour. 2. Aufl. London (Edward Arnold).
19 O'GORMAN, G. (1970): The Nature of Childhood Autism. London (Butterworth).
20 RHEINGOLD, H. L., und C. O. ECKERMAN (1970): The infant separates himself from his mother. Science, N. Y. 168, 78–83.
21 RIMLAND, B. (1965): Infantile Autism. London (Methuen).
22 RUTTER, M. (1968): Concepts of autism: a review of research. J. Child Psychol. 9, 1–25.
23 – et al. (1971): Autism – a central disorder of cognition and language? Vorausexemplar eines Arbeitspapiers für die Study Group on Infantile Autism. London.
24 STROH, G., und D. BUICK (1970): The effect of relative sensory isolation on the behaviour of two autistic children, in: Behaviour Studies in Psychiatry, eds. S. J. HUTT und C. HUTT. Oxford (Pergamon Press), 161–174.
25 TINBERGEN, N. (1959): Comparative studies of the behaviour of gulls (Laridae). A progress report. Behaviour 15, 1–70.
26 – (1964): Aggression and fear in the normal behaviour of some animals, in: The Pathology and Treatment of Sexual Deviation, ed. I. ROSEN. Oxford (University Press), 2–23.
27 –, E. ENNION und H. FALKUS (1970): Signals for Survival. Oxford (Clarendon Press).
28 – und H. FALKUS (1970): Signals for Survival. Dokumentarfilm. New York (McGraw-Hill).
29 TUGENDHAT, B. (1960): The disturbed feeding behaviour of the Three-spined stickleback. Behaviour 16, 159–187.
30 WING, L. (1970): The syndrome of early childhood autism. Br. J. Hosp. Med., Sept. 1970, 381–392.

(Aus dem Zoologischen Institut der Universität Oxford)

18 Funktionelle Ethologie und ihre Bedeutung für die Wissenschaften vom Menschen

(1972)[1]

Solange jemand sich gesund und wohl fühlt, hält er das leicht für selbstverständlich. Es kommt ihm nicht in den Sinn, sein Leben als einen Balanceakt auf dem Drahtseil zu betrachten, mit zahllosen Möglichkeiten zu straucheln und nur einem schmalen Weg zum Ziele. Ist dieser Jemand aber zufällig ein Freilandbiologe, der Tiere in ihrer natürlichen Umwelt erlebt, so wird es ihm nur allzu deutlich, daß ihr Leben sich abspielt wie ein ständiger Seiltanz nach den verschiedensten Richtungen; er hat vor Augen, wie sie sich abmühen müssen, um erfolgreich zu sein, um allen Gefahren zu widerstehen.

Wir sind in Zeiten aufgewachsen, in denen der Mensch rasch vorankam, da er die Natur immer besser beherrschte und sich geborgen fühlte. Nun aber fangen wir an zu erkennen, daß wir uns keineswegs in Sicherheit wiegen dürfen. Wir haben selbstgefällig, sogar überheblich dahingelebt. Jetzt aber ist das Vertrauen erschüttert, und es dämmert uns, daß wir noch immer oder auch wieder von unserer Umwelt bedroht sind. »Untergangspropheten« in steigender Anzahl verkünden unser nahendes Verderben (Ehrlich 25, Commoner 9, 10, Goldsmith et al. 31, Ward und Dubos 92). Dieses Gefühl des Unbehagens ist um so störender, je weniger wir, im Gegensatz zum Seilkünstler, wissen, welcher Art die Gefahren sind, die uns drohen.

Es scheint darum vielen Biologen dringend notwendig, nicht nur die Mechanismen des Lebendigen als solche, sondern die Beziehungen der Tiere, die Träger dieser Mechanismen sind, zu ihrer Umwelt und ihre Anpassungen an deren besondere Forderungen zu untersuchen. Zu dieser Gruppe gehöre auch ich als Freilandbeobachter aus Leidenschaft (Tinbergen 82, 86), und obwohl ich, gleich vielen anderen Wissenschaftlern,

1 *The Croonian Lecture*, gehalten am 18. Mai 1972.

je mehr ich sehe, desto deutlicher empfinde, was ich *nicht* weiß, möchte ich hier zu erklären versuchen, wie ein Verhaltensforscher solche Beziehungen analysiert, welche Einstellung zu manchen Problemen des heutigen Menschen und welche Möglichkeiten zu ihrer Lösung sich daraus ergeben. Es ist ein weites Gebiet, so daß ich Einzelheiten nur andeuten kann.

Genetische und kulturelle Evolution

Man hat oft gesagt (z. B. HUXLEY 41, MEDAWAR 61, DUBOS 24) und kann es nicht oft genug wiederholen, daß jeder Vergleich zwischen Verhaltensweisen von Menschen und Tieren von vornherein abwegig sei, solange keine sichere Unterscheidung zwischen Stammesentwicklung und kultureller Entwicklung getroffen ist; erst nach dieser Klärung sei eine fruchtbare Erörterung möglich.

Der Unterschied liegt nicht in der phänotypischen Übertragung des Wissens von einer Generation zur nächsten. Zwar spielt sie bei uns eine viel größere Rolle als bei jeder anderen Art; doch »kulturelle« Überlieferung gibt es auch bei Tieren. Dem Menschen eigentümlich ist dagegen der fortwährende, immer raschere Zuwachs an Erfahrungen, die im Verlauf der Generationen immer reichhaltiger werden, und diese Anhäufung des Wissens förderte eine Entwicklung, die keine Vorläufer kennt. Sie ist ein vollkommen neues Experiment der Natur, und die Versuchskaninchen sind wir.

Genetische wie kulturelle Veränderungen bewirken engere Anpassung, mehr Erfolg in der schwierigen Auseinandersetzung mit den Forderungen der ökologischen Nische, die jede Art für sich besetzt hält.

Zunächst ging es in großen Schritten vorwärts. Der Mensch verbesserte seine Jagdmethoden und erwarb Kenntnisse im Ackerbau. Er lernte, sich auch vor den größten gefährlichen Tieren zu schützen und Krankheiten zu heilen. Neben diesen sichtbaren Vorteilen hat aber die Kulturentwicklung auch langfristige Folgen, und einige dieser Folgen fangen jetzt an, uns Sorgen zu machen. Im Gegensatz zur Kopfzahl von Tierbevölkerungen, die um einen Normalwert schwankt, hat unsere eigene Art sich seit langem unaufhörlich in steigendem Ausmaß vermehrt bis zu dem steilen Anstieg in neuerer Zeit, den wir als »Bevölkerungsexplosion« beschreiben. Anders als Tierbestände zehren wir vom Kapital nicht unbegrenzt verfügbarer

Rohstoffquellen statt von den Zinsen, und unsere Abfallprodukte können großenteils nicht dem natürlichen Kreislauf wieder zugeführt werden.

Und wir tun noch etwas, das keine andere Tierart versucht: Anstatt uns in der Nische, der wir eingepaßt sind, zu erhalten, erobern wir buchstäblich alles um uns her, und es wird weltweit verändert. Wir schaffen neue Lebensräume und entfernen uns immer weiter und schneller von der natürlichen Umwelt, der wir dank der genetischen Evolution angepaßt waren.

Veränderungen der Lebensräume sind nichts Neues. Alle Lebewesen waren ihnen von jeher unterworfen, sei es, weil sich durch Klimaschwankungen die Bedingungen gewandelt, sei es, weil sie sich in neue Gebiete ausgebreitet haben. Sie paßten sich den veränderten Umständen an oder besiedelten besser geeignete Landstriche und Gewässer, oder sie konnten sich nicht umstellen und starben aus.

Das grundsätzlich Neue an der menschlichen Evolution ist die rasende Geschwindigkeit, mit der wir selber unsere Umwelt anders gestalten, so daß die genetische Entwicklung nicht folgen kann (Abb. 158) – jeder von uns wird schon zu seinen Lebzeiten ein Rip van Winkle[1]. Wir versuchen auf dreierlei Weise, uns damit abzufinden: Wir besiedeln immer mehr Land dieser Erde. Wir wohnen viel dichter als unsere Vorfahren beisammen, und wir stellen uns äußerlich auf die sich ständig wandelnden Bedingungen um.

Vielen gefällt das sehr gut. Sie glauben an den »Fortschritt«, der uns scheinbar stetig zu immer größeren Erfolgen führt, und es ist nicht zu bestreiten: An ihrer Kopfzahl gemessen sind die Menschen ganz außerordentlich erfolgreich. Doch fragt es sich, ob wir nicht schon über das Ziel hinausgeschossen haben.

Unsere Ausbreitung über bewohnbares Neuland erreicht allmählich die Grenzen des »Raumschiffes Erde«. Immer deutlicher zeigt sich, daß uns keine andere Hoffnung bleibt, als mehr und mehr auf unsere phänotypische Anpassungsfähigkeit zu bauen. Diese ist zweifellos viel größer als bei jeder anderen Tierart, vielleicht aber heute schon überfordert. Darf die kulturelle Evolution ungezügelt so weitergehen, oder ist das Überleben, zumindest das Wohlbefinden der Menschheit, bedroht?

Diese Frage läßt sich nicht länger umgehen, weil – abgesehen von den kurzfristigen Verbesserungen in Medizin, Nahrungsmittelproduktion und Technik – die Langzeitwirkungen unserer Taten sich allmählich un-

1 Im »Scetch book of Geoffrey Crayon« (1820) erzählt W. Irving, wie Rip van Winkle aus zwanzigjährigem Zauberschlaf erwacht und die Welt verändert findet [d. Übers.].

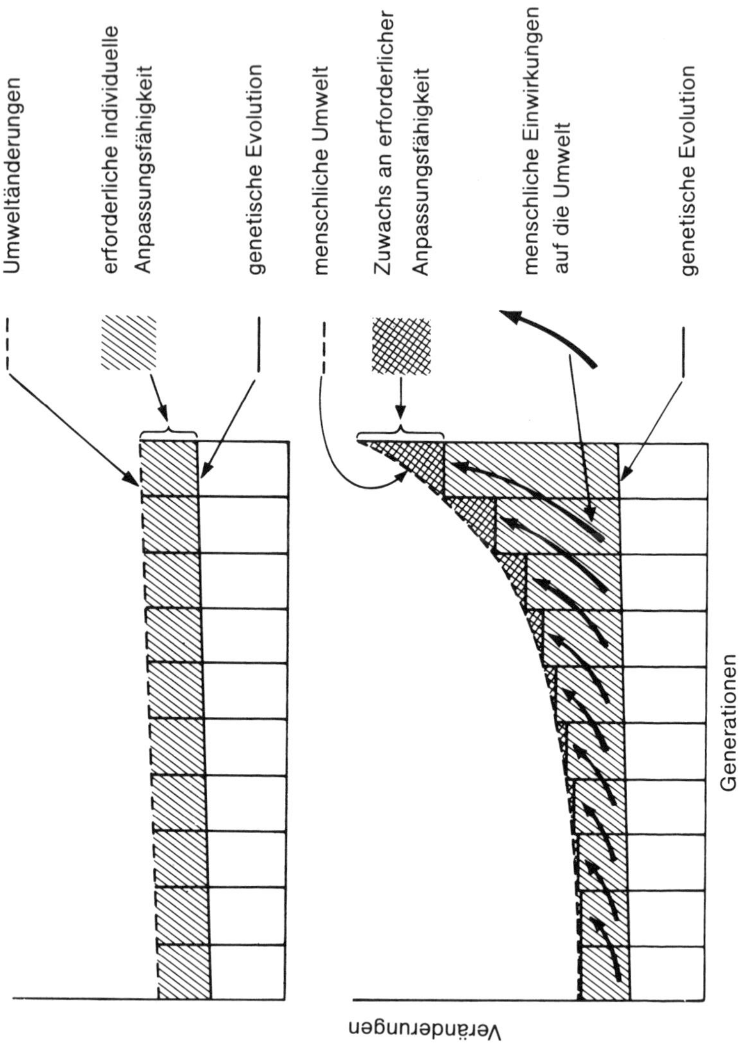

Abb. 158. Schematische Darstellung des Unterschiedes zwischen genetischer (oben) und kultureller Evolution, um die rasch steigenden Anforderungen an die persönliche Anpassungsfähigkeit des Menschen anschaulich zu machen. Weitere Erklärung im Text.

liebsam bemerkbar machen. Man kann darüber streiten, ob all das Ach und Weh der Untergangspropheten in allen Einzelheiten berechtigt sei, doch ihrer Grundeinstellung kann man sich nicht verschließen. Es sind unverrückbare Tatsachen, daß ein großer Teil der Weltbevölkerung hungert, daß Auspuffgase der Gesundheit schaden, daß manche Stickstoffdünger unsere Böden, Gewässer und Nahrungsmittel schädigen, daß zahlreiche Fabriken in rasch wachsendem Umfang schädliche Abfälle produzieren – eine Liste verheerender Wirkungen, die beinahe täglich wächst. Aber so ernst es damit steht – ich will solche Schädigungen hier nicht behandeln, sondern mich darauf beschränken, die weniger offenkundigen Folgen für das Verhalten zu besprechen.

Den Verhaltensforscher geht dies aus mehr als einem Grunde an: Die kulturelle Entwicklung ist ja in erster Linie die Folge einer Evolution des Verhaltens; denn dieses hat unsere Umwelt verändert und damit auch das Verhältnis zwischen dem, was wir gewohnt sind zu tun, und dem, was all das Neue von uns fordert. Zweitens liegen mancherlei Anzeichen für Verhaltensstörungen vor, wenn auch die körperlichen Schäden mehr ins Auge fallen. Schließlich werden wir mögliche Fehlanpassungen nur verhindern und eine neue Angepaßtheit nur herbeiführen können, wenn es uns gelingt, das Verhalten richtig zu steuern.

Die Angepaßtheit, des Verhaltens und deren Programmierung sind allen Tieren als Aufgabe gestellt. Die vergleichende funktionelle Ethologie bemüht sich zu verstehen, wie sie diese Aufgaben lösen. Ein kurzer Streifzug durch unser Gebiet könnte immerhin helfen, die mißliche Lage des heutigen Menschen etwas klarer zu sehen.

Angepaßtheit

Sooft man eine Generation zur Fortpflanzungsreife heranwachsen sieht und miterlebt, wie viele auf der Strecke bleiben, wie wenige nur das Ziel erreichen, erkennt man mit Staunen, was Angepaßtheit bedeutet – wie dafür gesorgt ist, daß Tiere sich gegen die zahllosen Widerstände, die ihre Umwelt ihnen entgegenstellt, erfolgreich behaupten. Diese Leistungen zu untersuchen, bis ins kleinste herauszufinden, welche Anforderungen die Außenwelt stellt und wie das Tier jeder von ihnen begegnet, ist ein fesselndes Unternehmen. Man muß dabei hauptsächlich auf die Folgen, weniger auf die Ursachen des Verhaltens achten und diese Folgen zu den jeweiligen

Außenbedingungen in Beziehung setzen. Die Untersuchung muß deshalb im Freiland stattfinden, in derselben Umwelt, welcher die natürliche Auslese die Arten angepaßt hat und in der sie sie erhält.

Dieser Vergleich zwischen dem, was erforderlich ist, und dem, was tatsächlich geschieht, geht vom einen oder vom anderen Ende der Wirkungskette aus: Man kann eine bestimmte Verhaltensweise herausgreifen und fragen, wozu sie nützt, oder einen bestimmten Umweltfaktor und prüfen, wie das Tier sich damit auseinandersetzt. Alle Befunde, die nach dieser Arbeitsweise erhoben wurden, sind in der Literatur weit verstreut; ich werde mich hier auf wenige treffende Beispiele beschränken.

Der Überlebenswert einzelner Verhaltensweisen

Wer den ersten Weg einschlägt, muß sich fragen, ob und wie der Erfolg (positiv oder negativ) beeinflußt würde, wenn das Tier sich anders verhielte, als es das gewöhnlich tut; wenn es abwiche von dem, was die natürliche Auslese ihm »beigebracht« hat.

Welchem Zweck diese oder jene Handlung dient, ist oft mit einem Blick zu erkennen. Wenn der Drückerfisch *Balistes* den Seeigel *Diadema* durch Anblasen mit einem Wasserstrahl unterspült, so daß er umkippt und statt der stachelbewehrten Oberseite die verletzliche Unterseite freigibt (FRICKE 29), dann ist sogleich offenkundig, was diese beachtliche Leistung bezweckt, und trotzdem wird die genaue Analyse selbst solch einer »Anpassung« wie stets noch manche Feinheiten zutage fördern. Ebenso klar ist die allgemeine Bedeutung des Brütens bei Vögeln. Dennoch bedurfte es jahrelanger eingehender Arbeit, um auch nur bei einer Art alle Einzelheiten dieses Systems, ihre zeitliche und räumliche Ordnung und ihr Zusammenspiel zu verstehen (BAERENDS und DRENT 2).

Bei anderen Verhaltensweisen ist ihr Sinn einstweilen bestenfalls zu erraten. Warum z. B. wischen Wasserwanzen und -käfer vor dem Abflug sich ihre Augen sorgfältig ab? Wozu dient das Einemsen so vieler Vögel (SIMMONS 74)? Und was mag die seltsame Kopfhochstellung des Baßtölpels (NELSON 63) bedeuten?

Leider kann das Raten ganz erheblich danebengehen. So wurde das »Trompeten« der Honigbiene lange für ein akustisches Signal gehalten. Doch jetzt weiß man, daß es hauptsächlich dem Durchlüften, Verdunsten, Abkühlen und chemischer Verständigung dient (RIBBANDS 68).

Hypothesen über die Bedeutung bestimmter Verhaltensweisen erwachsen meistens aus dem Vergleich möglichst vieler Arten und der Frage nach dem Zusammenhang zwischen den arteigenen Handlungen und den besonderen Außenumständen. Ökologen und Ethologen haben in dieser Weise viele Erfahrungen an Vögeln gesammelt (LACK 50, TINBERGEN 83, 85, CROOK 13, 14), LORENZ und seine Mitarbeiter (EIBL-EIBESFELDT 27) von den verschiedensten Tieren eindrucksvolle Beispiele beschrieben, und mit besonderer Spannung verfolgen wir neuerdings vergleichend-funktionelle Untersuchungen des Primatenverhaltens (CROOK 15).

Freilandarbeiten dieser Art sind durch mancherlei »Störgeräusche« behindert, die man nicht ausschließen kann. Andererseits wird oft vergessen, daß Laborversuche unter konstanten Bedingungen, wie sie für Physiologen unerläßlich sind, es von vornherein verhindern, die Wirkungen des Verhaltens und deren Erfolg im normalen Lebensraum zu erkennen. Für unsere gegenwärtige Aufgabe unterscheiden sich »kontrollierte« Bedingungen viel zu sehr von den natürlichen im Freiland. Aus praktischen Gründen beginnen die Versuche im Freien mit einzelnen, oft scheinbar nebensächlichen Verhaltensweisen. Ihre Ergebnisse werden später gemeinsam ausgewertet und bilden im Verein mit Beobachtungsdaten und deren Deutung das Ausgangsmaterial für ein tieferes Verständnis der betreffenden Art, das unser Ziel ist.

Ein einfaches Beispiel aus unserer eigenen Arbeit: Lachmöwen tragen, bald nachdem ein Junges geschlüpft ist, die Eischalen fort (TINBERGEN 87, 89). Das tun nicht alle Vögel. Doch die Angehörigen von Arten, die über diese Reaktion verfügen, tun es gewöhnlich alle und pünktlich. Bei Lachmöwen schien es zunächst ganz unwichtig zu sein, weil jeder Elternvogel nicht mehr als 10 Sekunden jeden Jahres darauf verwendet. Da wir aber gesehen hatten, daß manchen Feinden schon wenige Sekunden genügen, um sich von unbedeckter Brut rasch ihren Anteil zu sichern, mußte wohl das Wegtragen Vorteile bieten, die solche Gefahren aufwiegen konnten. Wie ein Vergleich ergab, ist dieses Verhalten bei Arten mit getarnter Brut besonders ausgeprägt. Deshalb vermuteten wir, die auffällig weiße Bruchkante und Innenseite der Schale könnten verräterisch sein für Feinde, die nach Beute Ausschau halten.

Wir legten darum zunächst im Jagdgebiet solcher Räuber, jeweils in gleicher Anzahl, Eier aus: (1) allein und (2) mit einer leeren Schale in 10 cm Abstand daneben, um festzustellen, wie sich das Wegtragen oder Nicht-Wegtragen, d. h. im Normalfall die Reaktion »richtig« oder »falsch«, handelnder Altvögel auf (geschlossene) Eier auswirkt. Nach einer Reihe von Versuchen wurden dann die Überlebensraten der beiden Sorten von »Gelegen« miteinander verglichen, wobei sich ergab, daß Eier mit danebenliegender Schale viel höhere Verluste erleiden als ohne solche. Der Eischalentransport ist also eine von mehreren Maßnahmen zum Schutz getarnter Brut.

Als weitere Beispiele sind die Bienentänze (v. FRISCH 30), die Echopeilung der Fledermäuse (DIJKGRAAF 23, GRIFFIN 32) sowie eine Vielzahl sozialer Ausdrucksweisen und deren Bedeutung schon weithin bekannt. Darüber hinaus hat man festgestellt, daß die Rufe vieler gesellig lebender Vögel sich individuell unterscheiden, wodurch z. B. beim Baßtölpel (WHITE 94) und bei Trottellummen (TSCHANZ 90) die persönliche Bindung zwischen den Eltern und ihren Jungen gewährleistet ist.

In tropischen Meeren leben sogenannte Putzerfische davon, daß sie die Haut anderer Fische säubern. Durch leuchtende Farbmuster und tänzerische Bewegungen veranlassen sie ihre »Putzkunden«, die erforderliche Haltung einzunehmen. Diese Symbiose hat zu erstaunlicher Mimikry Anlaß gegeben: Ein Raubfisch aus einer ganz anderen Familie ahmt nicht nur die Körperform und Farben des Putzers nach, sondern auch seinen Tanz. Dadurch täuscht er die Kundschaft, so daß er mühelos heranschwimmen und sich von ihrem lebenden Gewebe ernähren kann (EIBL-EIBESFELDT 26).

Andere Untersuchungen gehen noch mehr auf Feinheiten des Verhaltens ein. In üppigen Zeiten speichern viele Tiere Nahrung, so auch der Fuchs, der seine Vorräte nur angreift, wenn Futterknappheit ihn dazu zwingt. Doch Igel plündern die Vorräte, und es zeigte sich, daß deshalb verstreut angelegte Verstecke von Vorteil sind. Der Fuchs vermeidet es grundsätzlich, »sämtliche Eier in einen Korb zu legen«, und das hat arterhaltenden Wert (TINBERGEN 84).

Unter den vielen Formen des Paarverhaltens von Tieren verdient die Einehe auf Lebenszeit, die meistens bei Arten mit gemeinsamer Brutpflege beider Elternteile verwirklicht ist, besondere Aufmerksamkeit. Bei manchen höheren Tieren treffen dieselben Partner, auch wenn sie sich zeitweilig trennen, alljährlich zur Fortpflanzung wieder zusammen. Wie COULSON (12) bei Dreizehenmöwen nachwies, haben mehrfach miteinander brütende Vögel höhere Aufzuchterfolge als z. B. nach dem Verlust des früheren Partners neu verpaarte, wahrscheinlich weil sie auf ihre gemeinsame Tätigkeit in jeder Hinsicht gut eingespielt sind und ihnen dadurch manches Mißgeschick erspart bleibt.

Der Blick weitet sich, sobald die Betrachtung von der anderen Seite, vom Selektionsdruck ausgeht. Dafür muß man als erstes lernen, sich in das Tier hineinzuversetzen und seine »Umwelt« von der »Umgebung« (v. UEXKÜLL 92) zu unterscheiden. Oft wird ein Druck durch andere Tiere, z. B. Raubfeinde, ausgeübt; solche Fälle sind besonders aufschlußreich, weil hier das Verhalten des einen Verhaltensweisen des anderen beeinflußt, die Tiere sich gewissermaßen gegenseitig »überlisten«. Auch hier müssen wenige Beispiele genügen.

Die Wirkung von Tarntrachten, d. h. Anpassungen, damit man nicht gesehen wird, beruht nicht nur auf Farbmustern und Formen (COTT 11, KETTLEWELL 43, 44), sondern, wie sich nach und nach herausstellt, auch auf den zugehörigen Verhaltensweisen. Den Eischalentransport haben wir schon erwähnt. Allgemeine Kennzeichen, die fast alle schutzfarbigen Tiere konvergent entwickelt und mit gänzlich verschiedenen Mitteln verwirklicht haben, sind: Stillhalten bei Bedarf, Auswahl des passenden Untergrundes, Einnahme der am wenigsten verräterischen Haltung und, wie aus neueren Arbeiten hervorgeht, eine weiträumigere Verteilung, als nach dem Nahrungsangebot und ähnlichen, greifbaren Notwendigkeiten zu fordern wäre (TINBERGEN, IMPEKOVEN und FRANCK 88). Der Selektionsdruck, der diese Arten alle gleichermaßen trifft, scheint die »Jagd nach Suchbild« zu sein (TINBERGEN 81, CROZE 16), die manche Raubfeinde betreiben. Wenn solch ein Räuber zufällig etwas Eßbares findet, mag es auch noch so gut getarnt sein, so sucht er nicht nur in dessen Nähe weiter, sondern er stellt sich zugleich »innerlich« vollkommen darauf ein, so daß er anderes übersieht. Diese Form der Nahrungssuche wurde 1971 genau analysiert (SMITH 75).

Ich komme noch einmal auf die Lachmöwen zurück: Nachdem wir durch die Beobachtung des Eischalentransportes mehr als zuvor auf Räuberei am Brutplatz aufmerksam geworden waren, setzten wir nun auch von dieser Seite her den Hebel an, indem wir fragten: In welcher Weise gefährden alle ihre Feinde zusammen diese Art, und wie kann sie sich davor schützen? Hauptsächlich KRUUK (47) und PATTERSON (7) verdanken wir die Aufklärung einiger scheinbar belangloser Eigenheiten, die in Wahrheit hohen Anpassungswert besitzen. Als erstes zeigte sich, daß der Beginn der Eiablage innerhalb der Kolonie viel strenger synchronisiert ist, als es etwa das jahreszeitliche Höchstangebot an Nahrung erforderlich machen würde. Nach PATTERSON werden aber sowohl die frühen wie die späten Bruten viel stärker durch Feinde geschädigt als solche, die zum günstigsten Zeitpunkt beginnen. Das heißt: die Gleichschaltung verkürzt die Zeit des Überflusses für die Räuber; sie werden eine kurze Weile »von der Masse überwältigt«, und deshalb bleiben mehr Bruten verschont.

Es ist auch kein Zufall, wie die Nester räumlich verteilt sind. Da ist einerseits die Kolonie, innerhalb derer die Möwen viel erfolgreicher brüten als draußen oder am Rande, wiederum der Feinde wegen; denn Silbermöwen und Krähen ziehen sich vor dem Massenangriff zurück, nicht aber vor einzelnen Paaren. Es gibt jedoch andere Feinde, denen auch die Masse der Verteidiger nichts ausmacht; diese üben einen Druck in entgegengesetzter Richtung aus. Das erfordert auch andere Abwehrmaßnahmen: Das Revierverhalten der Paare sichert einen gewissen Nestabstand, der selten unterschritten wird. Hierdurch und durch ihre täuschende Tarnung sind Eier und Küken einigermaßen geschützt vor Räubern in der Kolonie einschließlich der Nachbarn; denn die Abstände zwischen den Bruten scheinen deren Suchaktionen zu behindern.

Selbst die üblichsten Formen der Verteidigung sind genau den jeweiligen Bedürfnissen angepaßt. KRUUK verglich die Gefahr, die jede Art von Feind für die Brut bedeutet, mit ihrer Gefahr für die Alten, und es stellte sich heraus, daß das Verhältnis von Angriff (wodurch die Brut geschützt wird) und Flucht (wodurch die Alten sich schützen) sich je nach der Größe und nach den Jagdmethoden der Räuber ändert, d. h. je nach dem Risiko, das sie verkörpern.

Immer wieder ist es ein beglückendes Erlebnis, wenn dieses Nachspüren in beiden Richtungen, nach Funktionen einzelner Verhaltensweisen und nach Maßnahmen gegen diesen oder jenen Selektionsdruck, schon verhältnismäßig bald Einblick in die Feinheiten der Anpassung gewährt; wenn es den biologischen Sinn von immer mehr Eigenheiten des Verhaltens erschließt, die man um ein Haar als selbstverständlich hingenommen hätte.

Ganz allgemein kann man aus solchen Untersuchungen lernen, daß kein einzelnes Verhaltensmerkmal jemals vollkommen angepaßt ist. Der Unterschied zwischen Vollkommenheit und tatsächlicher, nämlich ausreichender Angepaßtheit (vgl. z. B. CAIN 7) wird ständig deutlicher, und zugleich wird man selber der oft geäußerten Behauptung müde, den Lebewesen hafteten unverkennbare Konstruktionsfehler an. Mit solchen Äußerungen sollte man aus mindestens zwei Gründen vorsichtig sein:

1. Wer Leistungen analysiert, findet oft genug Hinweise darauf, daß

Organismen sich mit vielen verschiedenen und häufig unvereinbaren Anforderungen abfinden und folglich Zwischenlösungen finden müssen, etwa die Möwen in der Verteilung der Brut.

2. Jede Art trägt eine historische Belastung (MAYR 58); sie ist gezwungen, Kompromisse zu schließen zwischen ihrem Angepaßtsein aus früherer Zeit und neueren Erfordernissen. – Wenn also jemand behauptet, daß wir »ein besseres Tier machen könnten«, verrät er Ethologen damit nur, wie wenig er sich unserer großen Unkenntnis bewußt ist.

Leistung und Verursachung

Wenn ich immer wieder darauf verweise, wie wichtig es ist, den Überlebenswert zu erforschen, so richtet sich das nicht etwa gegen die Verhaltensphysiologie. Im Gegenteil, wie jeder Biologe weiß, läßt häufig erst die Leistung eines Tieres erkennen, wo eine Frage nach den Ursachen noch offensteht. Man sieht, daß es etwas Unwahrscheinliches tut, was ihm offenbar Vorteile bringt, und beginnt, darüber nachzudenken, wie es dazu kommt. Mehrmals habe ich K. v. FRISCH sagen hören, er habe die Reaktionen von Insekten auf Blütenfarben (und danach viele andere Sinnesvermögen) deshalb zu untersuchen begonnen, weil er davon überzeugt war, die Blumen könnten nicht umsonst so bunt sein. Als ROEDER Bau und Funktion der Gehörorgane am Thorax mancher Schmetterlinge bearbeitet hatte, erklärte er, wie er gerne erzählt, bei einer Abendgesellschaft im Freien, Nachtfalter könnten den Fledermäusen nicht entgehen, weil ihnen diese Organe fehlten; sie hätten kein Gehör. Just in diesem Augenblick klirrte der Schlüsselbund in seiner Tasche und löste unter den zahlreichen Oleanderschwärmern, die im Garten Nahrung suchten, eine Panik aus. Das führte zur Entdeckung einer noch unbekannten Form von Hörorganen (ROEDER, TREAT und VANDENBERG 9). Ähnlich erwuchs aus der Beobachtung, daß sich getarnte Tiere im Gelände verstreuen und dadurch Suchbildjägern leichter entgehen, unser Interesse für Mechanismen übermäßig weiter Verteilung von Beutetieren, für das »Umschalten der Aufmerksamkeit« und andere verborgene Züge des Nahrungsuchens räuberischer Arten (DAWKINS 20, 21).

Unsere Arbeit über den Eischalentransport läßt erkennen, wie funktionelle Untersuchungen zur Kausalforschung führen und umgekehrt, so daß sich beide wechselseitig befruchten. Als wir herausgefunden hatten, daß Liegenlassen leerer Schalen die Gefahr der Plünderung erhöht, fragten wir uns, welche Reize es sind, die das Verhalten der Möwen in bezug auf die Eischalen steuern. Es ergab sich, daß sie die leere Schale von einem vollen Ei nicht deshalb unterscheiden, weil sie hohl ist, auch nicht am ungleichmäßigen Umriß, sondern hauptsächlich an ihrem dünnen Rand. Dieser Befund stellte uns abermals vor eine funktionelle Frage: Was hindert die Möwen daran, mit der Schale auch ein Küken wegzutragen, das noch nicht ganz ausgeschlüpft ist? Wir beschwerten Eischalen mit einem in der Höhlung verborgenen Klümpchen Blei. Sie lösten den ersten Teil der Handlungskette aus, veranlaßten also die Möwen, die Schale mit dem Schnabel aufzuheben; sobald sie aber das Gewicht verspürten, ließen sie sie fallen.

Ein anderes Beispiel: Wir untersuchten die Reaktion der Möwen auf Eischalenattrappen verschiedener Farben und fanden, daß sandfarbene und weiße häufiger weggetragen wurden als andersfarbige, auch wenn sie noch so auffällig waren; grüne wurden jedoch nur ausnahmsweise entfernt. Wie wir aus Formversuchen wußten, werden sogar einfache Rechtecke aus Papier (ein dünner Rand!) oft weggetragen. Es ist also sehr gut, wenn die Möwen nicht auf Grün reagieren, denn sonst würden sie am Ende die Blätter der benachbarten Pflanzen gleichfalls wegzutragen versuchen, was den doppelten Nachteil hätte, daß sie zu lange vom Nest wegblieben und auch noch den schützenden Pflanzenwuchs zerstörten. Dabei braucht das schwache Ansprechen auf Grün nicht auf geringer Empfindlichkeit für diese Farbe (Delius und Thompson 22) zu beruhen; denn das Brüten wird, mindestens bei Silbermöwen, durch Grün besser ausgelöst als durch jede andere Farbe (Baerends 1). Dieser ständige Wechsel zwischen der Suche nach Ursachen und der nach Funktionen verleiht natürlich der Biologie auf allen Stufen der Forschung einen besonderen Reiz. Jede Entdeckung von Leistungen der Tiere veranlaßt einen zu fragen: Wie machen sie das? Und wenn man erst den Ablauf kennt, möchte man dann auch verstehen, was es dem Tier einbringt, wie es mit Hilfe eben dieser Leistung den Lebenskampf besser besteht.

Vergleichende Verhaltensforschung

Wir müssen nun einen Schritt weitergehen und versuchen, all diese Einzelbefunde in einen größeren, im wesentlichen stammesgeschichtlichen Zusammenhang zu bringen. Wenn wir die dargestellten Arbeitsweisen und nicht nur deren sichere Ergebnisse, sondern auch manche noch unbewiesenen, aber naheliegenden Annahmen miteinander vereinen, dann können wir heute schon, wenn auch mit Vorsicht, ein Gesamtbild der Verhaltensausstattung verschiedener Arten entwerfen. Zu diesem Zweck greifen wir auf die langbewährte vergleichende Methode zurück. Wir untersuchen die biologische Bedeutung sowohl der Ähnlichkeiten wie der Unterschiede zwischen Arten; genauer gesagt, wir deuten Unterschiede zwischen nahe verwandten Arten als adaptive Divergenzen, dagegen Übereinstimmungen zwischen sonst einander unähnlichen Arten als adaptive Konvergenzen. Diese alte Methode, die wir nur auf Verhalten übertragen, hat sich in der Vergangenheit beim Studium der Stammesgeschichte von Körpermerkmalen als außerordentlich fruchtbar erwiesen; man sollte das nicht vergessen.

Um Verhaltensdivergenzen anschaulich zu machen, ist die Arbeit von E. Cullen (17) an Dreizehenmöwen gut geeignet. Im Gegensatz zu anderen Möwen bauen diese einen festen Sockel als Unterlage für ihr Nest; die Jungen rühren sich kaum vom Fleck; die Altvögel sind am Brutfelsen erstaunlich zahm; wenn die Jungen im Nest mit den Flügeln schlagen, springen sie dabei nicht umher wie andere junge Möwen; während der Paarung hockt das Weibchen sich nieder; wenn ein Nestling einem anderen Futter streitig macht, läuft dieser nicht damit fort, sondern sieht weg – um nur einige Besonderheiten dieser Art zu nennen, die auf den ersten Blick nicht allzu wichtig scheinen und dennoch alle ihren Zweck erfüllen. Wenn man wie E. Cullen die Eigenart des ozeanischen Lebensraumes und, damit verbunden, das Brüten im Fels als die wesentlichen Züge der arteigenen Nische ansieht, passen diese und andere Verhaltenseigentümlichkeiten dazu sehr gut. Da sie die Felsen zum Aufenthalt wählen, sind die Dreizehenmöwen vor Feinden viel besser geschützt als andere Arten, die in zugänglicherem Gelände brüten.

Auf einem schmalen Felsvorsprung braucht aber das Nest eine waagerechte feste Unterlage; die Jungen müssen sich so benehmen, daß sie nicht herunterfallen; die Altvögel können es sich dort leisten, zahm zu sein; sie brauchen nicht zu fliehen oder anzugreifen und gewinnen dadurch Zeit für nützliche Verrichtungen; innerhalb der Art sind sie dagegen ungewöhnlich kampfbereit; am Lande, beim Sammeln von Nistmaterial sind sie scheu; sie stehlen es sich auch gegenseitig, war zur Folge hat, daß sie ihr Nest viel sorgfältiger bewachen als andere Möwen, sogar schon vor der Eiablage. Alle diese Eigenarten passen ebenfalls ins Bild, und manche von ihnen haben sich bei anderen Arten, die unter ähnlichen Umständen brüten, konvergent entwickelt (CULLEN und ASHMOLE 18, HAILMAN 33, SMITH 76).

Aus solchen Untersuchungen geht hervor, daß Anpassung bis in die kleinsten Einzelheiten die Auseinanderentwicklung der Arten bestimmt und daß das gesamte Verhaltensrepertoire einer Art ein ganzes Netzwerk von gegeneinander ausgewogenen Anpassungen bildet. Selbst das Sozialverhalten wird mittelbar durch die Besonderheiten der Fortpflanzung und Nahrungssuche wie auch durch den Feinddruck beeinflußt, was ähnlich für andere Tierarten gilt (CROOK 14).

Wiederum ergibt sich aus der funktionellen Betrachtung eine genauere Analyse der Ursachen des Verhaltens. Durch CULLENS Arbeiten angeregt, untersuchte McLANNAHAN (55), wie Dreizehenmöwenküken es vermeiden, vom Felsen abzustürzen. Die wichtigsten Befunde lauten: An sich sind sie nicht weniger beweglich als andere Möwenküken, doch bleiben sie am Ort, (1) weil sie sich enger an die Eltern binden (die das begünstigen, indem sie länger beim Nest verweilen als andere Arten), (2) weil die Felswand sie anzieht und (3) vor allem weil das Zurückweichen vor dem Abgrund schon vom Schlüpfen an nahezu vollkommen ausgebildet ist. Diese Reaktion läßt manche bemerkenswerte Eigenheiten erkennen, deren einige man neuerdings vergleichend an mehreren Möwenarten untersucht. Schon jetzt steht zu erwarten, daß die Ausprägung dieses Verhaltens mit der besonderen Eigenart des jeweiligen Brutplatzes eng zusammenhängt (J. TINBERGEN mündl.).

Mein nächstes Beispiel handelt statt vom Feinddruck von der Nahrungsaufnahme. WYNNE-EDWARDS (96) hat darauf hingewiesen, daß manche Arten erst ungewöhnlich spät mit der Fortpflanzung beginnen, und er deutet diese Erscheinung als eine altruistische Maßnahme gegen Übervermehrung. Austernfischer brüten gelegentlich mit 3, normalerweise erst mit 4 Jahren. Sie sind erstaunlich geschickt im Öffnen von hartschaligen Wirbellosen der Gezeitenzone, wie Miesmuscheln und Herzmuscheln NORTON-GRIFFITHS 64, 65). Die meisten ernähren sich vorwiegend von dieser stellenweise überreichlich vorhandenen Nahrung, die nicht darauf spezialisierten Vögeln nur selten zugänglich ist. Manche Austernfischer stellen sich völlig auf ein und dieselbe Beuteart ein und, was noch überraschender ist, auf eine ganz bestimmte Technik, sie zu öffnen. Die einen stechen von der Rückenseite her zwischen die Schalen, wobei sie den Schließmuskel durchschneiden und zerreißen. Die anderen hämmern ein Loch in die untere Schalenhälfte, wodurch sie ebenfalls den Schließmuskel zerstören. Beide, Hämmernde und Stechende, verfahren danach in gleicher Weise: Sie hebeln die Schalen mit dem Schnabel auseinander, stellen sich dann rechtwinklig zur Längsachse der Muschel, stemmen sie noch weiter auf, lösen mit raschen schabenden Bewegungen den Körper von der Schale, schütteln ihn frei und verschlucken ihn. Das alles dauert ungefähr 30 Sekunden.

Diese hochgradige Spezialisierung bringt eine Reihe weiterer Umstellungen mit sich. Zunächst können die Jungen sich nicht wie die meisten übrigen Watvogelküken selber versorgen; denn es fehlt ihnen das Werkzeug zum Muschelöffnen, der lange, ungewöhnlich starke Schnabel. Folglich müssen die Austernfischer als Ausnahme unter den Watvögeln ihre Jungen füttern, und sie tun es nicht nur, bis deren Schnäbel ausgewachsen sind, sondern noch viel länger. Das paßt zur langsamen Entwicklung des Verhaltens der Nahrungsaufnahme. Zwar setzt sie früh ein; schon wenige Tage nach dem Schlüpfen machen die Jungen, wenn sie fast gesättigt sind, erste erkennbare Andeutungen der erforderlichen Bewegungsweisen. Aber sie sind anfangs nutzlos, und funktionstüchtig werden sie erst durch mindestens drei Lernvorgänge: Da sich die Eltern stets an eine Futtersorte halten, lernen z. B. die Jungen von Miesmuschelessern diese Muschelschalen als Futterbehälter kennen. Zweitens üben sie sich darin, das Fleisch von den Schalen zu lösen, drittens, und das ist höchst überraschend, hängt es vom Beispiel der Altvögel ab, ob sie zum Hämmerer oder zum Stecher werden. Sämtliche Jungvögel sind imstande, die eine oder die andere Technik zu erwerben, doch sie verwenden stets nur die ihrer Eltern. Dies ist zugleich ein Beispiel für »kulturelle« Überlieferung, jedoch keine kulturelle Evolution.

Die Aufzucht ihrer Brut ist für die Austernfischer so mühsam, daß sie danach stark abgemagert sind (Dare 19). Die Jungen können sich zwar nach einigen Monaten selbst ernähren; doch bis sie genügend Übung haben, um für die Pflege ihrer eigenen Brut die nötigen Reserven anzulegen, brauchen sie drei bis vier Jahre. Der Austernfischer muß also für den Erwerb seiner hochspezialisierten Nahrungsgewinnung bezahlen, indem er seine Jungen füttert und lange braucht, um seine Fertigkeiten zu erlernen. Da sie ein langes Leben haben, können Austernfischer es sich leisten, spät zu brüten; im Einzelfalle mag es sogar günstiger sein, eher noch ein Jahr zu warten, als sich durch frühes Brüten übermäßig anzustrengen. Die verzögerte Fortpflanzung als Altruismus zu deuten, der sich nur durch Gruppenselektion erklären ließe, ist für den Austernfischer jedenfalls entschieden überflüssig. Für unsere Zwecke genügt es, wenn wir die funktionellen Wechselbeziehungen zwischen mehreren Besonderheiten dieser Art aufmerksam ins Auge fassen, nämlich die zahlreichen Rückwirkungen der Spezialisierung auf eine überreiche, doch nur in einem hochentwickelten Verfahren zu erschließende Nahrungsquelle.

Wie diese wenigen Beispiele zeigen, beginnen wir durch Untersuchungen der Angepaßtheit immer deutlicher und bis in kleinste Einzelheiten zu verstehen, was für kunstvolle Balanceakte die Tiere zu vollbringen haben und wie eng das Verhaltensrepertoire jeder Art ihrer eigenen Nische angepaßt ist. Anders ausgedrückt: Solche Studien fördern das, was die natürliche Selektion hervorgebracht hat, als Tatsachen zutage, und es ist, wie ich sogleich zu zeigen hoffe, dieses Tatsachenwissen, worauf für uns alles ankommt.

Anpassungsfähigkeit

Wenn wir uns nun dem zweiten Hauptpunkt zuwenden, dem Ausmaß der individuellen Anpassungsfähigkeit, kehren wir damit zu der alten Frage zurück: Inwieweit ist Verhalten genetisch programmiert, und um wieviel wird es durch individuelle Umformungen und Ergänzungen verbessert? Ich gehe von der phänotypischen Anpassungsfähigkeit aus, von ihren Möglichkeiten und ihren wahrscheinlichen Grenzen; denn das ist die Frage, die uns Menschen unmittelbar angeht.

Zu der Zeit, als man das Lernen für allein entscheidend hielt, war die Antwort der Ethologen auf die Vorstellung, die Verhaltensentwicklung gehe von einer *tabula rasa* aus, sehr nützlich. Doch seither hat sich die Zweiteilung in angeborenes oder erworbenes Verhalten weitgehend überlebt, weil man sich jetzt bemüht, den Entwicklungsgang zu analysieren (LEHRMAN 52), und zwar erstens durch Aufzucht von Jungtieren unter verschiedenen Umweltbedingungen und zweitens durch Eingriffe in den sich entwickelnden Organismus, was jedoch viel schwieriger und deshalb seltener ist. Obwohl man diese Vorgänge nur schwer durchschauen kann, ist jetzt schon die Aussage möglich, daß es ein ganzes Gefälle von hochgradig umweltstabilen bis zu außerordentlich wandelbaren Verhaltensweisen gibt. Während der dreißiger Jahre war ein Hauptanliegen der Ethologen der Nachweis, daß viele Verhaltensmuster sich unter strengem Erfahrungsentzug oder sogar gegensätzlicher Beeinflussung fast vollkommen normal entwickeln – eine Tatsache, die heute kaum noch ausdrücklich hervorgehoben werden muß (LORENZ 53, HINDE 37). Worauf es mir hier ankommt, ist die Erkenntnis, die sich immer stärker durchsetzt, daß nicht Beliebiges erlernt wird, sondern daß häufig sehr genau vorbestimmt ist, welche Umwelterfahrungen ein Tier machen muß.

THORPE (78), MARLER (57), KONISHI und NOTTEBOHM (45) und andere arbeiteten mit solcher Fragestellung über die Gesangsentwicklung von Vögeln. Der Gesang ist ein ausgeprägtes kennzeichnendes Verhaltensmuster, das bei Revier- und Paarbildung eine wichtige Rolle spielt. Zieht man Buchfinkenmännchen isoliert auf, ohne ein erwachsenes Männchen als Vorbild, so singen sie später nicht normal, sondern »schwätzend« mit einigen, aber nicht allen Merkmalen des Buchfinkenschlages. Um diesen zu erwerben, müssen die Jungen frühzeitig den Gesang eines erfahrenen Altvogels hören, lange bevor sie selber singen. Solche Phasen besonderer Lernbereitschaft findet man häufig. THORPE hat außerdem festgestellt, daß die Jungen nicht jeden Vorsänger gleich gut nachzuahmen vermögen. Die Vögel sind vielmehr darauf vorbereitet, stets nur solche Gesänge zu erlernen, die bestimmte Merkmale des Buchfinkenschlages enthalten.

Die oben erwähnten Austernfischer liefern ein weiteres Beispiel: Die Jungen lernen die Beuteart kennen, mit der ihre Eltern sie füttern. Dazu genügt es aber nicht, daß sie das losgelöste Muschelfleisch aus geöffneten Schalen verzehren, sondern sie müssen vorher das Fleisch mit dem Schnabel losgeschabt haben, sonst lernen sie es nicht. Dies ist nur eine kleine Auswahl von vielen Fällen (vgl. z. B. SELIGMAN 73, HINDE und HINDE 36). Sie zeigen, daß auch die phänotypische Anpassung genetisch vorbereitet ist, daß in verhältnismäßig engen Grenzen festliegt, was wann und wie gelernt werden kann, und zwar stets artgemäß; denn jede einzelne Art verfügt über ihr eigenes anpassungsgerechtes Lernprogramm. Das äußert sich nicht nur in der Beschränkung dessen, was man lernen kann, sondern es werden auch weitere Möglichkeiten eröffnet, z. B. durch das Erkundungsverhalten, das eigens dazu da ist, dem Tier Gelegenheit zu geben, persönliche Erfahrungen zu sammeln. Nach Stimmung, Empfänglichkeit für sehr bestimmte Außeneinflüsse und Abklingen, sobald das Tier sich heimisch fühlt, ist es ein wunderbar angepaßtes Verhalten. Es schafft die Voraussetzung für notwendige Angleichungen und dadurch für den größtmöglichen Erfolg.

Als eine besondere Form des Erkundungsverhaltens sind die Orientierungsflüge mancher Insekten zu werten. Solitäre Wespen prägen sich auf diese Weise Landmarken in der Umgebung ihrer Nestöffnung ein und finden danach den Heimweg (TINBERGEN 82, 86). MANNING (56) stellte fest, daß Hummeln Orientierungsflüge machen, bei denen sie den Standort einzelner Futterpflanzen kennenlernen, z. B. einer neu entdeckten Hundszunge mit reichlich Nektar. Fingerhüte dagegen, deren Blütenstände weithin sichtbar sind, suchen sie jedesmal neu. Ob ein Orientierungsflug gemacht wird oder nicht, hängt demnach von überraschenden Feinheiten der gegebenen Lage ab.

Ich widerstehe der Versuchung, auf Einzelheiten weiter einzugehen, möchte aber nochmals bemerken, daß selbst dort, wo die Angepaßtheit in erheblichem Ausmaß auf Lernen beruht, die grundlegenden Veränderungen von innen her und letzten Endes genetisch kontrolliert sind. Sie sind die individuelle Fortsetzung des Anpassungsvorgangs, und diese zusätzliche Programmierung ist von Art zu Art verschieden. Innerhalb einer Art verändert sie sich von einem Entwicklungsstadium zum nächsten, von einem Verhaltenssystem zum anderen und sogar von Situation zu Situation. Daß es innere Voraussetzungen für die Wandelbarkeit des Verhaltens im Laufe der persönlichen Entwicklung gibt, gilt natürlich auch für den Menschen.

Frühmenschen

Anhand dieser Kostproben aus dem Arbeitsbereich der funktionellen Ethologie fragen wir nun nach den Folgerungen für unsere eigene Art. Es mag fast aufdringlich wirken, wenn neben den zahlreichen Wissenschaften vom Menschen auch die Verhaltensforscher sich zu Worte melden. Doch unsere Kenntnisse auf dem Gebiet dieser Wissenschaften sind noch so bruchstückhaft, daß es gerechtfertigt und sogar notwendig scheint, alle erdenklichen Fächer, die hierzu beitragen können, mit zu mobilisieren. Und wie wir glauben, sind manche ethologische Methoden, sofern man ihre Leistungsfähigkeit und ihre Grenzen richtig einschätzt, gut geeignet, sie auch auf dringende Probleme des Menschen anzuwenden.

Dabei ist von vornherein eine Schwierigkeit zu bedenken: Die vergleichende Methode mit funktioneller Fragestellung bewährt sich sehr bei Lebensformen in derselben Umwelt, der sie durch die natürliche Auslese angepaßt sind und deren Verhalten infolgedessen bei allen Artgenossen nahezu übereinstimmt. Dagegen wurden bei uns, seit die kulturelle Evolution sich immer stärker durchsetzt, Verhalten und Umwelt so stark abgewandelt, um nicht zu sagen verzerrt, daß wir ein buntes Durcheinander vor uns sehen. Darum sind wir gezwungen, zunächst all diese oberflächlichen Veränderungen »abzuschälen« und uns die Lebensweise unserer frühesten Vorfahren zu rekonstruieren. Erst aufgrund einer solchen Rekonstruktion der Lebensbedingungen und des Verhaltens werden wir uns ein Bild von der genetischen Angepaßtheit des Menschen machen können, die durch die kulturelle Entwicklung überlagert, jedoch zugleich für diese richtunggebend ist. Das Zurückschalten auf den ursprünglichen Zustand und die Anwendung der vergleichenden Methode sind auch das Ziel der häufig, aber in vielen Hinsichten ungerecht kritisierten »Nacktafferei«. Es ist der Versuch, Geschichtsforschung zu treiben, mit allen Unsicherheiten, die darin eingeschlossen sind.

Wir wissen ungefähr, wie die Welt der Frühmenschen aussah. Aus urwaldbewohnenden »Hanglern« entstanden, waren sie zu aufrecht gehenden Bewohnern offeneren Geländes geworden, das reichliche, von anderen Arten nicht genutzte Nahrung bot. Nach HARDY (34) schließt unsere Vorfahrenreihe noch Wasserbewohner mit ein. Ob diese Vorstellung sich bestätigen wird, bleibt einstweilen offen. Jedenfalls scheint, wie SCHALLER und LOWTHER (72) es überzeugend darzustellen wußten (vgl. auch SCHALLER 70, 71), die Gattung *Homo* eine Nische besetzt zu haben, die fast konkurrenzlos war.

Für das frühmenschliche Verhalten gibt es wenig Belege. Fossilfunde lassen den Übergang zur aufrechten Haltung sowie vom Pflanzenesser zum Jäger und Sammler erkennen, auch Anfänge des Werkzeuggebrauchs und der Benutzung des Feuers. Darüber hinaus müssen wir uns jedoch nach anderen Hilfsmitteln umsehen. Man geht von der Überzeugung aus, daß die kulturelle Entwicklung nicht zufällig verläuft, sondern daß sie hauptsächlich die Verhaltensanteile betrifft, die am stärksten individuell veränderlich sind, während innerlich festgelegte, mehr oder weniger umweltstabile Eigenschaften älteres Erbgut widerspiegeln. Nachweisen können wir diese auf zweierlei Art: Alles, was in verschiedenen Kulturen, und alles, was innerhalb einer Kultur weitgehend gleichbleibt und sich auch unter kulturell veränderten Bedingungen durchsetzt, verrät höchstwahrscheinlich alte umweltstabile »Tiefenstrukturen«.

MORRIS (62) hat darauf hingewiesen, und für mein Empfinden mit Recht, daß Anthropologen und Ethnologen noch bis vor kurzem die

Unterschiede zwischen Kulturen stärker hervorzuheben pflegten als die Ähnlichkeiten, auf die es uns hier ankommt. Auf die Übereinstimmungen ausgerichtet sind dagegen neuere Arbeiten von Eibl-Eibesfeldt (28). Es ginge über den Rahmen dieser Arbeit und sicher über meine Zuständigkeit hinaus, wenn ich auch nur skizzenhaft ausführen wollte, was die Analyse in westlichen Kulturen über die Tiefenstruktur des Verhaltens zutage fördert. Die Wissenschaften, die am meisten unmittelbar mit tiefeingewurzelten Eigenschaften des Menschen befaßt sind, die Psychopathologie und das Erziehungswesen, unterliegen einem Prozeß begrifflicher und sprachlicher Gärung; außerdem sind sie in zahllose Schulen aufgesplittert. Es wäre eine außerordentlich schwierige, aber sehr wichtige Aufgabe, zwischen solchen Wissenschaften wie Paläontologie, Archäologie, Anthropologie, normaler und pathologischer Psychologie sowohl von Erwachsenen wie Kindern die Trennung aufzuheben und aus diesen allen die recht beträchtlichen Erkenntnisse zu schöpfen, die zu unserem Thema bereits erarbeitet sind. Hierdurch würden zugleich der künftigen Erforschung ursprünglicher Verhaltensgrundlagen neue Wege gewiesen. Daß manche Methoden der Ethologie dabei sehr hilfreich sein können, zeigt eine Sammlung neuerer Untersuchungen, die Blurton Jones (4) 1972 herausgab.

Immerhin ist es möglich, aus den vielerlei verstreuten Ansätzen schon heute ein vorläufiges Bild von der ursprünglichen Verhaltensausstattung unserer Art zu entwerfen. Während es entsteht, überprüfen wir ständig (wie bei der Dreizehenmöwe und beim Austernfischer), ob es einen biologischen Sinn ergibt; denn das sollte es, falls wir unsere Vorstellungen richtig entwickeln.

Wir legen am besten eine Annahme zugrunde, die wohl kaum jemand bezweifelt, nämlich daß unser aufrechter Gang, die lange währende Kindheit und Hilfsbedürftigkeit wie auch der ausgeprägte Sexualdimorphismus alte, weitgehend unveränderte Merkmale sind. Der Vergleich verschiedener Kulturen und archäologisch-paläontologische Funde lassen den Schluß zu, daß jene Menschen in verhältnismäßig kleinen Gruppen lebten, in denen sich vermutlich wie in anderen Primatengesellschaften alle Mitglieder persönlich kannten. Außerdem sind sie zweifellos in stärkerem Maße als ihre nächsten Verwandten Jäger gewesen, jedenfalls mehr als heute lebende Arten (Lee und DeVore 51). Es ist auch sicher, daß sie Tiere erbeuten konnten, die viel größer waren als sie selbst, und mithin höchstwahrscheinlich, daß sie wenigstens manchmal gemeinsam jagten. Diese

Vermutung wird durch den Vergleich mit anderen Raubsäugern bekräftigt. Einige Hundeartige, die Tüpfelhyäne und unter den Katzen der Löwe, jagen gesellig und können folglich zum Teil viel größere Tiere erbeuten als ihre einzeln lebenden Verwandten (MECH 59, 60, SCHALLER 70, 71, KRUUK 48). Beim Menschen muß die Jagd auf große Tiere den an Körperkraft überlegenen Männern zugefallen sein, da die Frauen, selbst wenn sie ihre Kinder mit sich tragen konnten, doch mehr auf einen sicheren Aufenthalt angewiesen waren (worin sich unsere dimorphe Art z. B. von Wölfen unterscheidet). Die Jäger einer Gruppe müssen zusammengearbeitet haben, und zwar im Rahmen einer Rangordnung, wie wir sie auch in heutigen Kulturen und bei vergleichbaren Tierarten finden. Solch eine Rangordnung bedeutet mehr als Furcht vor Überlegenen; man achtet diese, erkennt ihre Führerschaft an und lernt von ihrem Beispiel (CHANCE 8, KUMMER 49). In der Menschengruppe ist der Mann nicht nur Jäger, sondern auch Versorger (WASHBURN und LANCASTER 93) und teilweise Erzieher, weshalb wahrscheinlich Vater und Mutter den Mittelpunkt einer Familiengruppe bildeten. Wo bei Tieren beide Eltern an der Aufzucht der Jungen beteiligt sind, hat sich die Einehe durchgesetzt, mit anhaltender Paarbindung und der Begleiterscheinung, daß man sich verliebt. Wenn, wie es scheint, die Frühmenschen ebenfalls einehig lebten (vielleicht gelegentlich auch bi- oder polygam), dann bedeutete die lange Trennung während größerer Jagdzüge eine Belastung, die Sondermaßnahmen erforderlich machte, um die Paarbindung zu stärken. Monogame Tierarten haben hierfür verschiedene »zusätzliche« Verhaltenssysteme entwickelt, z. B. gemeinsamen Nestbau, Füttern des Weibchens durch das Männchen, gegenseitiges Putzen und Kraulen und anderes mehr. Beim Menschen ist anscheinend hier das Geschlechtsverhalten einzuordnen. Die Vereinigung stärkt und erhält die Bindung zwischen den Partnern, und es ist gewiß kein Zufall, daß die Paarungsbereitschaft beim Menschen nicht auf bestimmte Zeiten beschränkt ist. Auch bei anderen Primaten kann das Geschlechtsverhalten zum Teil anderen Zwecken dienen als der Befruchtung (WICKLER 95). Bei den heute lebenden Affen ist es vorwiegend zu einem Signal geworden, das die Rangordnung festigt: Das Aufreiten des Männchens bedeutet Überlegenheit, die Haltung des Weibchens Unterwerfung, auch bei Begegnungen zwischen gleichgeschlechtigen Partnern und unabhängig von der Fortpflanzung. Wie vergleichende Untersuchungen ergeben haben, ist die doppelte Verwendung von Verhaltensweisen für ihren ursprünglichen und noch einen weiteren Zweck bei Tieren weit verbreitet. Wenn man den »Sex zum Spaß« in und vor der Ehe verdammt, so verrät das dem vergleichenden Ethologen nur einen Mangel an biologischem Verständnis und auch an Einsicht in die Bedeutung des Ehelebens selbst in der modernen Gesellschaft.

Menschenkinder besitzen nur ein vergleichsweise bescheidenes Repertoire nicht erlernten Verhaltens, obwohl es zweifellos reichhaltiger ist, als lange angenommen wurde (BLURTON JONES 4, McGREW 54). Die Grundausrüstung an Bewegungsweisen, Signalen, Verständnis für die Signale anderer und Stimmungen wird mehr durch Außeneinflüsse bereichert als bei anderen Arten. Das geschieht im geselligen Umgang zuerst mit der Mutter, später mit Altersgenossen und einem immer weiteren Kreis von Menschen, vor allem aber durch das Erkundungsverhalten des Kindes selbst. Wie bei anderen Primaten kann dies Erkunden sich nur in mütterlicher Obhut entfalten oder im sicheren Umkreis anderer vertrauter Personen. Die lange Entwicklung führt schließlich zur völligen Aufnahme in die Gemeinschaft der Erwachsenen, wobei sich die Bindungen zwischen Eltern und Kindern lockern, aber auch die Jugendlichen von sich aus Eigenständigkeit anstreben. Hierdurch sind alle Voraussetzungen für einen »Generationenkonflikt« gegeben, der heute wegen der immer stärker beschleunigten kulturellen Entwicklung eine *gegenseitige* Anpassung zwischen den Generationen notwendig macht und mit bloßem Abwarten, daß sich die Jüngeren in das Gewohnte fügen, nicht mehr zu bewältigen ist. Aus dem Vergleich mit gesellig lebenden Affen, Wölfen, Hyänen und Löwen sowie in und zwischen menschlichen Kulturen ist ferner abzuleiten, daß Feindschaft zwischen Gruppenfremden und Freundschaft innerhalb der Gruppe, jeweils besonders unter den Männern, ebenfalls alte Merkmale sind. L. TIGERS Deutungen in »Menschen in Gruppen« (79) scheinen mir im Kern biologisch stichhaltig zu sein. Ob zu solch einer Bevölkerungsstruktur auch Gruppenreviere und deren Verteidigung dazugehörten, kann offenbleiben; doch nach allem, was wir darüber wissen, wie wichtig eine genaue Kenntnis des Jagdgebietes und wie stark bei den verschiedensten Völkerstämmen die Neigung ist, sich wie Tiere in Gruppenrevieren zu verhalten, dürfte auch diese Annahme zutreffend sein.

Wir brauchen unsere Rekonstruktion, die meiner Ansicht nach im wesentlichen richtig ist, nicht weiter auszuführen. Sicher kann sie noch besser erhärtet und feiner ausgefeilt werden, wenn alle zuständigen Wissenschaften nach einem gemeinsamen Plan zusammenarbeiten.

Fehlanpassung und Wiederanpassung

Es ist längst nicht mehr zu übersehen, in welcher Hinsicht und wie stark sich unsere heutige Umgebung vom vorgeschichtlichen Lebensraum unterscheidet, am stärksten wohl durch die Verstädterung. Sie hat zu übermäßig dichtem Zusammenwohnen und dadurch zur Entwicklung sehr großer anonymer Gesellschaften geführt, die mit den kleinen in sich geschlossenen Verbänden der Frühmenschen kaum noch Ähnlichkeit haben. Zusätzlich werden wir bestürmt von einem Übermaß an Außenreizen, die uns nicht nur in Form allgemeiner, verschwommener optischer und akustischer Sinneseindrücke treffen, sondern auch als ein ständiger Schwall von Mitteilungen durch die Massenmedien. Die Tätigkeit zahlloser Industriearbeiter ist maßlos eintönig geworden, meilenweit entfernt von den sinnvollen, unmittelbar befriedigenden Leistungen jedes einzelnen Handwerkers und erst recht von denen ursprünglicher Jäger und Ackerbauern. Die Kindererziehung hat sich bereits fast bis zur Unkenntlichkeit in ein ermüdendes Training für das Leben eines heutigen Städtebürgers gewandelt.

Die Fragen, die sich daraus für den vergleichenden Ethologen ergeben, lauten: Gibt es Hinweise darauf, daß diese neue Lage der »menschlichen Natur« Angleichungen abverlangt, zu denen sie nicht imstande ist? Wird sie unerträglich belastet, und werden auf der anderen Seite Verhaltensweisen mit starkem innerem Antrieb gehemmt? Wir meinen, man sieht solche Zeichen, und ich wähle drei aus, um sie kurz zu besprechen.

Bald nach dem Zweiten Weltkrieg führte J. Bowlby (5, 6) gewisse Störungen des Sozialverhaltens auf Unterbrechung der frühen Bindungen zwischen Mutter und Kind zurück; er erkannte, daß zeitweilig von der Mutter getrennte Kleinkinder Schwierigkeiten haben, zunächst an sie und später auch an andere Menschen Anschluß zu finden. Die Eingliederung in die Gemeinschaft eines wachsenden Freundeskreises ist seiner Ansicht nach nur möglich, wenn dieses erste Band fest geknüpft ist. Ein kleines Kind braucht stets dieselbe liebevolle Mutter oder Pflegerin, was unter heutigen Umständen oft nicht oder nur ungenügend gewährleistet ist. Untersuchungen der Entwicklung des Sozialverhaltens anderer Säuger, die zum Teil durch Bowlbys Arbeit angeregt sind, weisen in die gleiche Richtung; man erkennt immer deutlicher, daß es nicht nur auf die gleichmäßig wiederkehrende Person der Mutter ankommt, sondern auf ihr ganzes fein abgestimmtes »richtiges« Verhalten. Schon bei geringer Unsicherheit oder Ablenkung durch einen Beruf kann es sein, daß ungewollt das Kind zu kurz kommt. Andererseits kann eine allzu fürsorgliche, wenig beschäftigte Mutter, die nicht zeitweilig das Kind alleine oder mit seinesgleichen ungestört spielen läßt, es abwehrend stimmen. Weitere Anzeichen sprechen dafür, daß wie bei anderen Säugetieren die beiderseitige Bindung gleich nach der Geburt einsetzen sollte. Neuere ethologische Studien zu diesem Thema (HARLOW und ZIMMERMANN 35, SPENCER-BOOTH und HINDE 77) können deshalb gar nicht hoch genug eingeschätzt werden. Die Armut unseres Wissens vom frühesten Lebensabschnitt des Menschen und die Bestimmtheit vieler Theoretiker sind gleichermaßen erstaunlich. Aufgrund einer Anzahl beiläufiger und auf den ersten Blick unzusammenhängender Beobachtungen aus dem Familienleben des Menschen, mancher Säuger und Vögel vermute ich, daß mit noch weitergreifenden Schädigungen des Sozialverhaltens zu rechnen ist, als BOWLBY annahm.

Als zweite, wahrscheinlich durch sozialen Streß hervorgerufene Verhaltensstörung, vielleicht auch ein Bündel von Störungen, erwähne ich den frühkindlichen Autismus oder KANNERS Syndrom (KANNER 42, BETTELHEIM 3, O'GORMAN 66, TINBERGEN und TINBERGEN 80), eine schwerwiegende Erkrankung, die neuerdings stark beachtet wird, weil sie offenbar häufiger auftritt als früher. Während ihr Entdecker, Leo KANNER, 1943 noch Mühe hatte, genügend Fälle kennenzulernen, gibt es jetzt allein in England rund 6000 nachweislich autistische Kinder, und diese Zunahme scheint echt, nicht durch verbesserte Erkennung vorgetäuscht zu sein. Die Kranken sind fast gänzlich ungesellig, scheuen andere Menschen, wehren sie sogar heftig ab; die Entwicklung der Sprache und anderer Fähigkeiten ist verzögert. Viele Autisten bleiben lebenslang geschädigt.

Gemeinsam mit meiner Frau habe ich soziale und sozial ausgeformte Verhaltensweisen normaler und autistischer Kinder nach Methoden verglichen, die wir in der Ethologie zur Analyse von Ausdrucksbewegungen und ihnen zugehörigen Stimmungen verwenden. Dadurch konnten wir den früheren Befund von HUTT und HUTT (40), daß auch gesunde Kinder gelegentlich das KANNER-Syndrom vollständig zeigen, ergänzen und bestätigen. Wir prüften die Bedingungen, unter denen das vorkommt, sowie die Behandlungsweisen, die Erfolg versprechen, und kamen zu diesen einstweiligen Folgerungen:

1. Es gibt keine scharfe Grenze zwischen autistisch und normal; vermutlich ist schon ein beträchtlicher Anteil der »normalen« Kinder schwach autistisch.

2. Wie die Motivationsanalyse ergibt, leiden sowohl vorübergehend wie krankhaft autistische Kinder an einem Stimmungskonflikt zwischen übergroßer Ängstlichkeit und hierdurch gehemmter Anschlußbereitschaft.

3. Diese Spannung kann sich so steigern, daß das Kind nicht nur fremde Menschen und Umgebungen meidet, sondern auch vor solchen zurückweicht, die dem normalen Kinde bald vertraut sind, und daß es sogar seine nächsten Verwandten abweist.

4. Folglich ist ihre Eingliederung in die Gesellschaft sehr erschwert. Die Kinder sträuben sich dagegen und sind in allem, was dazugehört, stark gehemmt: im Sprechen, im Erkunden und erst recht im Unterricht.

5. Besonders anfällig sind von sich aus, d. h. aufgrund genetischer oder »organischer« Abweichungen, ängstliche Kinder, doch ausschlaggebend sind Mängel der sozialen Umwelt, vor allem des Familienlebens, das in manchen Kreisen gewisse Verfallserscheinungen zeigt.

Mit anderen Worten: Es sind wahrscheinlich zumindest manche Formen des Autismus durch wachsenden sozialen Streß bedingt und vielleicht als Warnzeichen für Folgen der Kulturentwicklung zu werten. Gewiß bedarf diese Erscheinung noch eingehender Untersuchung. Unsere Arbeitsweisen könnten helfen, ihre Gründe zu erkennen und weiteres Unheil zu lindern.

Mindestens ebenso ernst zu nehmen wie die Probleme der Kleinkinder und des Familienlebens sind die unmerklich, aber tiefgreifend veränderten Erziehungsmethoden. Die meisten unter uns halten eine Ausbildung durch Lehrinstitute für selbstverständlich, und ganz gewiß sind Schulen irgendwelcher Art unerläßlich, um Kinder auf die hohen Anforderungen des Lebens in einer von Menschen geschaffenen Umwelt vorzubereiten; es ist vollkommen abwegig zu glauben, wir könnten auf Schulen verzichten. Man darf jedoch nicht vergessen, daß sie eine verhältnismäßig neue Erwerbung sind und sich mit den Zeiten wandeln müssen. Sicher wird es notwendig sein, Ziele und Methoden der Erziehung genau zu überdenken, damit auch hier sozialer Streß die Grenzen des Erträglichen nicht überschreitet.

Für Anschluß und Geselligkeit sind Schulen zweifellos förderlich, da sie Altersgenossen vereinen, und dieses dürfte mit alten Grundlagen des menschlichen Sozialverhaltens in Einklang stehen. Sie sind außerdem ein heilsames Gegenmittel gegen die Vereinsamung, die deshalb droht, weil die Familien klein bleiben müssen und, so paradox es klingt, in den überbesiedelten Städten auf Hochhausetagen ein einsames Leben führen.

Vergleichen wir die Bestrebungen unserer Schulen und den zunehmenden Lernzwang mit der Erziehung in heutigen »primitiven« oder, rückschließend, in frühmenschlichen Gesellschaften, so tauchen einige Fragen auf, die gründlicher als bisher erörtert werden müssen, denn die Unterschiede sind viel größer, als gemeinhin bekannt ist.

Die rasche Entwicklung der Technik im weitesten Sinne erfordert die Vorbereitung der jeweils folgenden Generation auf ihre Aufgaben in einer hochintegrierten Gesellschaft. Diese raschen Wandlungen bringen es aber auch mit sich, daß die Jungen stets in ganz andere und noch viel schwierigere Bedingungen hineinwachsen müssen als ihre Eltern. Jede neue Generation muß viel mehr lernen als die vorhergehende. Selbst in den kurzen Abschnitten unseres eigenen Lebens haben wir einen beträchtlichen qualitativen und quantitativen Zuwachs dessen erlebt, was erlernt werden muß, und diesen ganzen vertieften und erweiterten Stoff sollen Kinder bewältigen, die ohnehin schon den übermäßigen Belastungen unseres Daseins ausgesetzt sind. Wir müßten also die Jugendlichen so ausbilden können, daß sie kenntnisreicher als ihre Vorgänger sind, aber zugleich fähig bleiben, sich umzustellen. Entsprechen unsere Erziehungsweisen diesen neuen, teilweise widersprüchlichen Forderungen? Man hat die Frage oft gestellt, und Fachleute haben Zweifel geäußert. Englische Schulen sind schon in einer großen und wohltätigen Umwandlung begriffen, aber es muß noch weiter gehen. Unter den vielen Neuerern in Erziehungsfragen und solchen, die es sein möchten, sollten wir vor allem auf die Meinung derer hören, die beobachten, wie Kinder lernen und woran sie scheitern, und daraus ihre Vorschläge entwickeln. Wie Maria MONTESSORI als eine der ersten weisen auch ihre Nachfolger ausdrücklich darauf hin, daß Anregungen zum Selberlernen nützlicher sind als eingetrichtertes Wissen.

Vergleichenden Verhaltensforschern erscheint diese Ansicht außerordentlich sinnvoll. In sogenannten primitiven, in dieser Hinsicht den ursprünglichen wahrscheinlich ähnlichen Gesellschaften lernen die Kinder durch spielendes Erkunden, durch Nachahmung und nur zu einem kleinen Teil durch Unterricht, den die Erwachsenen erteilen. Wie mir scheint, legen wir zu viel Gewicht auf planmäßige Unterrichtung und laufen damit Gefahr, die Entwicklung der Kinder auf zweierlei Weise zu stören, ja zu hemmen und fehlzuleiten: Höchstwahrscheinlich *unterdrücken* wir das eigene Erkunden, und sicher rufen wir *Widerstände* gegen diesen Lernbetrieb hervor. Es lohnt sich, darauf etwas näher einzugehen.

Ein besonderes Kennzeichen unserer Art ist die Neigung zu erkunden, die Neugier, die im Leben jedes einzelnen viel länger anhält als selbst bei Menschenaffen. Aufgeschlossenheit und Einfallsreichtum werden aber nicht nur für die Aufgaben der Wissenschaftler und Techniker gebraucht, sondern überall in der zivilisierten Welt.

Damit das Neugierlernen Früchte trägt, sollte Sicherheit gegeben sein, möglichst wenig Störung durch Erwachsene (wohl aber unmerkliche Obhut), Zeit und Gelegenheit und eine Umgebung, die zum Erkunden einlädt.

Ich kann es mir nicht versagen, eine kleine Begebenheit zu erzählen, die, obwohl man es nach der Literatur über Kinderentwicklung kaum erwarten sollte, nach meiner Erfahrung beispielhaft ist. Ein 12 Monate altes Bübchen krabbelte, von Großmutter und Tante bewacht, über einen Dünenhang, eine kahle sandige Fläche, die nur spärlich mit Kreuzkraut und ganz vereinzelt mit Disteln bestanden war. Nachdem er ohne Reaktion über mehrere Kreuzkrautrosetten hinweggekrochen war, traf er auf eine Distel, deren stachlige Blätter sein Füßchen streiften. Er schreckte fast unmerklich zusammen und kroch weiter, hielt aber kurz danach an, um über seine Schulter zu blicken. Nun rutschte er ein Stückchen zurück, fuhr noch einmal mit dem Fuß über die Distel, drehte sich dann zu ihr um, betrachtete sie höchst aufmerksam und strich mit seiner Hand darüber hin und her. Hierauf folgte ein tadelloser Kontrollversuch: Er sah sich nach einer Kreuzkrautpflanze um, die er in derselben Weise betastete, berührte danach noch einmal die Distel und setzte seinen Weg fort. Dies ist nur eines von vielen Beispielen echten Experimentierens bei Kindern, die noch nicht sprechen; es ist wohlüberlegtes Erkunden.

Doch jedem, der Kinder beobachtet, fällt auf, wie rasch ihr Erkundungsdrang schwindet, sobald die Schule beginnt. Unter den vielen, die hierin einen ursächlichen Zusammenhang sehen, verdient der umsichtige amerikanische Erziehungsforscher John Holt (38, 39) besondere Beachtung. Er verweist auf zwei einschneidende, jedoch ungenügend berücksichtigte Folgen des Schulunterrichtes mit ständigem Abfragen, guten und schlechten Noten als Belohnung und Strafe. Ein großer Teil der Kinder spricht nämlich darauf einfach nicht an. Ja, sie wehren sich dagegen (und entwaffnen auch den Lehrer) durch ein Gemisch aus tiefer Abneigung und

Stumpfsinn, um zu verbergen, wie sehr sie sich im Grunde nach Anregung sehnen. Mir scheinen diese Gesichtspunkte sehr wichtig, zumal das Bestreben, welches sich in der Grundschule schon durchsetzt, nämlich statt Schulmeisterei möglichst die eigene Anteilnahme und Neugier zu wecken, biologisch vernünftig ist und vielversprechende Erfolge zeitigt. Wer zusieht, wie ausdauernd und in ihre Aufgabe vertieft Kinder aus eigenem Antrieb »arbeiten« können, wie ihre Leistung sie beglückt und befriedigt, wundert sich darüber nicht. Der Umschwung ist schon bis in die Gymnasien spürbar und wird auch höhere Bildungsstufen erreichen, schon deshalb, weil Studenten, die einmal am gemeinsamen Erkunden unter passender Anleitung Geschmack gefunden haben, sich nicht mehr einfach etwas »sagen lassen«, sondern das Hinführen zum eigenen Verständnis fordern werden. Solch eine natürlichere Form der Erziehung könnte wohl auch helfen, Menschen heranzubilden, wie unsere Gesellschaft sie braucht. Deren Bedürfnisse sind schon jetzt nicht mehr dieselben wie vor wenigen Generationen, als es hauptsächlich auf erfahrene Fachleute ankam. In Zukunft werden andere Vermögen vonnöten sein: Anpassungsfähigkeit und Aufgeschlossenheit, ein sicheres Urteil, die Fähigkeit, weit vorauszuplanen, und verwandte Eigenschaften, nicht nur bei den Führenden, sondern auch bei Mitarbeitern und Untergebenen, durch die der Führende seinen Einfluß geltend macht.

Manch ein Humanwissenschaftler wird sich über die Dreistigkeit wundern, mit der ich weit über die Grenzen meines heimischen Bereichs hinausgegangen bin. Wir sind aber um den Fortbestand unserer Art zu sehr besorgt, um die Verantwortung dieser oder jener Gruppe von Spezialisten allein zu überlassen; denn die Wissenschaften vom Menschen sind, wie doch wohl niemand bestreitet, noch längst kein einheitliches Fach, und sie bedürfen der Mitarbeit des Biologen. Dem Ethologen, der Leistungen von Tieren untersucht und ständig sieht, welch eine Kunst es ist zu überleben, fällt an der Sonderstellung des Menschen vieles auf, was Humanforschern leicht entgehen könnte – und seine Beobachtungen erfüllen ihn mit größter Unruhe.

Wie ich schon ausgeführt habe, ergibt sich aus dem Vergleich der Angepaßtheit von Tieren mit der des Menschen, daß unsere Eroberung des Erdballs Umweltveränderungen herbeiführt, mit denen die genetische Evolution nicht Schritt halten kann, nicht einmal wenn sie durch – moralisch und praktisch zweifelhafte – Genmanipulationen gelenkt und beschleunigt werden sollte. Wir werden uns also auf unsere phänotypische Anpassungsfähigkeit verlassen müssen, und dabei ist von größter Wichtigkeit die Erkenntnis, daß die individuelle Fähigkeit, sich anzugleichen, eng begrenzt ist und daß andererseits unsere Erziehungsmethoden wahrscheinlich nicht geeignet sind, die Anlagen jedes einzelnen aufs beste zu fördern.

Über drohende Streßfolgen gehen die Meinungen auseinander. Verhaltensforscher halten es, wie gesagt, für möglich oder sogar wahrscheinlich, daß die Kluft zwischen dem, was wir in der selbstgeschaffenen Umwelt tun müßten, und dem, was wir tatsächlich tun, immer tiefer aufreißt und daß wir uns diesen Erfordernissen nicht mehr genügend anpassen können. Wir stehen vor der unausweichlichen Folgerung, bald mit »biotechnischen« Mitteln nachhelfen zu müssen, um unsere Angepaßtheit wiederherzustellen oder besser, um Angepaßtheit auf einer neuen Stufe zu erreichen. Die drei Beispiele, die ich erwähnte (Schädigung durch Mutterentzug, Autismus und die Folgen einseitiger Erziehung), können recht wohl als warnende Zeichen dafür gelten, daß wir uns dieser Aufgabe schon jetzt dringend zuwenden müßten.

Es wird nötig sein, gleichzeitig unsere Umwelt wieder in einen erträglichen Zustand zu bringen und uns selbst zu äußerster Wandlungsfähigkeit zu entwickeln. Wir werden für diese Aufgabe alle verfügbaren Kräfte aufbieten müssen; denn wir haben kein Vorbild, an das wir uns halten könnten. Kurz gesagt: es wird nichts Geringeres verlangt, als daß wir *binnen kürzester Zeit, und möglichst ohne durch Irrtümer allzuviel Schaden zu erleiden, etwas nachvollziehen, was bisher nur die genetische Entwicklung hervorgebracht hat*; aber sie hatte unvorstellbar lange Zeit zur Verfügung und konnte sich den Preis gewaltiger Verluste leisten.

Um damit Erfolg zu haben, müssen wir genau wissen, was für Umweltdrucke wir erzeugen, wie wir ihnen widerstehen oder wie wir sie verringern können, und die funktionelle Ethologie kann helfen, sie zu erkennen. Außerdem müssen wir die Mechanismen des Verhaltens und der Verhaltensentwicklung verstehen, um, wo es nötig ist, lenkend einzugreifen.

Die Durchführung solcher Biotechnik mag einstweilen noch phantastisch erscheinen, doch früher oder später wird sie meiner Ansicht nach zur Notwendigkeit werden. Nach allem, was wir über politische Meinungsbildung wissen, dürfte es sinnlos sein, an den Altruismus der Menge oder an sonstige moralische Begriffe zu appellieren. Vielmehr sollte der Wissenschaftler darauf verweisen, daß es für jeden von höchstem eigenem

Interesse ist, den Zusammenbruch zu verhindern, eine neue Gesellschaft aufzubauen, das Überleben, Gesundheit und Wohlergehen zu sichern für unsere Kinder und Enkel, für Menschen, die wir kennen und lieben.

Niemand ist imstande vorauszusagen, wie bald man die Wissenschaft um Hilfe anrufen wird. Doch wenn diese Zeit kommt, sollten wir besser darauf vorbereitet sein, als wir es jetzt sind. Darum ist es mein dringendstes Anliegen, sämtliche Wissenschaften, die mit der Biologie des Menschen befaßt sind, zur Zusammenarbeit aufzurufen. Die Verhaltensforschung an Tieren darf dabei nicht fehlen – ja, ich glaube sogar, daß sie, wenn man sie weiter entwickelt, unschätzbare Dienste leisten kann.

Literatur

1 Baerends, G. P. (1957): The ethological concept »releasing mechanisms« illustrated by a study of the stimuli eliciting egg retrieving in the Herring gull. Anat. Rec. 128, 518–519.
2 – und R. H. Drent (eds.) (1970): The Herring gull and its egg. Behaviour Suppl. 17.
3 Bettelheim, B. (1967): The Empty Fortress. Infantile Autism and the Birth of the Self. London (Collier-Macmillan).
4 Blurton Jones, N. (ed.) (1972): Ethological Studies of Child Behaviour. London (Cambridge University Press).
5 Bowlby, J. (1951): Maternal Care and Mental Health. Genf (W.H.O.); London (H.M.S.O.); New York (Columbia University Press).
6 – (1969): Attachment and loss, Bd. 1. Attachment. London (Hogarth Press).
7 Cain, A. J. (1964): The perfection of animals, in: Viewpoints in Biology, ed. J. D. Carthy und C. L. Duddington 3, 36–62.
8 Chance, M. R. A. (1967): Attention structure as the basis of primate rank orders. Man, n. s. 2, 503–518.
9 Commoner, B. (1966): Science and Survival. New York (Viking Compass Book).
10 – (1972): The Closing Circle. London (Jonathan Cape).
11 Cott, H. B. (1940): Adaptive Coloration in Animals. London (Methuen).
12 Coulson, J. C. (1966): The influence of the pair bond and age on the breeding biology of the Kittiwake gull *Rissa tridactyla*. J. Anim. Ecol. 35, 269–279.
13 Crook, J. H. (1965): The adaptive significance of avian social organizations. Symp. zool. Soc., Lond. 14, 181–218.
14 – (1970): Social organization and the environment. Aspects of contemporary social ethology. Anim. Behav. 18, 197–209.
15 – (1970): The socio-ecology of Primates, in: Social Behavior in Birds and Mammals, ed. J. H. Crook, 103–166. London/New York (Academic Press).
16 Croze, H. (1970): Searching image in Carrion crows. Z. Tierpsychol. Suppl. 5, 1–86. Berlin (Parey).
17 Cullen, E. (1957): Adaptations in the Kittiwake to cliff-nesting. Ibis 90, 71–87.

18 CULLEN, J. M., und N. P. ASHMOLE (1963): The Black Noddy *Anous tenuirostris* on Ascension Island. II. Behaviour. Ibis 103 b, 423–446.
19 DARE, P. J. (1966): The breeding and wintering population of the Oystercatcher in the British Isles. Fishery Invest., Lond. (Ser. 2) 25, 1–69.
20 DAWKINS, M. (1971): Perceptual changes in Chicks. Another look at the »search image« concept. Anim. Behav. 19, 566–574.
21 – (1971): Chifts of »attention« in Chicks during feeding. Anim. Behav. 19, 575–582.
22 DELIUS, J. D., und G. THOMPSON (1970): Brightness dependence of colour preferences in Herring gull chicks. Z. Tierpsychol. 27, 842–849.
23 DIJKGRAAF, S. (1946): Die Sinneswelt der Fledermäuse. Experientia 2, 1–31.
24 DUBOS, R. (1968): So Human an Animal. New York (Scribner).
25 EHRLICH, P. R. (1968): The Population Bomb. New York (Ballantine).
26 EIBL-EIBESFELDT, I. (1959): Der Fisch *Aspidontus taeniatus* als Nachahmer des Putzers *Labroides dimidiatus*. Z. Tierpsychol. 16, 19–25.
27 – (1967): Grundriß der vergleichenden Verhaltensforschung. 5. erw. u. erg. Auflage 1978. München (Piper).
28 – (1972): Die !Ko-Buschmann-Gesellschaft. Gruppenbindung und Aggressionskontrolle. München (Piper).
29 FRICKE, H. (1971): Fische als Feinde tropischer Seeigel. Marine Biol. 9, 328–338.
30 FRISCH, K. von (1967): The Dance, Language and Orientation of Bees. Cambridge/Mass. (Harvard University Press).
31 GOLDSMITH, E., et al. (1972): A blueprint for survival. The Ecologist 2, 2–42.
32 GRIFFIN, D. R. (1958): Listening in the Dark. New Haven (Yale University Press).
33 HAILMAN, J. P. (1965): Cliff-nesting adaptations of the Galapagos Swallow-tailed gull. Wilson Bull. 77, 346–362.
34 HARDY, A. C. (1960): Was man more aquatic in the past?. New Scientist 7, 642–645.
35 HARLOW, H. F., und R. R. ZIMMERMANN (1959): Affectional responses in the infant monkey. Science, N. Y. 130, 431.
36 HINDE, J. S., und R. A. HINDE (eds.) (1973): Constraints on Learning. Limitations and Predispositions. London/New York (Academic Press).
37 HINDE, R. A. (1970): Animal Behaviour. A Synthesis of Ethology and Comparative Psychology. 2. Aufl. New York (McGraw-Hill).
38 HOLT, J. (1970): How Children Fail. Harmondsworth (Penguin Books).
39 – (1971): How Children Learn. Harmondsworth (Penguin Books).
40 HUTT, C., und S. J. HUTT (1970): Direct Observation and Measurement of Behavior. Springfield/Ill. (Charles C. Thomas).
41 HUXLEY, J. (1948): Man in the Modern World. New York (Mentor Books).
42 KANNER, L. (1943): Autistic disturbances of effective contact. Nerv. Child 2, 217–250.
43 KETTLEWELL, H. B. D. (1955): Selection experiments on industrial melanism in the Lepidoptera. Heredity 9, 323–342.
44 – (1956): Further selection experiments on industrial melanism in the Lepidoptera. Heredity 10, 287–301.
45 KONISHI, M., und F. NOTTEBOHM (1969): Experimental studies in the ontogeny of avian vocalizations, in: Bird Vocalizations in Relation to Current Problems in Biology and Psychology, ed. R. A. HINDE. London (Cambridge University Press).
46 KREBS, J. R., M. H. MACROBERTS und J. M. CULLEN (1972): Flocking and feeding in the Great Tit. An experimental study. Ibis 114, 507–531.
47 KRUUK, H. (1964): Predators and anti-predator behaviour of the Black-headed Gull (*Larus ridibundus*). Behaviour Suppl. 11.
48 – (1972): The Spotted Hyena. Chicago (University Press).
49 KUMMER, H. (1968): The Social Organization of Hamadryas Baboons. Basel (S. Karger).
50 LACK, D. (1968): Ecological Adapatations for Breeding in Birds. London (Methuen).

51 Lee, R. B., und I. De Vore (eds.) (1968): Man the Hunter. Chicago (Aldine Publishing Company).
52 Lehrman, D. S. (1970): Semantic and conceptual issues in the nature-nurture problem, in: Development and Evolution of Behavior, eds. L. R. Aronson, E. Tobach, D. S. Lehrman und J. S. Rosenblatt. San Francisco (Freeman).
53 Lorenz, K. (1965): Evolution and Modification of Behavior. Chicago (University Press).
54 McGrew, W. C. (1972): An Ethological Study of Children's Behavior. London/New York (Academic Press).
55 MacLannahan, H. (1970): Studies of behaviour ontogeny in gulls. Behaviour 44, 36–88.
56 Manning, A. (1956): Some aspects of the foraging behaviour of bumble-bees. Behaviour 9, 164–203.
57 Marler, P. (1967): Comparative study of song development in sparrows. Proc. Int. Orn. Congr. 14, 231–244.
58 Mayr, E. (1963): Animal Species and Evolution. Cambridge/Mass. (Harvard University Press).
59 Mech, L. D. (1966): The wolves of the Isle Royale. U. S. Nat. Park Serv. Fauna Ser. 7, 1–210.
60 – (1970): The Wolf. London (Constable).
61 Medawar, P. B. (1959): The Future of Man. New York (Mentor Books).
62 Morris, D. (1967): The Naked Ape. London (Jonathan Cape).
63 Nelson, J. B. (1965): The behaviour of the gannet. Br. Birds 58, 233–288, 313–336.
64 Norton-Griffiths, M. (1967): Some ecological aspects of the feeding behaviour of the Oystercatcher on the Edible Mussel. Ibis 109, 412–424.
65 – (1968): The feeding behaviour of the Oystercatcher (*Haematopus ostralegus*). Diss. Oxford.
66 O'Gorman, G. (1970): The Nature of Childhood Autism. London (Butterworth).
67 Patterson, I. J. (1965): Timing and spacing of broods in the Black-headed Gull (*Larus ridibundus* L.). Ibis 107, 433–460.
68 Ribbands, C. R. (1953): The Behaviour and Social Life of Honeybees. London (Bee Research Association).
69 Roeder, K. D., A. E. Treat und J. S. Vandeberg (1968): Auditory sense in certain sphingid moths. Science, N. Y. 159, 331–333.
70 Schaller, G. B. (1972): Predators of the Serengeti. Nat. Hist., N. Y. 81, 38–49, 60–69.
71 – (1972): The Serengeti Lion. Chicago (University Press).
72 – und G. R. Lowther (1969): The relevance of carnivore behaviour to the study of early hominids. SWest. J. Anthrop. 25, 307–341.
73 Seligman, M. E. P. (1970): On the generality of the laws of learning. Psychol. Rev. 77, 406–418.
74 Simmons, K. E. L. (1966): Anting and the problem of self-stimulation. J. Zool., Lond. 149, 145–162.
75 Smith, J. N. M. (1971): Studies of the searching behaviour and prey recognition of certain vertebrate predators. Diss. Oxford.
76 Smith, N. G. (1966): Adaptations to cliff-nesting in some arctic gulls (*Larus*). Ibis 108, 68–83.
77 Spencer-Booth, Y., und R. A. Hinde (1971): Effects of brief separations from mothers during infancy on behaviour of Rhesus monkeys 6–24 months later. J. Child Psychol. Psychiatr. 12, 157–172.
78 Thorpe, W. H. (1961): Bird Song. London (Cambridge University Press).
79 Tiger, L. (1969): Men in Groups. New York (Random House).
80 Tinbergen, E. A., und N. Tinbergen (1972): Early childhood autism – an ethological approach. Z. Tierpsychol. Suppl. 10, 1–53. Berlin (Parey).
81 Tinbergen, L. (1960): The natural control of insects in pine woods. Archs. néerl. Zool. 13, 265–379.
82 – (1958): Curious Naturalists. London (Country Life).
83 – (1964): On adaptive radiation in gulls (tribe Larini). Zool. Med. 39, 209-223.
84 – (1965): Von den Vorratskammern des Rotfuchses (*Vulpes vulpes* L.) Z. Tierpsychol. 22, 119–149; s. Das Tier in seiner Welt, Bd. 1, 341–355.

85 – (1967): Adaptive features of the Black-headed Gull. Proc. Int. Orn. Congr. 14, 43–59.
86 – (1973): The Animal in its World, Bd. 1. Field Studies. London (Allen and Unwin); deutsch (1977): Das Tier in seiner Welt, Bd. 1. Freilandstudien. München (Piper).
87 Tinbergen, N., G. J. Broekhuysen, F. Feekes, J. C. W. Houghton, H. Kruuk und E. Szulc (1962): Egg shell removal by the Black-headed Gull, *Larus ridibundus* L. A behaviour component of camouflage. Behaviour 19, 74–117; deutsch (1977) in: Das Tier in seiner Welt, Bd. 1, 274–320.
88 Tinbergen, N., M. Impekoven und D. Franck (1967): An experiment on spacing-out as a defence against predation. Behaviour 28, 307–321; deutsch (1977) in: Das Tier in seiner Welt, Bd. 1, 356–370.
89 Tinbergen, N., H. Kruuk, M. Paillette und R. Stamm (1962): How do Black-headed Gulls distinguish between eggs and egg shells?. Br. Birds 55, 120–129; deutsch (1977) in: Das Tier in seiner Welt, Bd. 1, 330–340.
90 Tschanz, B. (1968): Trottellummen. Z. Tierpsychol. Suppl. 4, 1–103.
91 Uexküll, J. von (1921): Umwelt und Innenwelt der Tiere. Berlin (Springer).
92 Ward, B., und R. Dubos (1972): Only one Earth. London (Deutsch).
93 Washburn, S. L., und C. S. Lancaster (1968): The evolution of hunting, in: Man the Hunter, eds. R. B. Lee und I. De Vore, 293–304. Chicago (Aldine Publishing Company).
94 White, S. J. (1971): Selective responsiveness by the Gannet (*Sula bassana*) to played-back calls. Anim. Behav. 19, 125–131.
95 Wickler, W. (1967): Socio-sexual signals and their intraspecific imitation among Primates, in: Primate Ethology, ed. D. Morris, 69–148. London (Weidenfeld and Nicolson).
96 Wynne-Edwards, V. C. (1962): Animal Dispersion in Relation to Social Behaviour. Edinburgh (Oliver & Boyd).

Nachweis der Originalveröffentlichungen

Teil III

11 N. Tinbergen und D. J. Kuenen (1939): Über die auslösenden und richtunggebenden Reizsituationen der Sperrbewegung von jungen Drosseln (*Turdus m. merula* L. und *T. e. ericetorum* Turton). Z. Tierpsychol. 3, 37–60.

12 R. Hoogland, D. Morris und N. Tinbergen (1957): The spines of sticklebacks (*Gasterosteus* and *Pygosteus*) as means of defence against predators (*Perca* and *Esox*). Behaviour 10, 207–236.

Teil IV

13 N. Tinbergen (1965): Behaviour and natural selection, in: J. A. Moore (ed.): Ideas in Modern Biology. New York (Nat. Hist. Press), 521–542.

14 N. Tinbergen (1969): Einige Gedanken über Beschwichtigungsgebärden. Z. Tierpsychol. 16, 651–665.

15 N. Tinbergen (1969): Ethology, in: R. Harré (ed.): Scientific Thought 1900–1960. Oxford (Clarendon Press), 238–268.

16 N. Tinbergen (1964): The search for animal roots of human behaviour. Unpublished lecture.

17 N. Tinbergen und E. A. Tinbergen (1971): Early Childhood Autism – a hypothesis. Gekürzt aus Z. Tierpsychol., Beiheft 10, 1–53.

18 N. Tinbergen (1972): Functional Ethology and the human sciences. Proc. Roy. Soc. Lond. B. 182, 385–410.